W0067008

ERNST PETER FISCHER

Treffen sich zwei Gene

ERNST PETER FISCHER

Treffen sich zwei Gene

*Vom Wandel unseres Erbguts
und der Natur des Lebens*

Siedler

Der Verlag weist ausdrücklich darauf hin, dass im Text enthaltene externe Links vom Verlag nur bis zum Zeitpunkt der Buchveröffentlichung eingesehen werden konnten. Auf spätere Veränderungen hat der Verlag keinerlei Einfluss. Eine Haftung des Verlags ist daher ausgeschlossen.

MIX
Papier aus verantwor-
tungsvollen Quellen
FSC
www.fsc.org
FSC® C014496

Verlagsgruppe Random House FSC® N001967

Erste Auflage
März 2017

Copyright © 2017 by Siedler Verlag, München,
in der Verlagsgruppe Random House GmbH
Neumarkter Straße 28, 81673 München

Umschlaggestaltung: Rothfos + Gabler, Hamburg,
unter Verwendung eines Motivs von hvass & hannibal
Lektorat: Ursula Kiausch, Mannheim
Satz: Ditta Ahmadi, Berlin
Grafiken: Peter Palm, Berlin
Druck und Bindung: GGP Media GmbH, Pößneck
Printed in Germany
ISBN 978-3-8275-0075-5

www.siedler-verlag.de

Inhalt

Vorwort

»Gene sind anders.« So überschrieb ich einen kurzen Beitrag, der 1980 in der Zeitschrift *Umschau* erschien und mit der Heinrich-Bechold-Medaille des Verlags ausgezeichnet wurde. Der Aufsatz handelte von der am Ende der 1970er-Jahre publizierten Einsicht, dass Gene nicht in einem einzigen zusammenhängenden Stück DNA existieren. Es gab offenbar »klassische und moderne Gene«, wie ich danach in einem nicht publizierten Manuskript den Übergang von der klassischen in die molekulare Genetik zu beschreiben versuchte. Später erschien unter dem Titel »Bewegte Beweger« der von mir überarbeitete Text in der Zeitschrift *Biologie in unserer Zeit*. Bewegte Beweger – damit sind die Gene gemeint, die ihre Faszination weiter ausübten, auf die Wissenschaft, auf die Öffentlichkeit und auf mich.

In den frühen 1980er-Jahren habe ich die Biografie meines Doktorvaters Max Delbrück verfasst, der *Das Atom der Biologen* suchte und dabei zum Wegbereiter der Molekularbiologie wurde. Alles schien auf die Gene zuzulaufen und von ihnen auszugehen, inzwischen jedoch lösen sie sich weiter auf und kommen dem Leben abhanden. »Gene sind völlig anders«, müsste ich einen Text heute überschreiben, nur dass kein kurzer Beitrag mehr reicht, um von ihrer Geschichte, ihrem Verständnis und ihrem Werden zu erzählen. Jetzt ist ein Buch gefragt, und es spielt in der Zeit *nach den Genen*.

Die meisten Menschen haben im 21. Jahrhundert etwas von Genen gehört oder gelesen und stellen sich vielleicht irgendein kleines Klötzchen oder knackiges Kästchen vor, das im Inneren eines Körpers oder einer Zelle brummt und rackert, um seine Träger mit den dazugehörigen Eigenschaften auszustatten. Im öffentlichen

Sprachgebrauch ist häufig von Genen die Rede, sei es von Krebs- oder Demenzgenen, kreativen oder kriminellen Genen. Doch wie sich im Lauf der folgenden Kapitel zeigen wird: Gene *sind* nicht, Gene *werden*, sie ändern sich, und das Denken über sie wandelt sich mit ihnen.

Die wichtigste Erkenntnis, die seit 1978 allgemein akzeptiert wird und vor allem den späteren Nobelpreisträgern Richard Roberts und Philip Sharp zu verdanken ist, lautet: In Zellen von vielzelligen Lebewesen bestehen Gene aus einzelnen Abschnitten, die durch eine Vielzahl von Zwischenbereichen getrennt sind. Gene *werden* dadurch, dass die RNA, die zunächst aus der kompletten DNA eines Gens angefertigt wird, einer Bearbeitung unterliegt. Mit ihrer Hilfe – dem sogenannten Spleißen – schneidet eine Zelle alle Stücke heraus, die sie offenbar nicht benötigt, um die Reihenfolge der Bausteine für die anzufertigenden Proteine festzulegen.

Auch weiterhin gilt, dass in den Zellen das geschieht, wozu Gene nötig sind: die Anfertigung von Proteinen. Nur ist die Entsprechung »ein Gen = ein Protein« falsch. Gene gehören zu den Abläufen und Mechanismen, die den Weg zu den Proteinen ermöglichen und ihn beschicken und benutzt halten. Daher ist der Vorschlag gemacht worden, Gene nicht als etwas Feststehendes und Seiendes zu verstehen, sondern sie als das Bündel der Vorgänge zu begreifen, mit denen im Leben die Proteine hergestellt werden. Gene sind Prozesse. Deshalb ist die lieb gewordene Auffassung von Genen als Kausalfaktoren mit festem Ort und klar definierten Aufgaben mit den neuen Kenntnissen nicht mehr vereinbar.

Niemals bestimmen Gene allein, welche Charakteristiken ein Organismus letztendlich aufweist. Erbanlagen gehen vielmehr zahlreiche Kollaborationen ein und stehen in Wechselwirkung mit vielen Faktoren. Das stellt die Forschung gegenwärtig – in der Phase *nach den Genen* – vor immer neue, spannende Aufgaben und erfordert auch in den Medien und der Öffentlichkeit ein radikales Umdenken.

Um den Wandel der Gene gänzlich zu verstehen, hilft es, den historischen Weg, der zu den modernen Genen geführt hat, abzuschreiten. Durch Vertiefung einzelner thematischer Schwerpunkte in der Folge der Kapitel ergibt sich eine Annäherung an das gesamte Bild. Der notwendige Abschied von überholten, aber immer noch populären Vorstellungen und der aktuelle Stand der Forschung stehen im Mittelpunkt dieses Buches. Ich hoffe, dass es den Leserinnen und Lesern neue und überraschende Einsichten vermittelt.

Ernst Peter Fischer
Frühjahr 2017

Abschied vom Determinismus der Gene

Bei Wikipedia ist unter dem Stichwort »Gen« zu lesen: »Die Definition, was ein Gen ist, hat sich ständig verändert und wurde an neue Erkenntnisse angepasst«, sodass keine Version so etwas wie Endgültigkeit für sich beanspruchen kann. Und dann gibt der Artikel höchst konkret die folgende Auskunft: »Für den Versuch einer aktuellen Definition benötigten fünfundzwanzig Wissenschaftler [der University of California in Berkeley] Anfang 2006 zwei Tage, bis sie eine Version erreichten, mit der alle leben konnten.« Diese Definition lautet: »A gene is a locatable region of genomic sequence, corresponding to a unit of inheritance, which is associated with regulatory regions, transcribed regions and/or other functional sequence regions.« Eine sinngemäß ins Deutsche übertragene Version könnte lauten: »Ein Gen ist ein Abschnitt aus dem Erbmaterial (dessen chemischer Name mit dem Trio DNA abgekürzt wird, wie vielen bekannt sein dürfte). Es tritt als Einheit der Vererbung in Erscheinung und kann mit anderen Regionen der Erbanlagen in Verbindung treten. Bei diesem Wechselspiel wird es den sie umhüllenden Zellen möglich, etwas hervorzubringen – nämlich Genprodukte. Mit diesen können sie Reaktionen durchführen, die sie für ihr Leben und das des Organismus brauchen, der aus ihnen besteht und von ihren Genen her aufgebaut worden ist.«

Wie nicht anders zu erwarten, haben sich inzwischen andere Konsortien gemeldet, die mit der obigen Definition nicht einverstanden sind und deshalb einen eigenen Vorschlag vorgelegt haben. Alle diese Bemühungen sollen an dieser Stelle in einem Satz zusammengedrängt werden. Er lautet: »Ein Gen ist eine Vereinigung von Abschnitten des Erbmaterials, in der die Information zur Anfertigung einer kohärenten Menge von Produkten steckt, deren Funktionen sich überlappen.«

Leider werfen solche verdichteten Sätze mehr Fragen auf, als dass sie Antworten geben. »Heute kennt kein Molekularbiologe mehr alle wichtigen Tatsachen über das Gen.« So beginnt die vierte Auflage eines wirkungsmächtigen und weit verbreiteten Lehrbuchs aus dem Jahr 1987, das vor den erwartungsvollen Studenten auf mehr als tausend Seiten eine *Molecular Biology of the Gene* ausbreitet.* Wenig überraschend sind die folgenden Auflagen der inzwischen mehrbändigen *Molekularbiologie des Gens* noch dicker und imposanter geworden. Längst wird es keinem einzelnen Wissenschaftler mehr zugetraut oder zugemutet, die »wichtigen Tatsachen über das Gen« zuverlässig und umfassend darzustellen. Die Autoren selbst kennen sich wahrscheinlich gerade einigermaßen in den von ihnen verhandelten Teilbereichen aus, oder etwas zynisch formuliert: Je länger einzelne Experten mit dem Gen arbeiten, desto weniger wissen sie darüber. Dieses Buch möchte zeigen, dass die Gene wie das Leben sind, nämlich unerschöpflich, unergründlich und enorm beweglich.

Die Gene haben sich extrem gewandelt, seit sie erstmals Eingang in ein modernes Lehrbuch gefunden haben. Soll heißen: Das Verständnis für die genetischen Prozesse und Abläufe im lebendigen Körper hat sich fast bis zur Unkenntlichkeit verändert, seit sich die Naturwissenschaften erfolgreich und im großen Stil damit befassen. Mit dem Zeitpunkt ihres ersten Auftritts in einem Lehrbuch ist das Jahr 1965 gemeint. Damals erschien die erste Auflage des Werks *Molekularbiologie des Gens*, die inzwischen als klassischer Text verehrt wird. Ihr heute noch aktiver amerikanischer Verfasser, der 1962 mit Nobelwürden ausgestattete James D. Watson (geb. 1928), gehört zu den legendären Figuren der neueren Lebenswissenschaften, weil er

---

* Das Wort »Molekularbiologie« wurde bereits 1938 geprägt, als die amerikanische Rockefeller-Stiftung einen Namen für ihr Programm suchte, mit dem eine exakte Wissenschaft vom Leben auf den Weg gebracht werden sollte. Ihre eigentliche Bedeutung bekommt die Molekularbiologie dann im Gefolge und mithilfe der Doppelhelix.

1953 gemeinsam mit dem britischen Physiker Francis Crick (1916-2004) in Cambridge einen faszinierenden Vorschlag für die Struktur des Stoffes, aus dem die Gene sind, ausarbeiten konnte. Gemeint ist die elegante Spirale des Lebens, die berühmte Doppelhelix aus DNA,* wie die Fachleute die Bezeichnung für das molekulare Material abkürzen, aus dem die Erbanlagen bestehen. Das ästhetisch reizende Modell der DNA elektrisierte unmittelbar jeden Betrachter und versetzte die Welt der Forschung in eine ungeheure Spannung, deren Wirkung nach und nach in das öffentliche Bewusstsein eindrang.

Mit dieser erstaunlichen und weitreichenden Einsicht in die Struktur eines Moleküls schien es nicht nur kurzfristig möglich, das Geheimnis des Lebens zu lüften, wie das Duo Watson/Crick, berauscht durch den Anblick ihrer faszinierenden Konstruktion, verkündete. Das Erscheinen der Doppelhelix löste langfristig ein besonderes Interesse an der Wissenschaft der Vererbung aus. Salvador Dalí meinte etwa, in der schraubenförmigen Struktur der Erbanlagen so etwas wie eine Jakobsleiter erblickt und dabei »in Wirklichkeit die Existenz Gottes geschaut« zu haben. Dalí wörtlich: »And now the announcement of Watson and Crick about DNA. This is for me the real proof of the existence of God.«

Wenn dem exzentrischen Maler bei dieser Verkündigung auch nicht jeder folgen kann, so lässt der offenkundige Enthusiasmus des Künstlers für die Schönheit der Schraube doch verständlich werden, dass sich auch andere Menschen davon fasziniert zeigten. Das hatte

---

* Die drei Buchstaben DNA stehen für deoxyribonucleic acid, zu Deutsch Desoxyribonukleinsäure (DNS). So heißt der Stoff, aus dem unser Erbgut besteht, wobei in der öffentlichen Rede der korrekte und lange Name kaum auftaucht und oftmals nicht zwischen der DNA und einem Gen unterschieden wird, was trotzdem empfehlenswert ist. Und natürlich ist es wichtig, dass sich Forscher weltweit verständigen können, und es ist daher wohl unvermeidlich, dass sich so etwas wie ein globales Englisch als Wissenschaftssprache entwickelt hat. Aber schade ist es doch, dass dabei so aussagekräftige deutsche Worte wie Erbgut und Erbanlagen verloren gehen. Um ein Erbgut kümmert man sich eher als um einen Genpool, und bei Erbanlagen hört man die Möglichkeiten mit, die in dem stecken, was eine Englisch sprechende Welt als Genom untersucht.

zur Folge, dass sich die Gene und ihre Struktur und damit das Erbmaterial DNA im Lauf der Zeit im allgemeinen Bewusstsein fest
einnisten konnten und sogar Teil des öffentlichen Diskurses geworden sind. So berichtete die *Frankfurter Allgemeine Zeitung* im
November 2015 unter der Überschrift »Familien mit Unternehmer-
Gen« über die Rolle, die Kinder von Eigentümern bei der Weiterfüh-
rung von Familienunternehmen spielen. Bereits im Oktober hatte
das Blatt, hinter dem sich kluge Köpfe mit gewiss guter DNA verber-
gen, seine Leser über einen Eishockeyklub in Iserlohn informiert, in
dem der Reporter deutsch-kanadische Talente ausmachte, mit deren
Hilfe »die Ahorn-DNA im Sauerland« angekommen sei. Im Januar
2016 konnte man von der »Wiederentdeckung des Stürmer-Gens«
lesen, die dem Fußballspieler Mario Gomez gelungen sei (wobei anzumerken ist, dass diese zwar höchst individuelle, dennoch peinliche
Verwendung des Begriffs eher verständlich ist als die oft zu lesenden
Beschwörungen des »Bayern-Gens«, das offenbar in einem erfolgreichen Verein stecken und von dort als Siegeswillen oder als Duselfak-
tor erst auf ganze Mannschaften und dann auf einzelne Spieler –
also Menschen – überspringen kann*).

Ein weiteres Beispiel: Am 3. Mai 2016 stand in der *Frankfurter
Allgemeinen Zeitung*, es gebe eindeutige »Zusammenhänge zwischen
Genen und Lebenszufriedenheit«. »Ein internationales Konsortium
von 178 Wissenschaftlern ... hat genetische Daten von fast dreihun-
derttausend Menschen untersucht und neue Gene entdeckt, die mit
Lebenszufriedenheit und Wohlempfinden in Verbindung stehen«, so
war zu Beginn des Beitrags zu lesen, wobei diese Worte von einem
Professor für Gen-Ökonomie (was immer das sein soll), einem
Genomanalytiker und einem Bildungsforscher stammten. Die ge-
ballte Expertenrunde erläuterte weiter, dass sich in Vorstudien ein

---

* Beim Verfassen dieses Textes im Juli 2016 spielte Deutschland im Viertelfinale
der Europameisterschaft gegen Italien. Dabei fiel die Entscheidung im Elfmeterschießen. Bevor es losging, meinte der Reporter der ARD, die Deutschen hätten es in ihren Genen, im Elfmeterschießen zu gewinnen. Zwar hat
sich die deutsche Elf durchgesetzt, aber ein solches Geplapper bleibt doch
unerträglich.

»Zusammenhang zwischen Veränderungen der DNA-Sequenz und subjektivem Wohlbefinden … bereits angedeutet« habe, was man nun durch »eindeutige genetische Befunde« untermauern wolle. Man räumte zwar ein, dass es um die Analyse von »komplex-genetischen Phänotypen« ging und dass »die Wirkung von genetischen Faktoren … keineswegs als deterministisch zu betrachten« sei und wohl auch von der Umwelt abhänge. Dann aber ließen sie die empirische Katze aus dem genetischen Sack und teilten dem Leser mit, was die Daten der dreihunderttausend Menschen erbracht hatten. Das Gelehrtentrio und seine 178 Mitforscher wissen nun, dass gesellschaftliche Umstände Menschen zufriedener machen können, auch wenn sich der Genpool nicht ändert, dass das Wohlbefinden durch Umverteilung erhöht werden kann, wenn Menschen negativ auf soziale Ungleichheit reagieren, dass komplex-genetisch bedingte Merkmale kaum vorhersagbar sind, dass aber einige der identifizierten Gene einen Einfluss auf die Regulation des Immunsystems zu haben scheinen, was eventuell zu neuen medizinischen Ansätzen in der Zukunft führen könnte.

Man glaubt, seinen lesenden Augen nicht zu trauen, und fragt sich insgeheim, ob sich die drei Professoren für den zitierten Blödsinn nicht schämen. Das öffentliche Leben der Gene ist jedenfalls erstaunlich. Göttliche oder schicksalhafte Gene, wohin man schaut, bedeutungsträchtige DNA-Moleküle, wohin man hört. Selbst gewiefte Journalisten haben längst zu fragen aufgehört, was gemeint ist, wenn sie Gene in Vereinen, in Zellen, in Menschen und in Unternehmern auftreten lassen. In den Medien und im Gespräch werden Gene beispielsweise verantwortlich gemacht für Blutkrankheiten, Krebs, Aggression, Neugierde, Untreue, Sprache, Intelligenz, Haarfarbe, Leseschwäche, Alkoholismus, Homosexualität, Musikalität, Schizophrenie, Langlebigkeit, Augenfarbe, Mordlust, Altruismus, Egoismus, Glücksfähigkeit und Assistentendasein. *Was sind Gene nicht?* – in ihrem 2014 erschienenen Buch begründet Kirsten Schmidt, warum sich Gene nicht als »kausale Essenzen des Organismus« verstehen lassen und weshalb man sie besser als »dynamischen Prozess« auffassen sollte.

Wahrscheinlich werden sich viele Zeitgenossen ziemlich ver-
wirrt zeigen, wenn sie erfahren, dass ihre wissenschaftlichen Lieb-
linge schon länger auf dem absteigenden Ast der Genetik hocken
und demnächst von ihm herunter- oder gar noch tiefer fallen. »Es
scheint heute vernünftiger zu sein, statt über Gene über Genome
zu reden«, fiel dem britischen Wissenschaftsphilosophen Philip
Kitcher auf und ein, als er »In Mendels Spiegel« schaute (*In Mendel's
Mirror*, wie das englische Original heißt), sich verwundert die Augen
rieb und fragte: »Was sind Gene eigentlich nicht?«

Ein folgenreicher Abschied

Heute wissen selbst Molekularbiologen nicht mehr, ob es diese Gene
überhaupt gibt, die sie seit den 1950er- und 1960er-Jahren immer
besser in den Blick nehmen konnten. In den 1970er-Jahren sah es
zunächst so aus, als hätten sie das Erbmaterial völlig im Griff und
könnten mit der DNA machen, was sie wollten. Damals kam das auf,
was als Gentechnik bald nicht nur die Wissenschaft, sondern die
Gesellschaft insgesamt beschäftigte und eine ausufernde ethische
Debatte über die Verantwortung und Ziele der Forschung auslöste.
Paradoxerweise begannen sich diese geliebten und von einigen auch
gefürchteten Gene genau in dem Moment aufzulösen, als man sie in
Händen hielt und also – wörtlich genommen – manipulieren konnte.
Zwar konnten die Lebenswissenschaften mit gentechnischer Hilfe
beeindruckende Einsichten in die verzweigten Abläufe bringen, mit
denen Zellen beginnen, das Leben aufzubauen, zu versorgen und
zu erhalten; die tätigen Bioforscher produzierten und produzieren
dabei tagtäglich ungeheure Mengen an genetischen Daten, die über
das Erbgut DNA Auskunft gaben. Unter diesen Bergen an Information wurde es allerdings immer schwieriger, das Gen selbst und seine
Bedeutung ausfindig zu machen.

Wer das Leben, sein historisches Werden, seine ästhetischen
und humanen Eigentümlichkeiten und seine technische Beeinfluss-
barkeit verstehen will, scheint gut oder besser beraten zu sein, dies

mit Ideen zu versuchen, die ohne Rückgriff auf die alten Gebilde namens Gene auskommen. Man kann das damit Erfasste zwar ganz leicht für alles Mögliche verantwortlich machen – für Krankheiten ebenso wie für Verhaltensweisen –, und man tut das auch reichlich. Man kann diese dynamischen Dinger aber nicht einmal richtig zählen, auch wenn darüber gern der Mantel des Schweigens gebreitet wird. Die Frage nämlich, wie viele Gene zum Beispiel ein Mensch hat, bleibt seltsam offen, auch wenn in den Medien Zahlen zirkulieren, die dem Publikum ein souveränes Wissen vorgaukeln.

Im Mai 2010 haben zwei amerikanische Biochemiker, Mihaela Pertea und Steven L. Salzberg, in der Zeitschrift *Genome Biology* ihre Schätzung der Zahl der menschliche Gene abgegeben und dazu geschrieben: »Um Gene zählen zu können, müssen wir erst definieren, was wir unter einem ›Gen‹ verstehen. Dieser Ausdruck hat im vergangenen Jahrhundert seine Bedeutung dramatisch geändert.« Die Autoren legen sich dann darauf fest, unter einem Gen einen Abschnitt der DNA in einer Zelle zu verstehen, mit dessen Hilfe letztlich ein Produkt oder mehrere Produkte (Proteine) gefertigt werden können. Sie schließen dabei ausdrücklich DNA-Bereiche aus, die zwar gelesen, dann aber nicht weiter verarbeitet werden. Fachleute sprechen von »nicht-kodierenden« Genen, und man muss eingestehen, dass man noch kein klares Bild von der Zahl dieser Gene hat. Wenn man all diese Vorbemerkungen beachtet und fleißig am Computer spielt – bitte beachten: Gene werden in Dateien gezählt, nicht in Zellen –, erhält man als »beste Schätzung« die Zahl 22 333. So viele Gene hat ein Mensch – wenn man ihn in einer Maschine betrachtet.

Es gilt, sich zu überlegen, was mit Genen gemeint sein könnte, wenn sich keine Dinge finden lassen, auf die man zeigen und die man genau abzählen kann. Wie läuft das Leben ab, wenn die Gene ihre Hauptrolle verlieren und ersetzt werden? Ersetzt wodurch und womit?

Vom Verschwinden einiger Dinge

Bevor er das Tor zur Zukunft durchschreitet, blickt ein Historiker gern zurück. In diesem Fall heißt das, sich zu fragen, ob es schon einmal in der Geschichte der modernen Wissenschaft so etwas wie ein Verschwinden der grundlegenden Elemente des Denkens gegeben hat und wie man damit fertig geworden ist. Wer sich diese Aufgabe vornimmt, wird rasch und leicht fündig, wenn er auf den Beginn des 20. Jahrhunderts blickt. Damals haben die Physiker nach mehr als zweitausendjährigem Anlauf voller philosophischer Spielereien gelernt, die Atome ernst zu nehmen, und sich dann vorgenommen, sie zu zählen und zu vermessen, so wie es die Molekularbiologen des Gens einhundert Jahre später mit ihren Objekten unternehmen.

Es war kein Geringerer als Albert Einstein, der 1905 zeigen konnte, wie das Wackeln, das winzige Körnchen im Lichtmikroskop erkennen lassen, wenn sie in einer Flüssigkeit schweben, dazu benutzt werden kann, die Menge der unsichtbar bleibenden (atomaren) Partikel in dem wässrigen Medium abzuschätzen, die für die sichtbare Zitterbewegung auf dessen Oberfläche sorgen. Bekannt war das Phänomen seit dem 19. Jahrhundert, und beobachtet und beschrieben hatte dies ein schottischer Botaniker, zu dessen Ehren die Forscher von der Brownschen Molekularbewegung sprechen. Mithilfe dieser Erscheinung – mit ihrem Vermessen und Verstehen – konnten schließlich die Atome gezählt werden, die dabei zwar immer noch unsichtbar blieben, denen jetzt aber eine konkrete Existenz zugebilligt wurde.

Wie die Wissenschaftsgeschichte zu berichten weiß, brachten Einsteins Deutung der mikroskopischen Vorgänge und die damit mögliche numerische Erfassung der kleinsten Bausteine der Materie nach und nach viele physikalische Überlegungen ins Rollen. In deren Verlauf konnte in der Mitte der 1920er-Jahre eine merkwürdige Theorie der Atome aufgestellt werden, die zwar funktionierte, die Forscher jedoch verwirrte. Ihre Schöpfer mussten nämlich vermelden, dass Atome weder Atome im ursprünglichen Wortsinn, also unteilbar, noch überhaupt irgendwelche fassbaren Teilchen sind. Atome erwiesen sich zum einen als überraschend vielfältig zusammengesetzt, zum anderen konnte man sie nicht mehr als »Dinge« mit einem irgendwie gearteten alltäglichen Aussehen definieren, das sich beschreiben oder gar abbilden ließ. Atome erwiesen sich als etwas völlig Neuartiges. Sie waren plötzlich aus der alten Welt der klassischen Physik verschwunden und hatten sich einfach in Luft aufgelöst, auch wenn natürlich sowohl die eingeatmete Luft als auch die Welt voller Atome in Form letzter materieller Gegebenheiten stecken musste – aber eben völlig anders, als es sich der gesunde Menschenverstand ausgemalt hatte.

Es dauerte seine Zeit, bis die Physiker sich und anderen klarmachen konnten, wie verschieden von den gewöhnlichen Dingen sich die Atome erwiesen, und ganz verstanden haben sie die dazugehörige Wissenschaft namens Quantenmechanik bis heute nicht. Aber es gibt so etwas wie einen freundlichen Konsens unter den Experten, wenn sie einem größeren Publikum sagen und vorführen wollen, was man sich unter Atomen und anderen Gegebenheiten in dieser Größenordnung vorzustellen hat. Im Verständnis der modernen Physik zeigen sich Atome oder Moleküle nämlich nicht als geschlossene Partikel, sondern als offene Gegebenheiten des Wirklichen. Sie existieren nur dank ihrer Wechselwirkung mit der Umgebung, und zu der gehören nicht nur andere Atome, sondern auch die menschlichen Beobachter, die sich um die Atome und ihre Eigenschaften kümmern. Wie sich herausstellte, bleiben Atome merkwürdig unbestimmt, solange niemand wissen will, wo sie sich aufhalten oder wie schnell sie unterwegs sind. Erst wenn jemand eine entsprechende Messung unternimmt, melden sich Atome von einem bekannten Ort oder lassen eine bestimmte Geschwindigkeit erkennen. Solange niemand nach diesen Eigenschaften und Informationen fragt, können die Grundgegebenheiten der alltäglichen Dinge – also die Atome – alle möglichen Zustände annehmen und demnach unbestimmt bleiben.

Wer sich unter diesen Umständen vornimmt, das gesamte Universum, in dem er lebt und webt, aus unzähligen Atomen aufzubauen, hat aus etlichen Gründen eine Menge zu tun und sich eine höchst ungewöhnliche Aufgabe gestellt, die anders gelöst werden muss als die beliebte Kinderspielerei mit Legosteinen – auch wenn in beiden Fällen mit kleineren Einheiten operiert wird, die nicht zerbrechen dürfen, und zuletzt ein ganzes Gebäude oder sogar mehr dasteht. Mit anderen Worten, die auch im Fall der Gene gelten: Als die Wissenschaft lernte, Atome zu zählen, verschwanden sie vor den Augen und aus den Händen der Physiker und luden die Forscher zu vielen Gedankenspielen ein. Diese zwar erstaunliche, aber kaum verbreitete oder öffentlich wahrgenommene Erfahrung hat ein Zeitzeuge der Entwicklung, der erst als Physiker tätige und dann als Philosoph berühmt gewordene Carl Friedrich von Weizsäcker, bereits in den 1940er-Jahren durch die Bemerkung charakterisiert, »man wird nicht sagen dürfen, dass die Physik die Geheimnisse der Natur wegerkläre, sondern dass sie sie auf tieferliegende Geheimnisse zurückführe«.

Natürlich kommen die Naturwissenschaften technisch oder praktisch enorm voran. Sie lernen zum Beispiel immer besser, extrem tiefe Temperaturen exakt zu messen oder die Details von Molekülen, die das Leben durch ihre chemischen Reaktionsfähigkeiten in Gang halten, mit immer größerer Präzision zu beschreiben und vorzuführen. Wissenschaft packt immer fester und sicherer zu, wenn sie ein Objekt ihrer Begierde gefunden hat und ihm Auskünfte entlockt. Aber es bleibt ein Irrtum, anzunehmen oder zu behaupten, dass damit das Geheimnisvolle der Dinge und ihrer Qualitäten verschwindet. Es ist sowohl falsch als auch töricht, von einer »Entzauberung der Welt durch die Wissenschaft« zu sprechen.

Es gibt sodann kaum ein eindrücklicheres und anschaulicheres Beispiel für die Vertiefung des Geheimnisvollen als die moderne Genforschung, und zwar vor allem in der Form, in der sie sich seit dem Beginn des 21. Jahrhunderts präsentiert. Was Carl Friedrich von Weizsäcker für die Physik sagte, die mit den Atomen hantierte, um die Materie zu verstehen, lässt sich heute auch – mit etwas anderen Worten – von der Biologie sagen, die sich den Genen zuwendet, um mit ihrer Hilfe das Leben zu verstehen: Man wird nicht sagen dürfen, dass die Genetik und die Genomforschung die Geheimnisse

der Gene wegerklären, vielmehr zeigt sich, dass sie diese auf tieferliegende Geheimnisse zurückführen.

Wer also leichtfertig von Genen spricht, sollte daran denken,
dass er damit kein Wissen demonstriert, sondern im Gegenteil seine
Ahnungslosigkeit dokumentiert. Die Sache mit den Genen macht
mehr Mühe, als man dem kleinen Wort ansieht.

Die Entschlüsselung der menschlichen Gene?

Zur Erinnerung: In den 1980er-Jahren war es mithilfe der anfänglich
äußerst umstrittenen und heute nach wie vor heftig diskutierten
Gentechnik gelungen, mehr über die molekularen Mechanismen der
bösartigen Krankheit zu erfahren, zu der die Körperzellen gehören
und beitragen, wenn sie nicht mehr aufhören, sich zu teilen, und
durch diese Form der Unsterblichkeit den ihnen zugehörenden Organismus töten. Die Rede ist von Krebs. Um das Jahr 1985 wurde
deutlich und allgemein akzeptiert, dass diese Geißel der Menschheit
nicht nur durch Umweltfaktoren wie Strahlung, Zigarettenrauch
oder Asbest, sondern auch durch einige menschliche Gene und deren Variationen ausgelöst wird. Krebs konnte mit einem Mal als genetische Krankheit verstanden und bezeichnet werden. Konkret hieß
das, dass sich Biochemiker und Molekularbiologen in der Lage zeigten, Bereiche des Erbmaterials in den Zellen eines Menschen zu
identifizieren, die auf verschiedene Weise das Krebswachstum in verschiedenen Geweben auslösten und ermöglichten. Damit öffneten
sich der medizinischen Forschung völlig neue Wege. Es dauerte nicht
mehr lange, bis vor dem Hintergrund dieser grundlegenden Einsichten ein Gedanke geäußert und publiziert wurde, dessen einfacher
Logik sich niemand entziehen konnte: Wenn Krebs von den Genen
herkommt und wenn es darum geht, Krebs zu verstehen und zu
bekämpfen, so lautete das um 1985 aufkommende Argument, dann
kann die vordringliche und gesellschaftlich relevante Aufgabe der medizinischen Biologie nur darin bestehen, sämtliche Gene des Menschen zu erfassen und offenzulegen. »Wenn wir die Gene kennen,

dann verstehen wir den Krebs«, so kann man das damalige Credo der Lebenswissenschaftler beschreiben. Aus dieser Überlegung heraus konnte deshalb sofort ein handfestes und weltweit organisiertes Projekt werden, weil zum einen die biologische Forschung der 1980er-Jahre längst alle Methoden bereitstellte, die es dafür brauchte, und weil zum anderen zur gleichen Zeit die Digitalisierung riesige Fortschritte machte und bald Computer zur Verfügung standen, die genug Speicherkapazität für die bei einem solchen Projekt zu erwartenden Datenmengen boten.

In den 1990er-Jahren fanden sich daher zahlreiche Biologen, Informatiker, Mediziner und Wissenschaftler aus anderen Disziplinen zusammen, um ihre Form der Forschung zu betreiben und das weltweit zu organisieren, was als »Humangenomprojekt« bekannt wurde. Mit diesem riesigen Vorhaben wurde die »Entschlüsselung der menschlichen Gene« versprochen, wie man vielfach lesen konnte. In der Euphorie der Machbarkeit, die sich damals ausbreitete, kam niemand auf die Idee zu fragen, ob da überhaupt jemand etwas verschlüsselt hatte und wer das denn gewesen sein könnte. Mit solchen Gedanken wollte sich niemand aufhalten, vor allem nicht die Macher, die unentwegt ihre Botschaft wiederholten und sie den Politikern und dem Publikum einhämmerten, auch weil sie dringend Unterstützung brauchten, vor allem finanzieller Art. Und diese Botschaft lautete: Wenn man das Genom kennt – also das gesamte Genmaterial, die vollständigen Erbanlagen einer Zelle des Menschen –, wird man nicht nur den Krebs verstehen, sondern auch sich selbst. Sogar einige Nobelpreisträger riefen dies öffentlichkeitswirksam aus, und einer von ihnen, Walter Gilbert aus Boston, wedelte bei einem Vortrag über das Projekt mit einer CD durch die Luft. Er bat das Publikum, sich vorzustellen, dass in Zukunft auf dieser Scheibe sämtliche genetischen Informationen einer Person gespeichert und also lesbar sein würden, und erkühnte sich dann zu behaupten, dass man in diesem Fall sagen könne: »Schaut her, das bin ich. So sehen die Gene aus, die mich machen.«

Bekanntlich konnte das Humangenomprojekt zu Beginn des 21. Jahrhunderts auf die eine oder andere Weise abgeschlossen werden. Dabei ließ es sich der damals amtierende amerikanische Präsident, Bill Clinton, nicht nehmen, den Erfolg persönlich zu verkünden, weil er meinte, die Menschen könnten nun die Sprache lesen, mit der Gott sie und das Leben geschaffen habe. Da schaute er wieder zu, der Höchste.

Wie dem auch sei: Die Lebenswissenschaften erlebten zu Beginn des Jahrtausends eine öffentliche Sternstunde mit präsidialem Segen, an die sich allerdings, wie nicht anders zu erwarten war, erst neugierige und dann lästige Fragen an die Fachleute anschlossen. Zu den scheinbar einfachen Bitten um Auskunft gehörte der Wunsch, endlich aus berufenem Munde zu erfahren, wie viele Gene sich beim Menschen – oder bei anderen Lebewesen – denn nun finden lassen. Und dann passierte es: Beim Versuch, die Gene abzuzählen, erlebten die Biologen zu Beginn des 21. Jahrhunderts dasselbe, was die Physiker einhundert Jahre zuvor erfahren hatten. Als es den Betreibern des Genomprojekts nämlich möglich wurde, die Objekte ihrer Suchleidenschaft zu zählen, da lösten sich diese Gebilde unter ihren Händen auf – auch wenn einige Bioforscher sich eifrig bemühten, Nummern aufs Papier oder in eine Datei zu schreiben.

Selbst wenn wieder und wieder Zahlen in die Runde geworfen werden: In dem Erbmaterial eines Mitglieds der Spezies *Homo sapiens* finden sich kaum Gene. Was man so nennen könnte, macht kaum ein paar Prozent aus. In dem DNA-Bestand einer menschlichen Zelle – in unserem Genom – steckt offenbar viel mehr und vielleicht etwas Neuartiges, das man noch längst nicht verstanden hat, auch wenn die Berichterstattung in den Medien vielfach etwas anderes suggeriert. Auf jeden Fall büßten die alten Gene plötzlich massiv an Bedeutung ein, und allmählich breitete sich unter den Wissenschaftlern die Ansicht aus, dass es vernünftiger sei, das Erbmaterial insgesamt zu betrachten. Man solle von nun an mehr über die Genome als Ganzes und weniger über die Gene als deren schwer auszumachende Teile reden, wenn es darum geht, genetische (oder genomische) Einflüsse auf das Leben verstehen zu wollen. Immer mehr Lebenswissenschaftler kommen zu der Ansicht, dass das traditionelle Gen seine Schuldigkeit getan hat, da es sich erstens kaum noch definieren lässt und zweitens niemandem mehr hilft, etwas zu verstehen – weder die Krankheit Krebs im Besonderen noch das Leben im Allgemeinen.

Mit anderen Worten: Das Humangenomprojekt hat die Geheimnisse der Gene und des Menschen nicht gelüftet, sondern im Gegenteil enorm vertieft. Noch nie stand die große Gemeinde der Bioforscher so ratlos vor ihrem Thema wie in diesen Tagen, in denen sie eigentlich alle Fragen zu beantworten hoffte. Sie hatte dies hoch und heilig versprochen.

Vielleicht sollte man sagen, dass eine Art »postgenetisches Zeitalter« angebrochen ist, wobei einige Beobachter der Genetik bereits das Wort »Postgenomik« verwenden, ohne damit die Ratlosigkeit zu vertreiben. Merkwürdigerweise fällt diese im öffentlichen Diskurs nicht auf, weil sie im öffentlichen (Un-)Verständnis kein Teil von Wissenschaft ist. Auf jeden Fall fehlt ihr jede öffentliche Aufmerksamkeit, und das aus nachvollziehbaren Gründen. Denn während die aktuelle Lebenswissenschaft immer weniger den Durchblick behält und nur in Ansätzen versteht, wie sich das Leben mit den Genen selber schafft, ersinnen einige ihrer Vertreter – etwa die Experten der »Gen-Bearbeitung«, die wir im nächsten Abschnitt vorstellen – immer bessere Methoden, in das Erbgut einzugreifen, auch wenn sie nicht verstehen, was die eigentlichen Lebensabläufe ausmacht. Wenn man so will, lässt sich ein genetisches Programm der Bioforschung erkennen, das es auf das Leben allgemein abgesehen hat.

Der Ausdruck »genetisches Programm« kann verschiedene Bedeutungen annehmen. Er kann zum Beispiel das oben erwähnte Vorhaben meinen, über die Gene den Krebs zu verstehen. Das Humangenomprojekt lässt sich als genetisches Programm verstehen, wenn man den Ausdruck »Programm« auf die konventionelle Weise benutzt, wie sie etwa in der Verbindung Kino- oder Fernsehprogramm auftaucht. Das Wort »Programm« hat jedoch spätestens seit den 1960er-Jahren eine neue Bedeutung angenommen, als die Informatiker anfingen, Computer zu programmieren, und die dazugehörigen Programmiersprachen entwickelten, die als Software kommerziell angeboten wurden und erfolgreiche Konzerne wie Microsoft entstehen ließen.

Einige Biologen griffen dieses der digitalen Welt entlehnte Konzept des Programms begierig auf, um zu verstehen, wie Gene operieren und das Lebendige entstehen lassen. Vor allem der Evolutionsforscher Ernst Mayr liebte die Idee »einer vorgegebenen und kodierten Information, die einen Ablauf steuert und ihn zu einem bekannten Ende führt«, wie er das genetische Programm definierte, um mit diesem Ausdruck sagen zu können, dass »die Gesamtheit unserer Gene ein genaues Programm enthält, nach welchem wir uns entwickeln, das auch die Grenzen absteckt, innerhalb derer sich Umwelteinflüsse auswirken können«.

Seit diesen Tagen verfolgen nicht nur die Genetiker, sondern auch die Gene ein genetisches Programm, und es kostet stets viel Mühe, zu erklären, dass die genaue Verwendung des Ausdrucks »genetisches Programm« mehr Vorsicht und Sorgfalt verlangt. Wer die beiden Worte benutzt, kann sich merkwürdigerweise auf Goethe berufen, der sich im 18. Jahrhundert mit den Pflanzen und ihren Blättern beschäftigte und dabei eine Wissenschaft namens Morphologie schaffen und mit ihr die Morphogenese verstehen wollte, auch wenn sich das nicht so ausführen ließ, wie der Meister hoffte. Auf seiner Italienreise entdeckte er etwas, das er als mögliche Urpflanze betrachtete, »die den Typus einer Blütenpflanze schlechthin verkörpert und aus der man sich alle Pflanzengestalten als hervorgegangen denken kann«. Morphologie beschrieb Goethe als »die Lehre von der Gestalt, der Bildung und Umbildung der organischen Körper«. Sie sollte helfen, die Entstehung aller Formen der Natur aus einem Grundplan heraus zu verstehen, und mit diesem Vorhaben wollte Goethe auf »*die Notwendigkeit der genetischen Methode* für alle Naturwissenschaft« hinweisen.

Die Notwendigkeit der genetischen Methode für alle Naturwissenschaft – das könnte man auch ein genetisches Programm nennen, und darum geht es in diesem Buch. Der historische Ablauf hat den Menschen erst die Gene beschert und dann genommen. Nun gilt es, die genetische Methode und das genetische Vorgehen *nach den Genen* zu erfassen.

»Gen-Bearbeitung«

In jüngster Zeit taucht vermehrt ein Begriff in den Medien auf, der im Amerikanischen »Gene Editing« heißt. Wörtlich übersetzt wäre das »Gen-Editierung« oder »Herausgabe von Genen«, besser kann man aber auch »Gen-Bearbeitung« oder »Gen-Korrektur« sagen. Es geht um Eingriffe in das Erbgut, die Textänderungen gleichen, wie sie Redakteure oder Lektorinnen an Manuskripten vornehmen (wobei dieser Berufsstand es selten bei dem Austausch einzelner Wörter belässt). Texte werden ediert, und nicht Wörter, wobei natürlich zu beachten ist, dass die Intention der Autoren – der Sinn ihrer Sätze – gewahrt bleiben muss, was vielfach Fingerspitzengefühl verlangt.

Wenn nun davon die Rede ist, dass ein genetischer Text – also das genetische Material eines Organismus – ediert werden soll, und man den Ausdruck so verwenden will, wie dies bei der Durchsicht von Buchmanuskripten geschieht, dann fällt sofort auf, dass niemand eine Autorin oder einen Autor des genetischen Textes kennt und deshalb auch niemanden fragen kann, was er oder sie tatsächlich ausdrücken wollte.

Das Edieren der genetischen Informationen gelingt dank einer seit 2012 verfügbaren Technik mit dem komplizierten Namen CRISPR-Cas9.* Der in Bakterien gefundene Mechanismus kann seiner natürlichen Quelle entnommen und als Methode in sämtlichen Zellen eingesetzt werden, also auch beim Menschen.

---

* Die Buchstaben CRISPR kürzen eine Beschreibung von Strukturelementen des Erbmoleküls DNA ab, das aus Sequenzen von einzelnen Bausteinen besteht (Nukleotiden oder Basen, wie später im Text ausgeführt wird). Diese Sequenzen ähneln Folgen von Buchstaben, von denen einige von vorn und von hinten zugleich gelesen werden können. In dem Fall spricht man von palindromischen Sequenzen. Sie werden zum einen oftmals wiederholt (»repeats«), sie werden durch Zwischenräume (»spacer«) getrennt, und sie können gehäuft (als »cluster«) auftreten. Es gibt also »clustered regularly interspaced short palindromic repeats«, was von den Wissenschaftlern kurz als CRISPR bezeichnet wird (das dazugehörige Kürzel Cas9 wird an späterer Stelle aufgelöst).

»Editing Humanity: The prospect of genetic enhancement« – mit diesen Worten lockte im August 2015 das Wirtschaftsmagazin *The Economist* neugierige Käufer an den Kiosk. Wer den Beitrag im Heftinnern aufschlug und sich über die mögliche (und gezielte) Bearbeitung der Menschheit und die Aussichten auf ihre kommende genetische Verbesserung informierte, konnte etwa lesen, dass Menschen zwar immer schon den Menschen verbessern wollten (das war bei den alten Griechen nicht anders als bei den Alchemisten zur Goethezeit), nun aber die Methoden bekannt seien und die Instrumente zur Verfügung stünden, um das uralte Wollen technisch modern umzusetzen. Und vor allem: Jedermann könne sich das vornehmen.

Spätestens an dieser Stelle passierte, was sich auch gehört: Ethikfachleute unter den Philosophen meldeten sich zu Wort. Sie taten dies bislang allerdings, ohne dem Publikum recht sagen zu können, wo die genetische Reise hingehen soll und was zu tun ist. Die amtlichen Bedenkenträger aus den sozial-philosophischen Abteilungen der Universitäten empfehlen dafür bestenfalls unverbindlich, die »Menschenverbesserungsdebatte möglichst differenziert« zu führen, wie zu lesen ist. Die kritischen Intellektuellen trauen sich aber nicht, energisch ein weltweites Verbot aller Versuche zur »Selbstvervollkommnung des Menschen« zu fordern. Stillschweigend hoffen sie darauf, dass sich unter den Gen-Korrektoren ein kritisches Bewusstsein entwickelt und der Wissenszuwachs der Gen-Ingenieure an Fahrt verliert – was auch immer mit diesen frommen Wünschen gemeint ist.

Und während diese öffentliche und unvermeidbare Diskussion in Gang kommt, verhandeln andere Philosophen und Gen-Experten die Lage, die sich im Gefolge der Großprojekte ergeben hat, in deren Verlauf das gesamte Erbmaterial eines Menschen – das humane Genom – erfasst werden konnte. Der modernen Biologie stehen inzwischen Methoden zur Verfügung, um das, was im letzten Jahrzehnt des 20. Jahrhunderts Ewigkeiten gedauert und Milliarden Dollar verschlungen hat, in wenigen Stunden für demnächst nur noch ein paar Tausend Dollar zu liefern. Und schon wollen sowohl Bioforscher als auch Regierungen – ganz konkret die von Großbritannien – und vielleicht auch noch andere Institutionen das Erbgut von Tausenden oder gar Hunderttausenden Menschen offenlegen und die dort, also in den Genomen, steckenden Informationen über das Leben sammeln und nutzen. Die Fragen lauten jetzt natürlich, wer all die Daten haben will, und zu welchem Behufe.

Die Debatte über den massenhaften Zugriff auf das menschliche Erbmaterial und den Einsatz der dabei gewonnenen Informationen hat bei den beteiligten Experten die Einsicht wachsen lassen, dass sich die genetischen Wissenschaften in eine völlig neue Situation hineinmanövriert haben. Das gute alte Gen, nach dem seit über hundert Jahren geforscht und mit dessen Erscheinen ebenso lange über das Leben diskutiert wird, lässt sich kaum noch fassen. Mit anderen Worten: Die Zeit nach den Genen hat begonnen, und die Zukunft steht so offen wie nie.

Doch das aktuelle Denken über Gene und Genome ist nur zu verstehen, wenn man dessen historische Herkunft und wissenschaftliche Quellen kennt. Dazu wird ein Ausflug in das 19. Jahrhundert nötig. Wie der Konstanzer Historiker Jürgen Osterhammel in seinem Buch über diese Epoche schreibt, beginnt damals die Vorgeschichte der Gegenwart, *Die Verwandlung der Welt*, auch und gerade in der Welt der Genetik. In einem Klostergarten beugt sich ein Mönch über seine Erbsen und zählt ihre Eigenschaften.

KAPITEL 1

Der lange Weg zu langen Molekülen

Als die Genetik im 19. Jahrhundert auf ihren bis heute erfolgreich beschrittenen Weg gebracht wurde, gab es weder diesen Begriff für die Wissenschaft der Vererbung noch den Namen »Gene« für die Objekte, deren Verhalten und Verteilen in den forschenden Blick genommen werden sollten. Beide, die Gene und die Genetik, stammen aus dem frühen 20. Jahrhundert. Als Menschen anfingen, sich systematisch um Vererbung zu kümmern, mussten sie sich auf sichtbare Eigenschaften der Organismen, auf die Phänomene konzentrieren. Sie konnten nur vermuten, dass die äußerlich erkennbaren Qualitäten wie Farben und Formen mit Gegebenheiten im Inneren von Pflanzen, Tieren und Menschen verknüpft waren – genauer: mit Gegebenheiten im Inneren der dazugehörigen Zellen –, von denen einige an Nachkommen weitergegeben wurden.

Niemand konnte vor dem Ende des 19. Jahrhunderts begründbare Hypothesen über die Mechanismen abgeben, die bei diesen Lebensvorgängen eine Rolle spielen. Die Wissenschaftler tappten regelrecht im Dunkeln. Die forschenden Zeitgenossen des Philosophen Friedrich Nietzsche begannen zwar gerade mit besser werdenden Mikroskopen zu erkennen, dass sich die Organismen aus vielen winzigen Zellen zusammensetzen und wie sich die embryonale Entwicklung dabei vollzieht. Aber noch blieb den frühen Zoologen und Botanikern der Blick in das Innere dieser Lebenseinheiten verwehrt. Und: In Augenschein nehmen und direkt sehen konnten Biologen Erbfaktoren oder Gene noch lange Zeit überhaupt nicht. Das hinderte sie aber nicht daran, über Erbelemente nachzudenken und zu spekulieren, und dabei wurden diese Bausteine einer Zelle so behandelt wie die Atome von den Physikern. Auch die seit der Antike so bezeichneten Elementarbausteine einer komplexen Wirklichkeit konnte niemand sehen oder gar anfassen. Man stellte sich dennoch vor, dass die Atome als unteilbare Einheiten im Inneren der Materie hockten, um von dort aus die Stoffe und Substanzen aufzubauen und mit ihren Eigenschaften auszustatten, auf die man im Alltag traf. Genauso unteilbar und unsichtbar im Inneren der Zellen ruhend stellten sich die Biologen die Atome der Vererbung vor, also die Gene, die auf zunächst völlig rätselhafte Weise von ihrem Ort aus wirkten und dadurch das Leben, das man zum einen selbst führte und das man zum anderen in der Natur oder im Garten beobachten konnte, in Gang brachten und hielten.

Den Vergleich zwischen den Genen des Lebens und den Atomen der Materie und das Nebeneinanderstellen von physikalischen und biologischen Ansichten sollte man nicht als willkürlich und beliebig ansehen. Das durchgängige Herstellen solcher Verbindungen gehört zum Verständnis der Vererbung und sorgt für die historische Tatsache, dass die moderne Biologie das Werk von Physikern ist – was noch deutlicher wird, wenn es um die moderne Molekularbiologie geht. Und dieser Sachverhalt erklärt auf einfache Weise, warum vielen Wissenschaftlern und Laien bis heute die Annahme leicht über die Lippen kommt, dass es für das Leben ähnliche Gesetze wie für die Materie geben muss. So wie es einen Newton der Mechanik am Himmel gegeben hat, muss es auch einen Newton für die Dynamik auf der Erde geben, so denkt und hofft man. Das Buch der Natur, so hatte doch Galileo Galilei mit großer Autorität – wenn auch ohne jede Begründung – im 17. Jahrhundert geschrieben, ist in der Sprache der Mathematik verfasst.

Als es den Physikern im Verlauf der Jahrhunderte nach Galilei gelang, unter anderem Planetengesetze aufzustellen und ganz allgemein mechanische Bewegungen mit mathematischen Formeln zu erfassen, da zeigte man sich überzeugt, sein Diktum verkünde die wissenschaftliche Wahrheit insgesamt. Und so machten sich die Bioforscher mutig auf die Suche nach den Gesetzen für das lebendig Wachsende, die denen der mechanischen Bewegung nachzubilden waren.

Es war dann auch ein Physiker, der im genetischen Regelwerk der Natur als Erster fündig wurde. Genauer gesagt war es ein Mönch, der von seinem Kloster an die Universität Wien geschickt worden war, um dort Physik zu studieren. Ihm war die Aufgabe zugewiesen worden, das erfolgreichste Fach der Naturwissenschaft in der Klosterschule zu unterrichten. Die Rede ist von Gregor Mendel, der sich dem Dominikanerorden angeschlossen hatte und von dem Abt seines Klosters im tschechischen Brünn zum Studium der Physik entsandt worden war. Mendel lernte bei den Vorlesungen in Wien unter anderem das kennen, was die Lehrbücher heute als kinetische Gastheorie beschreiben. Mit ihrer Hilfe konnte und kann man unter der Annahme, dass Gase aus undurchdringlichen Atomen oder elastischen Molekülen bestehen, die sich bewegen und zusammenprallen können, mathematisch formulierte Gesetze ableiten. Auf diese Weise werden die messbaren Eigenschaften von Gasen berechenbar, zum Beispiel ihre Temperatur und der Druck, den sie bei einem bestimmten Volumen ausüben.

Biografen von Mendel sind zu dem Schluss gekommen, dass der Mönch unter Prüfungsangst litt. Er ist jedenfalls zweifach durch die Lehrerprüfung gefallen, und nun musste sich sein Abt eine andere Aufgabe für ihn einfallen lassen. Wie aus den Schulbüchern bekannt, wurde Mendel mit Aufgaben im Klostergarten betraut, und hier widmete er seine Aufmerksamkeit den Erbsen und den Kreuzungen, die sich mit ihnen vornehmen ließen. Man kann sich vorstellen, dass sich Mendel dabei unter anderem fragte, ob man die Eigenschaften der Pflanzen – die Farben ihrer Blüten und die Höhe ihrer Triebe zum Beispiel – auf dieselbe Weise erklären könne, wie es die Physiker mit den Eigenschaften der Gase machten, nämlich durch das Wirken von unsichtbaren Atomen, die er »Elemente« nannte. Mendel sprach genauer von Erbelementen, deren »lebendige Wechselwirkung« er erkunden wollte, wie er 1865 in seiner längst legendären Arbeit *Versuche über Pflanzen-Hybriden* – also seine Versuche mit unterschiedlichen Erbsensorten – schilderte. »Lebendige Wechselwirkung« – das war zur einen Hälfte offenkundig biologisch gedacht und zur anderen Hälfte der zeitgenössischen Physik entlehnt. Denn damals beschäftigten sich die Theoretiker der Gase unter anderem mit der mechanischen Wechselwirkung (dem Zusammenstoßen) der Teile, also der Moleküle und Atome, aus denen die von ihnen betrachteten Dinge bestanden. Die Wissenschaft von der Vererbung fand damit jedenfalls ihren historischen Ausgangspunkt, wie in den Geschichtsbüchern festgehalten ist.

Mendels Idee von Erbelementen mag aus heutiger Sicht einfach klingen. Sie verdient aber deshalb eine besondere Aufmerksamkeit, weil sie die beste und klarste Zusammenfassung seines Beitrags zur Genetik erlaubt. Es geht dabei nicht um die Erbgesetze, die seinen Namen tragen. Um so etwas hat Mendel sich überhaupt nicht bemüht. Wer Mendels Beitrag zur Genetik auf den entscheidenden Punkt bringen will, berichtet von seinen Erbelementen und der damit zusammenhängenden wegweisenden und eindeutigen Erkenntnis, die sich kurz so ausdrücken lässt: Vererbung geschieht partikulär. Vererbung gelingt mithilfe von Teilchen, die in Zellen sitzen und dort so etwas wie die Atome der Genetik abgeben.

Mendel konnte mit seinen Versuchen an Erbsen klarmachen, dass es keine Flüssigkeiten sind, mit denen die Weitergabe von Eigenschaften der Eltern auf Nachkommen zu erklären ist. Vormals hatte man angenommen, dass die Samenflüssigkeit oder das Blut bei der Vererbung menschlicher Eigenschaften eine entscheidende Rolle spielen. Noch heute ist ja von »Blutsverwandtschaft« die Rede, wenn Ahnenforscher sich äußern, und der Ausdruck der »Blutschande« aus finsteren politischen Zeiten bleibt unvergessen. Mendel sah im Inneren der lebendigen Geschöpfe vielmehr diskrete Erbelemente am Werk – genetische Atome, wenn man sie so nennen darf. Seit seinen Tagen versuchen die Erforscher in der organischen Natur diese biologischen Elemente aufzuspüren und zu verstehen, wie mit ihrer Hilfe und Dynamik das Leben seine Formen im Einzelnen herausbildet.

Natürlich ist Mendel aufgefallen, dass es Regelmäßigkeiten bei der Weitergabe der elterlichen Eigenschaften und damit der Erbelemente gibt, und es ist auch möglich, mit seinen Daten die Regeln aufzustellen, die unter seinem Namen in den Schulbüchern kursieren.

Aber Genetik lernt man mit ihnen nicht. Wichtig an den Zahlen von Mendel, mit denen er die Verteilung von Eigenschaften der Eltern auf die Nachkommen erfasste und notierte, ist vor allem, dass er dabei zum ersten Mal in der Geschichte der Wissenschaft statistische Zusammenhänge aufdecken konnte. Vererbung funktioniert nämlich nicht oder nur zu einem geringen Teil deterministisch, sondern mit vielen Zufälligkeiten. Mendels Gesetze geben Wahrscheinlichkeiten für die Verteilung von sichtbaren Eigenschaften auf die Nachkommen an, und zwar unter der Annahme, dass sich die unsichtbar bleibenden Erbelemente frei zusammenfinden (kombinieren) und auch wieder trennen können. Und das statistische Geschick, das Mendel dem Physikstudium verdankt, zeigt sich auch in seiner Entscheidung, nicht *viele Erscheinungen an einer einzelnen Pflanze*, sondern umgekehrt eine *einzige Erscheinung* – wie etwa eine Farbe – *an vielen Pflanzen* zu beobachten und zu analysieren. Nur so kann man zu den Aussagen kommen, die in den Schulbüchern als »Mendels Gesetze der Vererbung« vorgeführt werden und hier ausgespart bleiben.

Die Bedeutung der Unterschiede

Wenn von sichtbaren Eigenschaften der Erbse die Rede ist, lassen sich viele Details angeben. Mendel arbeitete bevorzugt mit der als *Pisum sativum* bezeichneten Gartenerbse, die einhundert Jahre vor ihm zum ersten Mal von Carl von Linné beschrieben und untersucht worden war. Man kann sich auf die Laubblätter, die Fiederblätter, die Kelchblätter oder die Hülsenfrüchte konzentrieren, die je nach Sorte gelb, grün oder bräunlich sein können. Mendel wird viel Zeit und Geduld gebraucht haben, um die geeigneten Eigenschaften auszuwählen und zu identifizieren – etwa die Beschaffenheit der Samen oder die Form verschiedener Blätter –, mit denen er seine Versuche und Kreuzungen unternehmen konnte. Und während dieser sorgfältigen Suche wird er sicher darüber nachgedacht haben, wie denn aus den vermuteten Elementen der Vererbung die anschaulichen Qualitäten der Pflanze werden können.

Es ist heute Mode geworden, einen von Mendels Erbfaktoren, also ein Gen, als etwas anzusehen, das für eine erkennbare Eigenschaft sorgt. Gene müssen für etwas – für ein Etwas – da sein. Dieses schlichte Denken ist offenbar nicht aus der Welt zu schaffen, wenn man sich in den aktuellen Medienberichten umschaut. Da war Mendel im 19. Jahrhundert schon sehr viel weiter. Die Regelmäßigkeit, die ihm bei den Versuchen im Klostergarten in Brünn auffiel, besagte nicht, dass ein einziges Erbelement für eine Eigenschaft sorgte, dass es also etwa ein Gen für die grüne Farbe der Früchte oder ein anderes Erbelement für die Beschaffenheit der Samen gebe. Die Regelmäßigkeit besagte vielmehr, dass Mendel dann, wenn sich bei den Erbsen Unterschiede in ihren Eigenschaften zeigten – also bräunliche oder gelbe Früchte statt der grünen –, auf Unterschiede in den Erbelementen zurückschließen konnte. Er hielt fest: »Die unterscheidenden Merkmale zweier Pflanzen können zuletzt doch nur auf Differenzen in der Beschaffenheit und Gruppierung der Elemente [heute: Gene] beruhen, welche in den Grundzellen derselben in lebendiger Wechselwirkung stehen.«

Mit anderen Worten: Man kann aus erkennbaren Eigenschaften nicht auf das Vorliegen von (hypothetischen) Genen schließen. Aus dem Vorfinden von Unterschieden bei den sichtbaren Eigenschaften kann man nur auf das Vorliegen von entsprechenden Unterschieden auf der Ebene der unsichtbaren Erbelemente schließen, ohne damit deren Natur zu kennen.

Man kann diesen Sachverhalt der anfangs gegebenen Definition des modernen (molekularen) Gens hinzufügen, die ja letztlich von dieser Natur – vom Ausbau des Erbmaterials – handelt.

Nach Mendel

Die Sache mit der Vererbung ist leider nicht so einfach, wie in vielen Publikationen nach wie vor suggeriert wird. Es ist und bleibt erstaunlich, wie Mendel überhaupt ein erster Blick auf und durch das Erbgeschehen gelingen konnte. Er muss zum einen das statistische

Denken in Wahrscheinlichkeiten verinnerlicht haben. Und er muss zum anderen mit einem weiteren Grundzug der von ihm studierten Physik vertraut gewesen sein, nämlich dem, dass es Qualitäten gibt, die erhalten bleiben, auch wenn sie oberflächlich verschwunden zu sein scheinen.

Die Physiker kannten seit der Mitte des 19. Jahrhunderts den Satz von der Erhaltung der Energie, der manchen von ihnen als heilig galt. Mendel ist diesem Satz ganz sicher während seines Studiums begegnet. Und so nahm er an, dass seine hypothetischen Erbelemente ebenfalls erhalten blieben, also auch dann noch vorhanden waren, wenn sie keine Wirkung nach außen zeigten. Es konnte zwar sein, dass bei der Kreuzung von Erbsen eine Farbe in der nächsten Generation fehlte. Aber Mendel zog daraus nicht den Schluss, dass damit auch das zugehörige Gen verschwunden sein müsse. Er stellte sich vor, es wirke aus dem Verborgenen heraus.

In diesem Gedanken offenbart sich eine Grundhaltung der Romantik. In deren Rahmen war es zu Beginn des 19. Jahrhunderts ganz selbstverständlich geworden, etwas, das man sieht oder wahrnimmt, etwa die Schwerkraft oder das Denken selbst, durch etwas zu erklären, das man *nicht* sieht oder wahrnimmt, etwa das Gravitationsfeld der Erde oder das Unbewusste. Mithilfe dieser Denkmöglichkeiten gelang Mendel ein weiterer, besonders raffinierter Coup: Ihm kam nämlich die erstaunlich weitsichtige Idee, dass einzelne Erbelemente in zwei Formen vorliegen können, von denen eine vorherrschen kann – sie ist dann *dominant*, wie es in den Schulbüchern heißt –, während sich die andere Zurückhaltung auferlegt – sie ist *rezessiv*, wie das Fachwort besagt. Die Biologen, die nach Mendel kamen, brauchten sehr lange, um mehr über diesen Unterschied zwischen den dominanten und den rezessiven Erbfaktoren herauszufinden, warum sich das Leben damit überhaupt abgibt und welchen Vorteil es daraus zieht.

Zusammenfassend lässt sich festhalten: Mendel behandelte das Leben mit den Mitteln der statistischen Physik, und er tat dies mit Erfolg. Das verstärkte die zu seiner Zeit beliebte Ansicht, dass Organismen sich wie physikalische Objekte behandeln und verstehen lassen und man auf einen »Newton des Grashalms« warten könne, wie Immanuel Kant im 18. Jahrhundert geäußert hatte. Kant hatte seine Formulierung allerdings mit der Warnung versehen, dass es seinem Verständnis nach so einen Newton des Lebens nicht geben könne. Doch viele Biologen, die im 19. Jahrhundert an die Arbeit gingen, versuchten den Philosophen praktisch zu widerlegen, und sie setzten alles daran, ihrer Wissenschaft einen vergleichbaren Gründungsvater zu verschaffen, wie man ihn in der Physik in Newton gefunden hatte.

Dies gefiel aber nicht allen Zeitgenossen Mendels. Vor allem aus der Ecke der Botaniker gab es eine Gegenbewegung. Sie wollte die Wissenschaft von der Biologie als eine eigenständige Forschungsrichtung etablieren, die ohne Nachhilfe der Physiker und auch ohne deren Maßeinheiten auskommen sollte. Es ging dabei von Anfang an grundsätzlich um die Frage, ob das Leben vollständig durch die Physik erklärt und auf mechanische Abläufe reduziert werden kann oder ob für die besonderen Qualitäten des Organischen eine eigenständige und mysteriöse Lebenskraft (*vis vitalis*) eingeführt werden müsse.

Die Frage, ob Leben durch Physik erklärt werden kann oder ihm ein besonderes und bleibendes Geheimnis innewohnt, stellt sich auch heute noch. Doch unabhängig von der jeweiligen Auffassung ist es eine historische Tatsache, dass nach dem Wirken Mendels der erste weitere Fortschritt im Verständnis der zur Vererbung gehörenden Vorgänge in jenen Jahren gelingt, in denen die Biologen wieder einen Gedanken aus der Physik nutzen (wenn sie sich auch nicht explizit dazu bekennen). Gemeint ist die Wende zum 20. Jahrhundert, auf dessen Beginn die Geschichtsbücher die »Wiederentdeckung von Mendels Gesetzen« datieren. In diesem Zusammenhang nennen Historiker und Schulbücher zwar gerne mindestens drei Namen,[*] doch soll hier nur einer angeführt werden, denn die

---

[*] Die in den Schulbüchern gefeierten Wiederentdecker der Erbregeln heißen Hugo de Vries (1848-1935), Carl Correns (1864-1933) und Erich von Tschermak-Seysenegg (1871-1962). Es war vor allem der in Tübingen lehrende Correns, der den wesentlich statistischen Zug der Vererbung und die zufällige Kombinierbarkeit der Erbelemente erkannte.

Ansätze dieses Wissenschaftlers lassen deutlicher als die der anderen die Verbindung zur Physik erkennen (auch wenn viele Historiker zweifeln, ob er wirklich auf den Spuren Mendels unterwegs war). Gemeint ist der Holländer Hugo de Vries, der 1903 eine umfangreiche »Mutationstheorie« vorlegte. Darin führt er die Idee sprunghafter und diskontinuierlicher Veränderungen von Erbfaktoren – eben von Mutationen – in die Biologie und die Lehre von der Vererbung ein. Der Begriff »Mutation« leitet sich vom lateinischen Verb *mutare* ab, was mit »ändern« oder »verwandeln« übersetzt werden kann, und Mutationen führen zu den genetischen Unterschieden, auf die es Mendel ankam. De Vries konnte um die Jahrhundertwende zeigen, dass es Mutationen von Erbfaktoren – also nicht die Elemente selbst, sondern ihre Veränderungen oder Variationen – sind, die den Regeln gehorchen, die mit dem Namen des Dominikanermönches verbunden bleiben. Auf diese Weise vollzieht sich die Wiederentdeckung von Mendels Vorgehen und Denken. Und mit ihm beginnt *Das Jahrhundert der Gene*, wie es Evelyn Fox Keller in ihrem gleichnamigen Buch darstellt.

Hier wird die Ansicht vertreten, dass die fruchtbare Idee von diskreten – sprunghaften und zufällig auftretenden – Vorgängen im Leben dem Vorbild der Physik zu verdanken ist, die damals durch die Arbeiten von Max Planck unstetige und diskontinuierliche Elemente in ihre Erklärungen von Licht und Atomen aufnimmt. Planck erlaubt den Atomen das, was bald »Quantensprung« heißt (wobei dieser Ausdruck inzwischen in die Alltagssprache eingedrungen und dort verwischt worden ist). Atome können, so die Einsicht, nur diskrete Zustände einnehmen, und sie müssen zufällige Quantensprünge unternehmen, um von einem Zustand zu einem anderen zu gelangen.

Wenn aber den Atomen mehr oder weniger zufällig stattfindende Quantensprünge erlaubt sind, dann ist die Annahme zulässig, dass sich auch die Gene auf vergleichbare Weise ohne Vorwarnung sprunghaft ändern können. Genau für diesen unstetigen Wechsel von einer Form der Erbelemente zu einer anderen haben Vererbungsforscher wie de Vries zur Jahrhundertwende den Begriff der Mutation eingeführt – wobei sich in jüngster Zeit mit dem zunehmend genauer werdenden Blick auf die Erbanlagen die merkwürdig klingende Einsicht durchsetzt, dass alle Menschen »Mutanten« sind. Menschen sind tatsächlich und auf jeden Fall einzigartig, denn keiner gleicht einem anderen, und das fängt wunderbarerweise schon auf der genetischen Ebene an.

Die Einführung der Begriffe

Wer sich einmal die Mühe macht, Mendels Originalarbeit zu lesen, wird darin auf eine Fülle von Unklarheiten stoßen und viel in den Text hineindeuten müssen, um ihn überhaupt zu verstehen. Es geht darin ziemlich verwirrend zu, von begrifflicher Klarheit kann keine Rede sein. Sein Manuskript würde heute von keiner Zeitschrift akzeptiert werden – und dies mit gutem Grund. Viele Sätze bleiben so undurchschaubar wie die Ursprünge der Genetik selbst. Besser verständlich wurden sie nur über einen Umweg, für den der englische Biologe William Bateson verantwortlich ist. Bateson beschäftigte sich um die Jahrhundertwende mit Meerestieren und Würmern und suchte nach Regelmäßigkeiten bei der Vererbung, als ihm Mendels Arbeit in die Hände fiel.

Bei der Mühe, sie in seine Sprache zu übertragen, musste er mehr ersetzen als übersetzen, und ohne sprachliche Fantasie hätte Bateson die vielen Zahlenspielereien in der Arbeit des Dominikaners – Mendels »Gen-Algebra« – nicht durchsichtig machen können. Doch der Engländer verbesserte das Original bis zur Verständlichkeit. Etwas später, im Jahr 1906, kam Bateson sogar auf die Idee, für die inzwischen ins Laufen gekommene Wissenschaft von der Vererbung einen einprägsamen Namen vorzuschlagen, der wie die Physik und die Biologie einen griechischen Ursprung erkennen ließ – den der »Genetik«. Die erste Silbe in diesem Wort kannte das Publikum zum Beispiel von Generation, Genesis und Genese her, und in allen Fällen konnte man den griechischen Ausdruck *genos* heraushören, der eine Gemeinschaft bezeichnet, die durch Verwandtschaft entstanden ist. Mit der Silbe »Gen« in der Genetik erfasste Bateson ein organisches Werden der untersuchten Lebensformen und ihrer Gemeinsamkeiten. Vermutlich hat sich Goethe, als er 1795 das Attribut »genetisch« als maßgeblich für das wissenschaftliche Vorgehen bezeichnete, an demselben Wortstamm orientiert. Wie dem auch sei: Bateson wurde im frühen 20. Jahrhundert von seinen Zeitgenossen verstanden, und seitdem treiben Erbforscher Genetik.

Zu Batesons Zeit gab es in London einen Wissenschaftler namens Archibald Garrod, dessen Bekanntschaft mit der Vererbungslehre besondere Früchte trug. Ihm war bei seiner Tätigkeit als Arzt schon länger aufgefallen, dass es Krankheiten mit Familiengeschichten gab. Farbenblindheit etwa konnte bei Vater und Sohn zugleich festgestellt werden, und Stoffwechselstörungen der Großeltern tauchten oft bei den Enkeln wieder auf. Nach Durchsicht von Batesons Mendel-Übersetzung wurde Garrod schlagartig klar, dass er bei seinen Patienten die Vererbung von Krankheiten beobachtete, von der man inzwischen wusste, dass sie zwar nicht nach deterministischen Gesetzen, aber immerhin nach überschaubaren Regeln abläuft. Die englische Sprache kennt seitdem für eine Erbkrankheit den Ausdruck »Mendelian disease«. Und die Genetiker im angelsächsischen Teil der Welt, vor allem in den USA, haben sich schon früh und mit wachsender Intensität zum Ziel gesetzt, die dazugehörenden Erbfaktoren zu erfassen – mit der langfristigen Absicht, sie zu verändern oder auszutauschen, um einem Patienten helfen oder ihn gar heilen zu können.

Garrod war ein guter Wissenschaftler, das heißt, dass er erstens sorgfältig beobachtete und zweitens vorsichtige Schlüsse zog. So bemerkte er, dass er, genau genommen, nicht die Vererbung einer Krankheit selbst, sondern nur die Vererbung einer Anlage für diese Krankheit verfolgen konnte. Als auffälligste Anlage begegnete ihm dabei die Anfälligkeit für Infektionskrankheiten wie Schnupfen, Grippe und Lungenentzündung. Er wusste (nicht nur als Arzt), dass Menschen dabei höchst individuelle Symptome zeigen, und fragte sich, ob auch diese persönliche Einzigartigkeit den Mendelschen

Regeln unterliegt und somit vererbt wird. Als er dies bestätigen konnte, sah Garrod auf einmal eine Chance und eine Aufgabe für die Erforschung der Vererbung: Die Genetik sollte versuchen, die »chemische Individualität« des Menschen zu erfassen, wie er es nannte, um mit dieser Kenntnis vorhersagen zu können, wer zum Beispiel von einer Infektion betroffen wird oder wer unter Nebenwirkungen von Arzneimitteln zu leiden hat, die bekanntlich ebenfalls von Mensch zu Mensch verschieden in Erscheinung treten.

Das organisch Einmalige (die biologische Besonderheit) eines Menschen müsse in seinen Genen stecken, vermutete Garrod, und er hoffte zu Beginn des 20. Jahrhunderts, dass den Ärzten die entsprechenden Informationen eines Tages zum Nutzen ihrer Patienten zur Verfügung stehen würden. Diesem Ziel scheint man heute, zu Beginn des 21. Jahrhunderts, greifbar nahe gekommen zu sein, denn genau dahin hat es die Nachfolger von Garrod gelockt und genau darauf ist die Genetik gestoßen.

Garrod fasste seine Einsichten 1908 zusammen, und es sollte fortan nur noch ein Jahr dauern, bis die von Mendel eingeführten partikulären »Elemente« der Vererbung den Namen bekamen, den sie bis heute tragen, nämlich den der »Gene«. Das Wort taucht zum ersten Mal in einem Buch mit dem Titel *Elemente der exakten Erblichkeitslehre* auf, das ein dänischer Botaniker namens Wilhelm Johannsen verfasst hat. Ihm schien die Zeit reif, Mendels Partikeln einen wissenschaftlichen – also griechischen – Namen zu geben, und er hielt es für angebracht, ein kurzes Wort zu wählen. Johannsen nannte dafür zwei Gründe, von denen sich der erste als hilfreich und der zweite als schrecklich erwies. Das Kunstwort – also Gen – sollte zum einen leicht kombinierbar sein, und alle, die heute mit Gentechnik, Gentherapie und Gendiagnostik zu tun haben, können sich dafür nur bedanken. Zum anderen wollte Johannsen einen Ausdruck, mit dem es ihm und anderen möglich sein würde, in einfacher Weise von »Genen für bestimmte Eigenschaften« zu sprechen, etwa von »Genen für blaue Augen« oder von »Genen für Alzheimer-Demenz«. Zwar räumte der Däne ein, es gebe keine gesicherten Vorstellungen über die biochemische oder eine andere Natur der Gene.

Aber in seinem Verständnis der Kausalität – und dem seiner Zeitgenossen – musste sich immer ein Grund für etwas finden lassen, und da kam das Gen gerade recht.

Die »Gene« wurden als Kausalfaktoren in das biologische Denken eingeführt, und an dieser bequemen Sprechweise halten viele Menschen bis heute fest. Während sich die erste Idee für ein kurzes Wort offenkundig bewährt hat, liefert die zweite Begründung große Nachteile. Die Redeweise vom »Gen für dies und das« macht es nämlich viel zu leicht, Genen etwas in die Schuhe zu schieben, mit dem sie direkt fast nichts oder nur sehr wenig zu tun haben. Mit der sprachlichen Vorgabe Johannsens hat sich, wie erwähnt, ein inflationärer Gebrauch des Wortes eingebürgert, der hinter Mendel zurückfällt. Denn so unklar die Beschreibung seiner Versuche auch bleibt, so klar war ihm doch, dass es nicht die Eigenschaften eines Lebewesens sind, die durch »Erbelemente« bestimmt werden. Was festgelegt wird, sind vielmehr die *Unterschiede* von Eigenschaften, und zwar durch *Unterschiede* in Genen. Genau hier steckt auch die Individualität, nach der Garrod fragt. Mendels Gene machen Menschen überhaupt nicht gleich, sie machen Menschen vielmehr verschieden. Nicht auf die Gene kommt es an, sondern auf die Unterschiede zwischen ihren Trägern, und merkwürdigerweise gilt es bis heute, das zu lernen und zu beherzigen.

Eine kleine Fliege

Als das »Gen« dem Sprachschatz der Wissenschaft hinzugefügt wurde, gelang dem Amerikaner Thomas H. Morgan ein historischer Glücksgriff, und zwar indem er die kleine Fliege mit dem heute berühmten Namen *Drosophila melanogaster* als Gegenstand seiner Untersuchung wählte. Morgan und seine Mitarbeiter waren mit dieser »Liebhaberin des Taus«, wie man *Drosophila* übersetzen könnte, auf das ideale Versuchstier gestoßen. Es ließ sich leicht in großer Zahl im Laboratorium halten und züchten, zeigte eine große Vielfalt der äußeren Erscheinung und brachte in kurzer Folge ständig neue

Generationen hervor. Die Fliege *Drosophila* wurde in den kommenden Jahren zum bevorzugten Objekt der Genetiker. Morgan konnte mit ihrer Hilfe in den 1920er-Jahren eine erste Theorie der Gene aufstellen – wobei dies allerdings das Letzte war, was er anstrebte, so merkwürdig dieser Satz auch klingt. Tatsächlich wollte Morgan ursprünglich das genaue Gegenteil, nämlich zeigen, dass es so etwas wie Erbelemente oder teilchenartige Gene gar nicht gibt. Als ausgebildeter Embryologe mit großer Kenntnis der Formenvielfalt, die das werdende Leben zeigt, konnte er sich beim besten Willen nicht vorstellen, dass es irgendwelche winzigen Partikel oder Kügelchen in den Zellen geben sollte, die ausreichend differenziert und vielgestaltig waren, um für die Ausformung des Lebens – die Morphogenese – verantwortlich zu sein. Morgan machte sich deshalb mit seiner Fliege *Drosophila* an die Arbeit, um dem Unsinn der stofflichen Gene ein Ende zu bereiten. Doch die Resultate seiner Experimente bekehrten ihn und machten ihn zu einem überzeugten Anhänger der Mendelschen Genetik und ihrer diskreten Elemente.

Die Experimente, die Morgan sein Damaskus-Erlebnis bereiteten, sind als Kreuzungen bekannt, was konkret bedeutet, dass im Laboratorium zwei Fliegen mit ausgewählten Variationen Gelegenheit bekommen, Nachkommen zu produzieren, und zwar möglichst viele. Die Forscher zählen nun, welche Eigenschaften von Vater und Mutter wie oft und in welcher Kombination auf die Söhne und Töchter übertragen werden, wie oft die hier zusammengeführten Qualitäten sich in der nächsten Generation wieder trennen, und so weiter und so fort. Eine unglaubliche Fleißarbeit, die unendlich langweilig gewesen sein muss und für die sorgfältigste Buchführung erforderlich war. Doch zuletzt hat sie ungeheuer spannende Einsichten ermöglicht, und zwar in Verbindung mit anderen Beobachtungen, die das Innere der Zellen betrafen.

Parallel zum Abzählen von äußeren Eigenschaften hatten die Fliegenforscher bei ihren Fliegen nämlich auch das Aussehen der länglichen Strukturen im Inneren von Zellen notiert, die sie Chromosomen nannten. Diese »farbigen Körper« waren den Biologen seit dem 19. Jahrhundert bekannt, weil sie sich mithilfe eines Lichtmikroskops und geeigneter Färbemethoden in Zellen leicht erkennen lassen. Der Vergleich beider Beobachtungsreihen lieferte nach vielen mühevollen Jahren eine eindeutige Antwort auf die Frage, wo denn die Gene in einem Lebewesen stecken. Es waren genau die Chromosomen, und zum Entzücken der Fliegenforscher wurde diese Ortung noch mit einem besonderen Sahnehäubchen gekrönt. Es bestand in der Erkenntnis, dass die Gene nicht willkürlich verteilt waren und sich kreuz und quer verstreuten. Vielmehr bildeten sie eine Art Perlenkette, das heißt, die Gene lagen auf einem Chromosom ordentlich angeordnet vor, und stets folgte eines auf das andere.

Diese Gradlinigkeit reizte die Genetiker natürlich. Nun setzten sie alle Kraft daran, die genaue Reihenfolge der Gene herauszubekommen, die sie als »genetische Karte« bezeichneten. Immer wieder galt es, die vielen genetisch bedingten Eigenschaften der kleinen Fliege *Drosophila* – wie Augenfarbe, Beinlänge oder Körpergröße – zu verfolgen und zu notieren, wie sich diese Qualitäten (und damit deren Gene) in nachfolgenden Generationen auftrennen oder zusammenfinden. Dabei ließen sich nach langen einsamen Monaten im Labor Häufigkeiten für alle möglichen Genkombinationen angeben, die ihrerseits Rückschlüsse auf die Reihenfolge der verantwortlichen Gene erlaubten. Der Konstruktion einer genetischen Karte stand somit nichts mehr im Wege – bei den Fliegen und bald auch bei anderen Organismen wie Mäusen und Fischen. Jetzt konnte man gezielt Kreuzungen von Mutanten vornehmen, die in nicht allzu langer Zeit viele Nachkommen erzeugen würden. Auf diese Weise war es möglich, Verteilungen der genetischen Varianten zu erfassen. Allerdings sollte es noch Jahrzehnte dauern, bis sich die Erkunder der Erbmechanismen dem Menschen zuwandten und auch bei diesem störrischen Säugetier einen Weg fanden, die Reihenfolge seiner Gene auf den Chromosomen in der Zelle ausfindig zu machen. Dazu brauchte es eine ganz neue Genetik, die vorläufig nicht absehbar war. Anfang der 1980er-Jahre wurde sie schließlich entwickelt und setzte seitdem viele Projekte in Gang.

Ein Verband aus Atomen

Während Morgan und seine Mitstreiter immer mehr Fliegen mit immer mehr genetischen Variationen – also Mutationen – finden, die dabei betroffenen Gene auf den vier Chromosomen der »Liebhaberin des Taus« orten und der Reihe nach anordnen konnten, während also die Fliegengenetik dabei war, von einem klassischen Erfolg zum nächsten zu schreiten, kam sie bei den eigentlichen Themen der Biologie nicht voran. Hier galt es für die Genetiker, die materielle Natur der Gene zu erkunden. Die Fragen lauteten also: Woraus bestehen Gene? Wie setzt sich der Stoff zusammen, mit dessen Hilfe Lebewesen ihr Erbgut mit sich tragen können und der ihnen erlaubt, dieses Erbgut an nachfolgende Generationen weiterzugeben? Und wenn Antworten darauf vorlagen, würden sich anschließend sofort weitere Fragen stellen: Wie schaffen es die Gene auf dieser stofflichen Basis, sich selbst und das molekulare Geschehen in den Zellen hervorzubringen? Wie sorgen Gene für ihre Vermehrung? Auf welche Weise bringen es die Zellen fertig, mit genetischer Hilfe ihren Stoffwechsel zu unterhalten und andere Fähigkeiten zu erwerben, etwa die, lichtempfindlich zu sein oder Vitamine zu produzieren?

Zwar zeigten sich in den Laboratorien immer raffiniertere Mutanten: Es gab Fliegen mit weißen statt roten Augen, Fliegen, die statt mit zwei Flügeln und zwei Schwingkölbchen mit vier Flügeln ausgestattet waren, man machte sich lustig über Fliegen, bei denen das Männchen nach der Penetration des Weibchens an diesem festhing und nicht mehr loslassen konnte, und viele solcher Variationen mehr. Aber sosehr man auch über all diese Beobachtungen staunte, sie gaben keinerlei Hinweis auf die Natur der Gene, auf den Stoff, aus dem die Natur sie gemacht hatte.

Das änderte sich erst, als es einer der Fliegenforscher in den 1920er-Jahren satthatte, voller Ungeduld auf spontan auftretende Mutanten zu warten. Stattdessen suchte Hermann Joseph Muller einen Weg, genetische Variationen systematisch herstellen zu können, und hatte mit einer Versuchsreihe schließlich Erfolg. 1927 veröffentlichte er das Verfahren, mit dem sich »Artificial Mutations of the Gene« (künstliche Mutationen von Genen) hervorbringen ließen. Die Methode bestand darin, energiereiches Licht auf die Fliegen zu lenken. Darunter fallen etwa Röntgenstrahlen, mit deren Hilfe die Häufigkeit von Mutationen enorm anstieg. Das bescherte den Genetikern immer enger beschriftete und immer länger werdende Karten des Erbmaterials von Fliegen – und Muller letztendlich den Nobelpreis für Medizin. Als er ihn 1946 überreicht bekam, hatte sich seine genetische Wissenschaft so vollständig gewandelt, dass sie kaum noch wiederzuerkennen war. Und was hatte diesen Wandel ausgelöst? Eine Konsequenz aus Mullers Entdeckung der Wirkung von Röntgenstrahlen auf Gene, die Wissenschaftlern aus einer anderen Disziplin aufgefallen war.

Zu Beginn der 1930er-Jahre konnte ein junger Physiker in Berlin den Einfluss des energiereichen Lichts auf das Leben auf folgende Weise deuten: Wenn Röntgenstrahlen Gene verändern – bei ihnen Mutationen bewirken – können, dann heißt das vor allem, dass Gene von den Strahlen getroffen werden können. Die Natur der Gene muss diese Einheiten der Vererbung zu geeigneten Zielen von Strahlungsenergie machen. Letztlich bedeutet das, dass Gene in der lebendigen Materie derart aus Atomen bestehen müssen, wie man sie in der gewöhnlichen Materie antrifft. Mit anderen Worten: Gene muss man sich als »Atomverband« vorstellen, wie der junge Forscher 1935 schriftlich festhielt. Damit gab er der Genetik langfristig die Richtung für die kommenden Jahrzehnte vor.

Kurzfristig tat sich nicht viel, als Max Delbrück, so der Name des Berliner Physikers, seine Idee vorstellte, denn die Fachwelt zeigte sich bei den Fliegen mit anderen Fragen beschäftigt, zum Beispiel der, ob alle Orte auf den Chromosomen gleich beweglich und kombinierbar sind oder ob es feste Plätze für Gene gibt. Doch nach und nach entfalteten Delbrücks Einsichten ihre Sprengkraft, hatte er doch zeigen können, dass sich die Gene ganz normal in den Rahmen der Physik fügten und folglich von den Vertretern dieser Disziplin zu verstehen waren. Gene waren damit endgültig in der Physik angekommen, die sich nun mit ihren Methoden daran machte, die

Größe und das Gewicht ihrer neuen Objekte zu ermitteln. Wie viel wiegt ein Gen? Wie groß ist ein Gen? Wie viele Atome stecken in einem Gen? Alles Fragen, denen man sich nun zuwenden konnte, nachdem Delbrück in Zusammenarbeit mit dem russischen Genetiker Nikolai Timofejew-Ressowski und dem deutschen Physiker Karl Günter Zimmer mit Weitblick die »Natur der Genmutation und Genstruktur« beschrieben und ihre Deutung als »Atomverband« in die Welt der Wissenschaft gesetzt hatte.

Die Erfindung der Molekularbiologie

Allerdings wäre dieser theoretische Gedanke vermutlich im physikalischen Niemandsland hängengeblieben, zumindest auf keinen Fall so rasch weiterentwickelt worden, wie es dann tatsächlich geschah, hätte sich nicht die große Politik mehr oder weniger direkt auf die damals noch kleine Welt der Genetik ausgewirkt. Die Nationalsozialisten und das von ihnen geführte Deutschland bereiteten sich in der zweiten Hälfte der 1930er-Jahre nach und nach auf einen Krieg vor, was in der USA auf vielen Ebenen genau beobachtet wurde und zum Beispiel im Vorstand der Rockefeller-Stiftung einen weitreichenden Gedanken aufkommen ließ. Er lautete, die Kriegsgefahr in Europa, verbunden mit der zunehmenden Verfolgung der Juden, biete eine günstige Gelegenheit, führende Wissenschaftler abzuwerben und sie aus Frankreich, England, Italien und Deutschland in die USA zu holen, um mit ihrer Hilfe die dortigen Universitäten zu stärken. Im Rückblick genügt ein einziger Hinweis, um den unglaublichen Erfolg dieses tatsächlich durchgeführten Vorhabens erkennen zu lassen. Dieser Hinweis erinnert daran, dass die Sprache der Wissenschaft vor dem Zweiten Weltkrieg vor allem Deutsch war und seit 1945 vor allem Englisch ist. Rockefeller sei Dank, dürfen die Amerikaner sagen, deren Universitäten seitdem die Führungsrolle auf dem Erdball übernommen haben und Wissenschaftler aus aller Welt so anlocken, wie es früher die deutschen Hochschulen konnten.

Neben diesem allgemeinen Vorhaben enthielt die Planung der Rockefeller-Stiftung auch eine spezielle Ausrichtung, mit der, verkürzt gesagt, versucht werden sollte, soziale Probleme mit biologischen Mitteln zu lösen. Als soziale Probleme galten zum Beispiel hohe Scheidungsraten, Drogenmissbrauch und Lernschwierigkeiten an den Schulen (was die Anmerkung nahelegt, dass sich diesbezüglich nicht viel geändert hat). Die Rockefeller-Stiftung wollte Forschungen fördern, die der Biologie eine exakte Grundlage verschaffen würden, wie die Physik sie schon länger kannte. Auf dieser Basis sollte die Lebenswissenschaft sich dann um die gesellschaftlich relevanten Fragen kümmern. Und so entstand ein Bereich der Naturforschung, der erst »Mathematische Biologie« hieß und ab 1938 den Namen bekam, der bald weite Kreise zog und sich bis heute gehalten hat. Der Name lautet *Molekularbiologie*, und zu den ersten Wissenschaftlern, die im Rahmen dieses Projekts gefördert wurden, gehörte der junge Delbrück.

Als er 1937 in Berlin unter Leitung von Lise Meitner an Streuexperimenten mit Atomen und Neutronen arbeitete, bekam er Besuch von Agenten der Rockefeller-Stiftung. Sie fragten ihn, wie es ihm gehe, und boten ihm ohne Umschweife an, in die Genetik zu wechseln und seine Studien zur Natur des Erbmaterials in den USA fortzusetzen. Sie empfahlen dafür das California Institute of Technology in Pasadena. Hier arbeitete Morgan mit seiner Mannschaft an der Vererbung der Fliegen, und die Rockefeller-Leute meinten, dass Delbrück unter kalifornischer Sonne und mit zappelnden Fliegen und ihren vielen Mutanten den Weg finden könne, um näher an seinen Atomverband heranzukommen.

Was die Geldgeber von Rockefeller nicht wussten: Hinter den emsigen Bemühungen des Physikers Delbrück um das biologische Atom namens Gen stand ein Vorschlag des Physikers Niels Bohr. Er hatte Delbrück zu Beginn der 1930er-Jahre darauf hingewiesen, dass die damals völlig neue Physik der Atome, die inzwischen extrem erfolgreiche Quantenmechanik, vor allem deshalb entstehen und die alte Form der Physik ablösen konnte, weil den Wissenschaftlern ein äußerst einfaches Atom zu Verfügung stand. Bohr meinte den

Wasserstoff mit einem einzelnen Elektron, das wiederum ein einzelnes Proton umrundete. Er hatte miterlebt, wie es möglich geworden war, sich mithilfe dieser simplen (naturgegebenen) Anordnung vorzutasten, um die neuen Gesetze der Atome mehr oder weniger glücklich zu erraten. Wer nun eine neue Biologie wolle und sie auf ähnlich Weise zu ersinnen hoffe, so Bohr zu Delbrück, der müsse zuerst das Wasserstoffatom des Lebens finden – also das einfachste System, das sich teilen und vermehren kann –, um sich anschließend von ihm aus zu den komplexer werdenden Organismen wie Fliegen, Mäusen und Menschen vorzuarbeiten.

Als Delbrück in Kalifornien ankam, bemühte er sich zwar ein wenig um die Fliegen und ihre vollgepackten Chromosomen, allerdings bereitete ihm deren Buchführung viel Mühe und wenig Freude. Folglich hielt er nicht nur nebenbei Ausschau nach dem Wasserstoffatom des Lebens, das Bohr so dringend empfohlen hatte, und eines Tages wurde er fündig. Er hörte von Versuchen im Keller des Instituts, bei denen es um Bakterien ging, die von Viren befallen wurden. Erst bildeten die Bakterien eine Art Rasen auf einer Platte mit Nährstoffen – einer Petrischale mit Agar, wie die Wissenschaft es nennt. Und wenn dann Viren auf diesen Rasen geträufelt wurden, bildeten sich über Nacht Löcher darin. Sie hießen Plaques und konnten einfach gezählt werden, was Delbrück schon deshalb begeisterte, weil er dazu keine komplizierten Apparate, sondern nur hinzusehen brauchte. Er hatte gefunden, was er suchte – ein System, das sich leicht quantifizieren ließ, und das Wasserstoffatom des Lebens, nämlich die Viren, die Bakterien fressen, wie man sagte. Sie vermehren sich dabei und tun sonst nichts anderes. Das ist ihr Leben, und Delbrück sah eine Chance, es im Detail zu erkunden.

Die bakteriellen Viren bekamen bald einen eigenen Namen, der mit dem griechischen Wort für »fressen« gebildet wurde, also mit *phagein*. Man sprach von Bakteriophagen, was dann zu Phagen abgekürzt wurde. Als Delbrück sich erkundigte, wie viele Phagen es brauche, um ein Loch in den Bakterienrasen zu machen, und er als Antwort bekam, das wisse man nicht, da zeigte er sich nicht enttäuscht. Im Gegenteil! Er strahlte, denn jetzt wusste er, was als

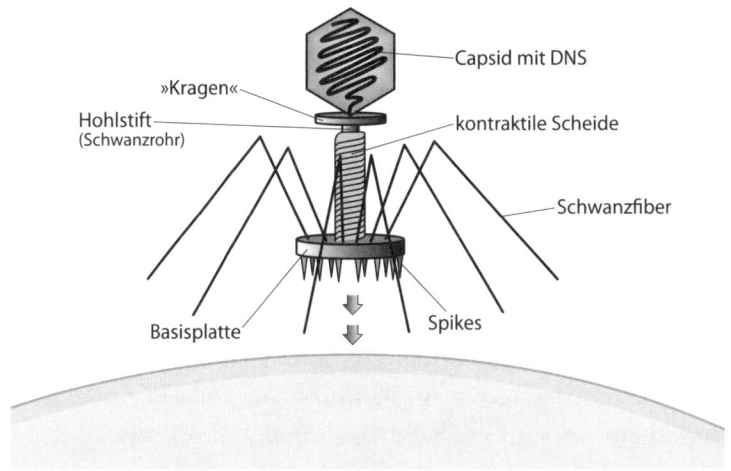

Die moderne Genetik ist mithilfe der sogenannten Bakteriophagen entstanden. So einfach sie wirken, so trickreich sind sie aufgebaut: Das Erbmaterial steckt in dem Köpfchen und muss in das Bakterium injiziert werden.

Nächstes zu tun war. Es galt zu versuchen, »das Wachstum von Bakteriophagen« (so der Titel seines späteren Artikels) zu analysieren, was ihm in Zusammenarbeit mit dem Amerikaner Emory Ellis auch gelang. Ellis hatte erst allein mit den Phagen geforscht, ohne recht weiterzukommen, was mangels quantitativer Grundlage nicht verwundert. Mit Delbrück änderte sich die Lage, und das deutsch-amerikanische Duo aus einem Physiker und einem Bakteriologen publizierte 1939 seinen Nachweis, dass ein einzelnes Loch (ein Plaque) im Rasen der Bakterien von einem einzigen Phagen herrührte.

Diese präzise und quantitative Einsicht bot die Möglichkeit, die unsichtbaren Winzlinge individuell zu verfolgen, wenn sie sich vermehrten. Dies wurde zwar nicht sofort klar und allgemein verstanden, aber Delbrück hatte mit seiner Analyse des Bakterienfressers der Molekularbiologie, wie wir sie inzwischen kennen und wie sie bis heute erfolgreich praktiziert wird, ein Tor geöffnet und den künftigen Weg bereitet. Auf dem folgenden Marsch konnte die Genetik sich allmählich daran machen, die Welt zu verändern. In den Jahren des Zweiten Weltkriegs ging alles zwar noch langsam voran, aber nach 1945 begann das Feld zu brodeln und schließlich zu kochen. Man war den Genen jetzt ganz dicht auf der Spur und sollte sie bald zu fassen bekommen.

Große Schwankungen und große Moleküle

Zu den weitreichenden Einsichten, die im Umkreis von Delbrück und mithilfe einer wachsenden Zahl von Biologen, die sich den Bakterien und ihren Viren zuwandten, gewonnen wurden, gehört die Feststellung, dass auch diese als winzig und einfach angesehenen Formen des Lebens Gene haben – wie ihre großen Verwandten, die Pflanzen, Tiere und Menschen. Was im Rückblick trivial zu sein scheint – was anderes sollen die Mikroben und ihre Fressfeinde auch haben, um sich zu teilen und zu vermehren? –, gehörte damals zu den großen und umstrittenen Themen der Biologie.

Heute wird leicht übersehen oder gern übergangen, dass es sich geschlechtlich vermehrende Organismen waren – Erbsen, Fliegen, Mäuse und Menschen –, deren Vererbung oder deren Familiengeschichten auf die Existenz der Erbelemente schließen ließen, auf die Mendel zuerst gestoßen war und die Johannsen dann »Gene« getauft hatte. Die Mendelschen Regeln erfassen die Fähigkeit von Erbelementen, sich nach der sexuellen Vereinigung zu verteilen, zu trennen, zu mischen und auf unterschiedliche Weise Kombinationen einzugehen, aber dazu müssen sie erst einmal einen Weg finden, zusammenzukommen. Und für diesen Vorgang stellte man sich vor, dass ihnen die Begegnungen bei und nach der Paarung ihrer Träger gelingen konnten, in deren Folge sich zwei verschiedene Geschlechtszellen – Samen und Ei beim Menschen – zu einer befruchteten Zelle (beim Menschen zur Zygote) vereinen, aus der anschließend das neue Leben erwächst. So viel schien klar. Wie aber sollten sich zum Beispiel bei Bakterien die genetischen Anlagen mischen, wenn sich die Zellen nur teilen und so keine geschlechtliche, sondern eine vegetative Vermehrung stattfindet, wie es die Biologiebücher nennen?

Tatsächlich dauerte es noch einige Zeit, bis beobachtet wurde, dass auch Bakterien eine Art Geschlechtsverkehr treiben, sich dabei sogar penetrieren und molekulare Elemente mischen und trennen können, die man dann als ihre Gene identifizieren kann. Zudem lernte man in den frühen 1940er-Jahren einen anderen und direkteren Weg kennen, Gene zu charakterisieren und in ihrer Wirkung zu verstehen. Zwar hatte Johannsen die leichtfertige und verführerische Idee eingeführt, »Gene für etwas« zu suchen, aber solange das Etwas im Erscheinungsbild des Organismus festgemacht wurde und man zum Beispiel »Gene für die Hautfarbe« oder »Gene für die Staudenlänge« suchte, blieben die Chancen der Biochemiker gering, mehr Kenntnisse und Details über die Natur der Erbfaktoren zu liefern.

Bevor diese biochemische Wendung im Zugriff auf die Gene thematisiert wird, soll noch erzählt werden, wie es Delbrück ohne diese Hilfe gelang, den Nachweis zu führen, dass Bakterien mit Genen ausgestattet sind. Nachdem er verstanden hatte, wie die Bakterienfresser, die Phagen, ihr Werk verrichten – nämlich dadurch, dass ein einzelnes Virus in eine bakterielle Zelle gelangt und sich dort so lange vermehrt, bis das Bakterium platzt, was zuletzt äußerlich sichtbar zu den Löchern führt, die sich im Rasen zählen lassen –, schloss sich ihm ein italienischer Biophysiker namens Salvatore Luria an. Luria war ebenfalls von den Genen fasziniert und von Delbrücks Idee des Atomverbands begeistert. Die beiden Wissenschaftler versuchten gemeinsam mehr über das Wechselspiel von Phagen und Bakterien herauszufinden, und dabei half ihnen eine merkwürdige und mehr oder weniger zufällige Beobachtung.

Bei den damaligen genetischen Experimenten wurden manchmal Nährflüssigkeiten eingesetzt, in denen sich die Bakterien tummelten und vermehrten, bis es so viele waren, dass die Lösung trübe wurde. Die Forschung hat diesen nicht unbedingt appetitlich riechenden Suppen für das bakterielle Wachstum den hübschen Namen Bakterienkultur oder auch kürzer »Kultur« gegeben. Fügte man dann solch einer mikrobiellen Kultur Phagen hinzu, dauerte es nicht lange, bis das Medium wieder klar und durchsichtig wurde, was zeigte, dass die Bakterien tatsächlich zerfressen und zerstört worden waren.

Eines Tages fiel dem deutsch-italienischen Forscherduo auf, dass nach der Phase der Klärung – wenn man lange genug wartete – wieder eine Trübung auftrat, was bedeutete, dass die oder einige Bakterien sich erneut vermehren konnten. Abgesehen davon, dass sich diese Beobachtung eines sekundären Wachstums einem eher peinlichen Tatbestand verdankt – man hatte vergessen, das Kulturgefäß mit den zerstörten Bakterien zu reinigen –, konnte aus dem jetzt einsetzenden neuen Vermehren der Bakterien die Vermutung abgeleitet werden, dass nach dem Befall mit Phagen nicht alle Bakterien getötet worden waren und einige überlebt hatten. Und von diesen Überlebenden ließ sich sagen, dass sie resistent gegenüber den Angriffen der Viren sein mussten. Damit stellte sich nicht nur die Frage, wie es den Bakterien gelungen war, diese Widerstands- und Abwehrfähigkeit zu entwickeln. Delbrück und Luria sahen zugleich, wie sie mit ihren Kulturen eine Antwort darauf finden konnten. Sie formulierten die Frage genauer, indem sie die Alternativen abwogen und sich sagten, die Resistenz könne entweder zufällig (durch spontan eintretende Veränderungen in den Bakterien) oder gerichtet (durch die Anwesenheit der Phagen) zustande gekommen sein. Um zwischen diesen beiden Möglichkeiten unterscheiden zu können, mussten sie wie Mendel statistisch vorgehen und nachsehen, wie die Verteilung der Resistenz aussah, wenn man entweder aus einem Bakterien-Phagen-Gemisch eine Vielzahl von Zellproben oder aus einer Vielzahl von Bakterien-Phagen-Gemischen jeweils eine einzelne Zellprobe nahm. Wenn die widerstandsfähigen Variationen der Bakterien zufällig – also wie genetische Mutationen – auftraten, dann mussten im zweiten Fall größere Schwankungen an resistenten Zellen als im ersten Fall gesichtet werden. Als sich diese Fluktuationen in der Zahl der resistent werdenden Bakterien tatsächlich zeigten, konnten Delbrück und Luria zum einen sagen, dass auch diese Kleinstlebewesen über Gene verfügen, die sich zufällig ändern können. Und die beiden konnten zum anderen noch einen Bonus kassieren, denn ihr Experiment zeigte zugleich einen Weg, wie die Häufigkeit der Mutationen, ihre Rate, zu ermitteln und anzugeben war.

Mit einem Schlag konnte man nun mit Bakterien und Viren Genetik treiben und mit ihrer Hilfe viel mehr Generationen untersuchen, als das mit Fliegen und Mäusen möglich war. Darüber hinaus konnte man mit diesen winzigen Gebilden viel besser und flotter zu Werke gehen als mit allen anderen bislang ausgewählten Organismen. Die Revolution der Molekularbiologie konnte von diesem Moment an und auf dieser Basis beginnen. Nach dem Krieg kümmerte sich Delbrück persönlich darum, diese Einsicht in speziellen Kursen zu verbreiten und unter die tätigen Genetiker zu bringen. Dazu traf man sich in einem kleinen Laboratorium in der Nähe der großen Stadt New York, im Cold Spring Harbor Laboratorium, wie die Forschungsstätte nach einem kleinen Dorf auf Long Island heißt.

In dieser Zeit, in der auf der einen Seite die geschilderten Einsichten in die Existenz von Genen in Bakterien zustande kamen und auf der anderen Seite die Genetiker insgesamt immer mehr Mutanten von Fliegen sammelten und Orte von nach wie vor unsichtbaren Genen auf den im Mikroskop sichtbaren Chromosomen ausmachten, entwickelte sich parallel eine ihrer Schwesterwissenschaften auf erstaunliche Weise. Gemeint ist die Biochemie, die – wie der Name ausdrückt – die Chemie des Biologischen untersuchte. Konkret bedeutete das, dass man anfing, die Moleküle und andere Stoffe in den Zellen genauer zu erfassen und zu charakterisieren. Es gab da die bekannten kleinen Moleküle wie Wasser, Fette, Vitamine, Kohlenwasserstoffe und viele andere, von denen sich bald zwei als besonders wichtig für das genetische Zellgeschehen erweisen sollten. Gemeint sind sogenannte Aminosäuren und Basen, über die an anderer Stelle noch zu sprechen sein wird.

Was die Biochemiker anfänglich vor allem zu untersuchen lernten, kennt man heute als Stoffwechsel oder Metabolismus. Damit ist die Verarbeitung oder Umsetzung der chemischen Stoffe gemeint, die ein Körper etwa mit der Nahrung aufnimmt – Zucker zum Beispiel, Kohlehydrate oder Alkohol. In den Zellen laufen eine Fülle biochemischer Reaktionen ab, um die von außen kommenden Moleküle in einer Reihe von Umformungen so hinzubekommen, dass sie innen genutzt werden können, zum Beispiel als Vorrat von Energie oder als Stimulans für die Zellteilung. Wie der genaue Blick der Wissenschaftler nun zeigte, laufen die vielen einzelnen Schritte in diesem als Stoffwechsel bezeichneten biochemischen Reigen nicht von selbst ab. Sie brauchen vielmehr einen Katalysator. Das Wort ist dem Griechischen entnommen, wo es so viel wie »Auflösung« heißt, und es wurde zuerst im Bereich der Chemie oder Biologie benutzt. Hier erfasst es die elementaren oder molekularen Vorrichtungen, die dafür sorgen, dass die Geschwindigkeiten von Reaktionen stark zunehmen und es mit dem Stoffwechsel vorangeht. Zu den Charakteristiken von Katalysatoren gehört, dass sie selbst unverändert aus den Abläufen hervorgehen, die sie ermöglichen, erleichtern und beschleunigen.

Eines der frühen großen Ziele der biochemischen Forschung war, mehr über diese in der Zelle allgegenwärtigen Katalysatoren zu erfahren. Nach und nach stellte sich heraus, dass es sich dabei um Moleküle handelte, die, verglichen mit einem Wassermolekül, als riesengroß zu bezeichnen waren und deshalb Makromoleküle genannt wurden. Den Makromolekülen, die als Katalysatoren in Erscheinung traten, hatte man zuvor schon einen anderen Namen gegeben, nämlich den der Proteine. Dieser Ausdruck, den man sich auf jeden Fall merken muss, wenn man die Abläufe in einer Zelle und also im Leben verstehen will, leitet sich von dem griechischen Wort für »vorrangig« oder »erster« ab. Er konnte sich dadurch einbürgern, dass es vorrangig und zuerst diese Moleküle waren, die den Biochemikern unter die Hände kamen, wenn sie Zellen öffneten, um deren Innenleben zu analysieren. Zellen steckten und stecken voll von Proteinen, wie man seit dem 19. Jahrhundert wusste, ohne zunächst sagen zu können, was dort die Aufgabe dieser Makromoleküle war und wie die Natur sie aufgebaut und hergestellt hatte.

Unter dem Titel »Notizen aus Italien« formulierte Goethe die »Hypothese«: »Alles ist Blatt, und durch diese Einfachheit wird die grösste Mannigfaltigkeit möglich.« Ähnlich ließe sich zur Formwerdung sagen: »Alles ist Protein, und durch diese Einfachheit wird die größte Mannigfaltigkeit möglich.« Goethe war davon überzeugt, dass die Bildung aller Gestalten und Formen der Natur aus einem

Grundplan heraus zu verstehen ist, also »*durch die mannigfaltigste Wiederholung des ursprünglichen Bildungstypus*«. Er legte dabei Wert auf den doppelten Aspekt des Wortes »Bildung«, das nicht nur das Hervorbringen einer Form, sondern auch das Hervorgebrachte bezeichnet, trennte also das Gemachte nicht vom Machen. Ohne Proteine gäbe es beim Organismus weder Wachstum noch Stoffwechsel oder Kontakt mit der Umwelt. Was der Betrachter einer Pflanze sieht, ist das Ergebnis der Arbeit von Proteinen, die zwar von den Genen stammen, ihrerseits aber zuvor von anderen Proteinen aktiviert worden sind. Darin besteht ein Trick des Lebens, nämlich nicht nur *Gene für Proteine*, sondern auch umgekehrt *Proteine für Gene* zu haben.

Der britische Evolutionsbiologe Enrico Coen zeigt in *The Art of Genes*, wie die sichtbaren Strukturen von Pflanzen durch die Interpretation und Ausarbeitung von Proteinverteilungen geschaffen werden, die als Muster von Aktivität nachweisbar sind. Aus diesen Proteinverwebungen entstehen später die sichtbaren Strukturen, die Botaniker als Wirtel kennen. Und aus diesen bilden sich zuletzt die Blattformen heraus, die sich als Frucht-, Staub-, Blüten- und Kelchblatt unterscheiden lassen. Die sichtbaren Wirtel der Pflanzen entstehen aus unsichtbaren Proteinmustern. Mit dem »Blatt« meinte Goethe das den Organen einer Pflanze inhärente »Thema«, wie es sich in dem Muster derjenigen Proteine zeigt, die Zugriff auf Gene ausüben, um die Bildung des Organismus im Wechselspiel zwischen Plan und Ausführung voranzubringen.

Kleine Einführung in die großen Proteine

So wichtig Proteine für das Leben einer Zelle und damit für das Leben allgemein sind, so unwichtig nehmen sie die Medien, in denen Wissenschaftsjournalisten ihren Lesern erklären sollten, was die Biologen über die organischen Abläufe wissen. In den einschlägigen Texten erläutern die Vermittler die raffinierten Proteine, indem sie plump von »Eiweißen« oder manchmal sogar noch plumper von »Eiweißstoffen« sprechen. Dem Autor dieser Zeilen bleibt verborgen, was jemand auf diese Weise verstehen kann. Was soll eine Leserin zum Beispiel mit der Information anfangen, ihre Nervenzellen steckten voll von Eiweißen? Kann sie ihr Gehirn jetzt zum Frühstück essen?

Man hat es nicht leicht mit den Proteinen, aber man muss sich mit ihnen anfreunden und auf sie einlassen, wenn man die Gene und das Leben erfassen möchte. Ihre Strukturen sind äußerst vielfältig, wobei man sich zusätzlich vorstellen muss, dass die gefalteten Formen nicht starr, sondern vibrierend, von höchster Flexibilität und Elastizität sind, damit sie ihre biologische Aufgabe erfüllen können. Diese Aufgabe besteht darin, die chemischen Abläufe in einer Zelle in Gang zu halten, alles mit Energie zu versorgen und dabei die Kontrolle über den molekularen Verkehr in den Zellabläufen zu behalten. Für die detaillierte Beschreibung von Proteinen braucht man mindestens ein dickes Buch. In diesem kurzen Abschnitt kann nur herausgestellt werden, dass ohne Proteine im Leben nichts geht und dass sie machen, was sie können und wollen, wenn die Gene sie erst einmal in die Welt gesetzt und von der Leine gelassen haben.

Vom Standpunkt einer Zelle aus gesehen sind Proteine klein, vom Standpunkt eines Wassermoleküls aus betrachtet groß. Sie gehören zu den Makromolekülen und können unglaublich komplexe Formen annehmen, obwohl sie einfach aufgebaut sind. Sie bestehen nämlich aus Ketten von kleineren chemischen Substanzen, die Aminosäuren heißen. Zu merken lohnt sich, dass die Reihenfolge der Kettenglieder durch Gene festgelegt wird – was wahrscheinlich zu den Hauptaufgaben der Erbelemente gehört. Man spricht von der *Primärstruktur* der Proteine. Die einfache Kette aus Aminosäuren windet sich abschnittsweise in dem wässrigen Milieu einer Zelle, oft schraubenförmig. Das bezeichnet man als *Sekundärstruktur*, wobei sich einzelne Bereiche zu einem Gebilde falten, das in Aktion treten kann. Die Biochemiker nennen das die *Tertiärstruktur* eines Proteins. Doch die Natur nutzt noch etwas mehr aus, nämlich die Möglichkeit, einzelne gefaltete Ketten zu einer neuen Einheit zu verbinden, die dann *Quartärstruktur* heißt.

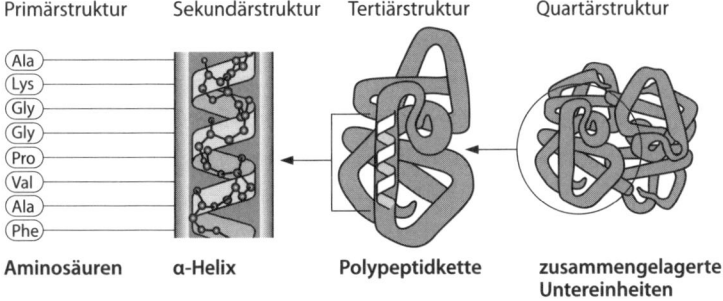

Primärstruktur   Sekundärstruktur   Tertiärstruktur   Quartärstruktur

Ala
Lys
Gly
Gly
Pro
Val
Ala
Phe

Aminosäuren   **α-Helix**   **Polypeptidkette**   **zusammengelagerte Untereinheiten**

Die Moleküle, die das tägliche Leben ermöglichen, heißen Proteine. Sie bestehen aus Ketten, und die Reihenfolge der Kettenglieder wird genetisch festgelegt. In einer Zelle kann sich solch eine Kette unterschiedlich falten und räumlich strukturieren.

So vertrackt das alles klingen mag, so klar wird dabei doch, dass der Einfluss der Gene beschränkt ist. Ein Gen ist für die *Primärstruktur* eines Proteins zuständig. Wie sich die codierte Kette faltet, hängt von dem Milieu – dem Zellplasma – ab, in dem sie sich befindet und windet.

Proteine können vor allem eines, nämlich chemische Reaktionen katalysieren. Und dabei gelingt ihnen fast alles, das heißt, sie sorgen für alles, was eine Zelle braucht – für ihren Stoffwechsel, ihr Wachstum, ihre Spezialisierung, ihre Wanderungen, ihre Reaktionen auf äußere Signale und vor allem für die geeignete Nutzung der Gene, deren Aktivität sie sogar regulieren. Und dabei stammen sie selbst von Genen ab. So drehen sich in den Zellen genetische Kreise dank eleganter Proteine, und mit ihnen macht sich das Leben auf seinen Weg – erst in einem Körper und dann mit ihm.

Im 20. Jahrhundert zeigte der Blick auf die chemischen Reaktionen zunächst, dass es diese empfindlichen Proteine waren, die als biochemische Katalysatoren tätig wurden. Darauf folgte die eigentliche Einsicht in eine erstaunliche Verbindung im Bereich von lebenden Zellen. Wie sich herausstellte, führten bestimmte Mutationen etwa bei Fliegen oder in Pilzen nämlich dazu, dass der Stoffwechsel ihrer Zellen an einigen Stellen hängenblieb. Einige der reaktiven Schritte konnten nicht ausgeführt werden, und zwar deshalb nicht, weil ein Katalysator oder mehrere Katalysatoren nicht funktionierten und ausfielen. Die zuständigen Biochemiker riskierten, mit dieser Einsicht einen allgemeinen Zusammenhang zu postulieren, der sich in den folgenden Jahren bestätigte und schließlich als mustergültig anerkannt wurde. Die Hypothese lautete, dass die Gene einer Zelle dafür sorgen, dass die Katalysatoren für den Stoffwechsel angefertigt werden und vorhanden sind. Wenn ein Gen durch eine Mutation betroffen ist, entsteht ein funktionsunfähiger Katalysator, was zur Folge hat, dass der Metabolismus an der entsprechenden Stelle hängenbleibt, wie in den folgenden Jahren immer wieder bestätigt wurde. Man kann das Gesagte in prägnanter Form so zusammenfassen, wie es die Biochemiker selbst getan haben, und von der legendären »Ein-Gen-ein-Protein-Hypothese« sprechen, mit der langsam erste Klarheit in das Treiben von Zellen und ihre genetische Grundlage gebracht werden konnte.

Offiziell wird das Jahr 1941 genannt, wenn gefragt wird, wann diese »Ein-Gen-ein-Protein-Hypothese« das Licht der wissenschaftlichen Welt erblickt hat, und als ihre Urheber werden die Amerikaner George Beadle und Edward Tatum angeführt, die damals mit dem Pilz *Neurospora crassa* experimentiert haben. Tatsächlich hat aber der deutsche Biochemiker Adolf Butenandt bereits vor 1940 bei Versuchen mit Insekten und ihrer Wahrnehmung von Duftstoffen mit lockender Wirkung (Pheromonen) den elementaren und fundamentalen Zusammenhang zwischen Genen und Proteinen bemerkt und auch in Form der oben angeführten Hypothese konstatiert. Nur arbeitete Butenandt in einem kriegsbesessenen Land in dunklen Zeiten, was die Aufmerksamkeit für seine Ideen auf ein Minimum sinken ließ. Und nach dem Zweiten Weltkrieg haben die deutschen Institutionen und ihre Historiker fröhlich und friedlich weggeschaut und sich nicht gerührt, als die Amerikaner, die den Krieg gewonnen hatten, den Sieg in der Genetik für sich reklamierten, die »Ein-Gen-ein-Protein-Hypothese« als Geniestreich ihren Genetikern zurechneten und entsprechend feierten.

Ein dummes Molekül sorgt für eine Überraschung

Im Jahr 1943 unternahm eine kleine Gruppe von wissenschaftlich tätigen Ärzten in einer New Yorker Klinik ein einfaches Experiment. Vordergründig wollten sie erkunden, wodurch bestimmte Bakterien zu gefährlichen Infektionsherden für den Menschen werden, während sich andere vom gleichen Stamm als harmlos erweisen und keine Krankheiten auslösen. Der Mediziner Oswald Avery und sein Team nahmen ein Bakterium in den Blick, das sich im menschlichen Körper zwar wohlfühlte, aber sonst eher harmlos blieb – bis es sich plötzlich verwandelte und seinem Wirt eine ekelhafte und lebensgefährliche Krankheit bescherte. Die Gefährlichkeit blieb dabei in den nachfolgenden Generationen der Bakterien erhalten, was Avery und seine Mitarbeiter zu dem Schluss führte, dass sich an dem genetischen Material der Bakterien etwas verändert haben, dass es mutiert sein musste. Also machten sie sich daran, die chemische Natur des Umwandlungsfaktors (»transforming principle«) zu erkunden – in der Hoffnung, dann auch über die chemische Natur der bakteriellen Gene Auskunft geben zu können.

Als sich die Gruppe an die analytische Arbeit machte, vermuteten die meisten Mediziner und Biowissenschaftler – auch Delbrück und Luria –, dass es die Proteine sind, aus denen die Gene bestehen. Alles Experimentieren mit diesen Katalysatoren der Zelle wies auf deren Vielfalt und weite Verwendungsfähigkeit hin. Außerdem war den Biochemikern inzwischen bekannt, dass Proteine als Ketten aus einzelnen Bausteinen aufgebaut waren, von denen es in der Natur zwanzig Stück gab. Zwar wusste damals noch niemand im Detail, wie man sich ein Protein oder viele Katalysatoren vorzustellen hatte, aber klar war, dass sich beim Kombinieren von zwanzig Bausteinen viele Möglichkeiten für die Form und die Funktion der Proteine zeigen mussten, unter anderem auch die, in einer Zelle als Gen zu funktionieren.

Es muss an dieser Stelle angemerkt werden, dass in den 1940er-Jahren niemand unter den Biologen ahnte, dass er sich bald mit genetischen Informationen zu befassen haben würde. Der Begriff der

Information beschäftigte vielleicht einige Nachrichtentechniker, ruhte ansonsten aber ungenutzt in den Wörterbüchern, als sich Avery mit seinen Kollegen in New York an die Arbeit machte. Die verbreitete Bevorzugung der Proteine als Erbelemente hatte zudem mit dem alten Problem der Fliegengenetiker um Morgan zu tun, der für die komplexen Erscheinungsformen des Lebens auch komplexe Molekülstrukturen forderte, und alles, was man von den Proteinen wusste, deutete darauf hin, dass sie diese Vorgaben erfüllen konnten.

Das ließ sich von ihren unmittelbaren Konkurrenten, den Nukleinsäuren (eine andere Sorte von Makromolekülen, die seit dem 19. Jahrhundert bekannt war), nicht sagen, und zwar aus zwei Gründen: Bei diesen Stoffen handelte es sich zum einen, chemisch gesehen, um Säuren, und zum anderen hatte man herausgefunden, dass sie sich vornehmlich im Kern einer Zelle aufhielten, in ihrem *Nukleus* also, wenn man das Wort mit lateinischem Ursprung benutzt.

Es gab und gibt mehrere Sorten von Nukleinsäuren, die sich durch den Zucker unterscheiden, der in ihnen eingebaut wird. Einer dieser Zucker heißt Ribose, weshalb die dazugehörige Kernsäure RNS genannt wurde: Ribonukleinsäure. Es gibt diesen Zucker Ribose auch mit einem Sauerstoffatom (einem Oxygen) weniger, was ihm den Namen Desoxyribose und der dazugehörigen Nukleinsäure die Bezeichnung Desoxyribonukleinsäure (abgekürzt DNS; englisch DNA für *Deoxyribonucleic Acid*) einbrachte. Diese DNA, so wussten die Biochemiker in den 1940er-Jahren, setzte sich aus lediglich vier Bausteinen zusammen, was mit den imposanten zwanzig Bausteinen der Proteine nicht konkurrieren konnte. Daher witzelten manche Schlaumeier jener Tage, die DNA sei eher ein dummes und vermutlich auch ein langweiliges Molekül. Die Nukleinsäure fand jedenfalls wenig Aufmerksamkeit – bis Avery und sein Team dies auf einen Schlag änderten. Man erwartete in New York zwar, zeigen zu können, dass es die Proteine sind, die den infektiösen Bakterien neue und vererbbare Eigenschaften vermitteln. Aber das sorgfältig durchgeführte und dann auch wiederholte experimentelle Ergebnis von Avery und Co. wies eindeutig in die andere Richtung. Es war die DNA der Bakterien, die sich erstens transformierend auf ihre Infektionsfähigkeit auswirkte und zweitens dafür sorgte, dass die von ihr vermittelte Qualität in nachfolgenden Generationen erhalten blieb. Jetzt war im Grunde der Schluss nicht mehr zu vermeiden, dass die Natur der Gene in der DNA, also in den Nukleinsäuren, steckte und es sich folglich lohnte, dem »dummen Molekül« mehr Aufmerksamkeit zu schenken.

Aber Wissenschaftler denken vorsichtig, vor allem wenn die Grundlagen ihres Fachs betroffen sind. Sie gehen lieber konservativ als radikal zu Werk, und es brauchte schon einen weiteren und sehr schlüssigen Versuch, um die Gemeinde der jungen Genetiker von der Rolle der DNA zu überzeugen. Das Experiment, das die Waage endgültig zur DNA hin kippen ließ, gelang im Jahr 1952, doch dazu später.

Was ist Leben?

In den Jahren des Nationalsozialismus und des Zweiten Weltkriegs mussten viele Wissenschaftler ihre angestammten Positionen aufgeben und sich auf oftmals abenteuerliche Weise durchschlagen. Dem eine Zeit lang in Berlin tätigen österreichischen Physiker und Nobelpreisträger Erwin Schrödinger wurde vom irischen Präsidenten angeboten, am Institute for Advanced Studies in Dublin zu arbeiten, und er konnte dort während des Kriegs friedlich überwintern. Das letzte Kriegsjahr hat er dazu genutzt, sich als Physiker Gedanken über die grundlegende Frage der Biologie zu machen, nämlich »Was ist Leben?«. Das gleichnamige Buch erschien am Ende des Zweiten Weltkriegs, und obwohl es viele Ungenauigkeiten und sogar Fehler enthält, wird es nach wie vor aufgelegt und gern gelesen, und zwar zu Recht. Denn Schrödinger unternimmt etwas, was selbst heute noch ein Desiderat bleibt. Er bemüht sich, mit den Kenntnissen der Physiker zur Erforschung des Lebens beizutragen, und riskiert dabei ohne Scheu, sich zu blamieren, etwa dann, wenn er bei seinen Vorschlägen möglicherweise nur offenlegt, wie wenig er tatsächlich von den tiefen Fragen des Lebens versteht.

Wenn eine Kritik an Schrödingers Buch berechtigt ist, dann die, dass er nicht wirklich zu klären versucht, was »Leben« ist. Der Physiker beschäftigt sich nämlich vor allem mit einer untergeordneten Frage, nämlich »Was ist Vererbung?«. Aber ein Buch mit diesem Titel hätte wahrscheinlich nicht dieselbe Aufmerksamkeit erregt und weniger Leser gefunden und beeinflusst.

Natürlich beantwortet Schrödinger die von ihm gestellte Frage nach dem Leben nicht – wer soll das überhaupt können? Aber er macht allen Biologen Mut, die sich den Fragen der Vererbung zuwenden wollen, und bringt deutlich zum Ausdruck, worin seiner Ansicht nach die große Aufgabe der künftigen genetischen Forschung liegt. Es gilt, so Schrödinger, die Frage zu klären, was Gene sind.

Das interessiert den Physiker vor allem deshalb brennend, weil das Leben es mithilfe dieser Erbelemente offenbar schafft, einen der Hauptsätze der Thermodynamik (Wärmelehre) zu umgehen oder gar zu überwinden. In der Physik gilt, einfach ausgedrückt, die Regel oder das Gesetz, dass Ordnungen zerfallen und Systeme dazu tendieren, als Durcheinander zu enden. Ein Tintentropfen, der in ein Wasserglas fällt, verteilt sich rasch in dem ganzen Gefäß, ohne jemals wieder die ursprüngliche geschlossene Form anzunehmen. Und jeder weiß, wie Kinderzimmer oder Schreibtische aussehen, nachdem in ihnen gespielt oder an ihnen gearbeitet worden ist.

Im Leben sieht das anders aus. Die Ordnung eines Organismus bleibt über Generationen erhalten – sie kann sogar zunehmen, wie die Evolution zeigt –, und verantwortlich dafür zeichnen offensichtlich die Gene. Schrödinger schlägt vor, ihnen einen regelmäßigen, einem Kristall vergleichbaren Aufbau und einen geeigneten Code zuzuschreiben, und er meint, beides lasse sich finden, sofern man grundlegend von Delbrücks Vorstellung eines Atomverbands ausgeht und sie Schritt für Schritt konkretisiert.

Mit diesem Vorschlag rückten die Gene nicht nur bei den bereits tätigen Genetikern ins Zentrum der Aufmerksamkeit, sondern auch und vor allem bei den Physikern, die nach 1945 aus dem Krieg heimkehrten und ihre Wissenschaft mit der Atombombe belastet sahen. Sie suchten nach einem neuen – garantiert friedlichen – Betätigungsfeld, und genau dieses hatte Schrödingers Buch eröffnet. Wie erwähnt, hatte Delbrück zur selben Zeit in Cold Spring Harbor die Sommerkurse eingerichtet, in denen Bakterien und deren Viren, die Phagen, als genetische Untersuchungsgegenstände vorgestellt wurden. So konnten immer mehr Wissenschaftler für die nun rasant wachsende Gemeinde der Molekularbiologen rekrutiert werden – wobei Schrödingers Lob für Delbrücks Modell wie ein gutes Marketing wirkte.

Ein unwiderlegbares Experiment

Die Suche nach den Genen und ihrer Natur hatte nun zwar im großen Stil eingesetzt, aber noch ging sie in die falsche Richtung. Trotz der Einsicht von Avery in die molekulare Grundlage der vererbbaren Wandlungsfähigkeit von Bakterien meinten viele Wissenschaftler, sie müssten sich vor allem um die Proteine und ihre Eigenschaften kümmern. Doch dies änderte sich schlagartig mit einem unwiderlegbaren Experiment, das im Jahr 1952 gelang, und zwar in den Cold Spring Harbor Laboratorien. Ausgeführt wurde es von Alfred Hershey und Martha Chase, die durch das überraschende Ergebnis einer biochemischen Analyse auf eine neue Idee gekommen waren. Wie sorgfältige und vielfach wiederholte Analysen erkennen ließen, bestanden die Phagen, die Fresser der Bakterien, aus genau zwei Komponenten, die beide Makromoleküle waren und hier schon vorgestellt wurden. Gemeint sind die Proteine und die Nukleinsäuren, die DNA. Der Versuch verlief einerseits ziemlich kompliziert, weil er unterschiedliche radioaktive Markierungen der Makromoleküle einsetzte, konnte andererseits aber ohne viel Aufwand unternommen werden, weil man ihn mit einem Küchenmixgerät durchführen konnte.

Was Hershey und Chase in ihrem Experiment mustergültig zeigen konnten, lässt sich mit einfachen Worten beschreiben: Vor einer Infektion von Bakterien bestehen Phagen aus Protein und DNA, und nachher, wenn sie ihr Opfer verlassen und ausschwärmen, sind sie wieder aus diesen beiden Komponenten aufgebaut. Doch im Verlauf der Infektion, dann, wenn sich die Phagen im Inneren der Bakterien aufhalten, bestehen sie nur noch aus DNA. Mit anderen Worten: Die Gene der Phagen konnten nicht aus Proteinen bestehen. Sie mussten als DNA vorliegen, und so lautete die Aufgabe für die Zukunft, mehr über diese bislang stiefmütterlich behandelte Molekülsorte herauszufinden. Es ging jetzt um die Struktur der DNA und damit um die Gestalt der Gene. In der Folgezeit begann eines der aufregendsten Rennen der Wissenschaft, bei dem mindestens einige Konkurrenten annahmen, ihnen könne am Ende der Nobelpreis winken. Im Februar 1953 gelangten die Sieger zu ihrer entscheidenden Einsicht und gaben der Genetik damit ein völlig verändertes Gesicht.

Die Doppelhelix

Die entscheidenden Figuren, die in den frühen 1950er-Jahren die wissenschaftliche Bühne beherrschten, auf der das Leben erkundet wurde, sind der Amerikaner James D. Watson und der Brite Francis Crick. 1953 machten sie den Vorschlag, sich den Stoff, aus dem die Gene sind, in Form einer Doppelhelix vorzustellen. Die ästhetische Wirkung der Struktur reichte und reicht weit über die Biowissenschaften hinaus. Wie schon erwähnt, sah Salvador Dalí in dem verschlungenen Faden des Lebens sogar einen Beweis für die Existenz Gottes. Ganz gewiss wohnt der Doppelhelix der Zauber eines »Grundbauplans« inne, diesen Eindruck macht sie jedenfalls auf Zeitgenossen des 20. und 21. Jahrhunderts. Sie sahen und sehen in dieser Struktur das Grundgeschehen des Lebendigen, nämlich den Vorgang, aus einem Wesen oder Gebilde zwei zu machen oder werden zu lassen.

Die Doppelhelix hat den Vorteil, dass ihrer Struktur unmittelbar zu entnehmen ist – oder zu sein scheint –, wie sich das Erbmaterial verdoppelt. (So haben Watson und Crick in ihre berühmte Publikation zur Form der DNA auch den hübschen Satz eingefügt:

»Es ist unserer Aufmerksamkeit nicht entgangen, dass die vorgeschlagene Struktur unmittelbar zu erkennen gibt, wie sie verdoppelt werden kann.«) Dummerweise trifft dies nicht so einfach zu. Wie sich im Lauf der folgenden Jahre herausstellte, muss die Zelle höchst raffinierte Tricks anwenden, viele Umwege gehen und vor allem eine Menge Proteine einsetzen, um aus einer Doppelhelix aus DNA zwei solcher Lebensfäden werden zu lassen. Und da es bekanntlich Gene braucht, um Proteine herzustellen, kann man an dieser Stelle schon ahnen, welche weiteren Schwierigkeiten auftauchten. Wenn Gene aus DNA bestehen, dann sind offenbar auch Gene nötig, um Gene zu vermehren, nämlich die Gene, die für die oben erwähnten Proteine sorgen, die zur Verdopplung der DNA unentbehrlich sind.

Die Doppelhelix wurde als großer Triumph gefeiert und machte Watson und Crick zu bestaunten Helden der Molekularbiologie. 1962 wurden sie mit dem Nobelpreis für Medizin ausgezeichnet. In der modernen Wissenschaftsgeschichte leuchtet die Doppelhelix so hell, dass in ihrem Licht die Vorgänge, die zu ihr und ihrer Präsentation geführt haben, ebenfalls viel Aufmerksamkeit bekommen haben. Tatsächlich haben ja nicht nur Watson und Crick versucht, die Struktur von Nukleinsäuren wie DNA zu erkunden. Vielmehr waren die beiden klare Außenseiter, denen man bei der Konkurrenz aus amerikanischen Chemikern wie Linus Pauling und Erwin Chargaff und britischen Kristallographen wie Rosalind Franklin und Maurice Wilkins kaum Aussichten auf Erfolg einräumte.

Der entscheidende Unterschied zwischen dem erfolgreichen Duo und den Einzelkämpfern, die das Nachsehen hatten, bestand in der Art des Vorgehens. Während zum Beispiel Chargaff oder Wilkins der Ansicht waren, dass ihre Disziplin das Problem lösen könne, sahen Watson und Crick, dass es bei der Strukturbestimmung der Erbsubstanz um eine Aufgabe ging, deren Lösung sämtliche Disziplinen benötigte, der also nur interdisziplinär beizukommen war, wie man heute sagen würde. Das Problem bestimmt die Disziplinen und nicht umgekehrt die Disziplinen das Problem.

Diese Grundhaltung führt zu der praktischen Schwierigkeit, dass niemand alle wissenschaftlichen Fächer beherrschen kann, mit der Folge, dass es Watson und Crick aufgaben, Experten für das eine oder andere Vorgehen zu werden, und stattdessen ihre Ergebnisse zusammenbrachten. Die beiden Wissenschaftler arbeiteten in einem Umfeld, in dem Makromoleküle erst kristallisiert und diese Kristalle dann mit Röntgenstrahlen auf ihre Struktur hin analysiert wurden. Was zunächst mit einfachen Kochsalzkristallen angefangen hatte, konnte um 1950 mit größeren Molekülen fortgeführt werden, zu denen dann auch die DNA zählte. Es gehört großes Können dazu, die Erbsubstanz erst aus biologischem Gewebe zu befreien und in chemisch reiner Form verfügbar zu machen, um dann in einem nächsten Schritt einen Kristall aus ihr zu ziehen oder zu züchten. In einem weiteren Schritt werden auf diesen Kristall Röntgenstrahlen gestreut. Das wiederum führt zu einem Muster – etwa zu einem Röntgenbild der DNA –, aus dem man dann meistens mit ungeheurem Rechenaufwand auf die Struktur schließen kann, die nicht nur in den Kristall eingeschlossen ist, sondern ihn aufbaut und ihm seine Form gibt.

Für jeden dieser Schritte und einige andere gab es Spezialisten, bei denen sich Watson und Crick Auskunft holten, ohne sich dabei unbedingt Freunde zu machen. Sie versuchten alle Informationen, die ihnen gegeben wurden oder die sie sich woanders holten, zu bündeln und mit ihren eigenen Ideen zu einem Bild der DNA zusammenzusetzen. Von einem bestimmten Punkt der Entwicklung an legten sie keinen Wert mehr auf weitere Angaben – sie hätten »enough facts«, wie Watson meinte –, sondern vertrauten ihrer Vorstellungskraft. Herausgekommen ist im Februar 1953 der faszinierende Vorschlag der Doppelhelix, zu der noch ein paar Anmerkungen zu machen sind.

Erstens beeindruckte die veröffentlichte DNA-Struktur unmittelbar durch ihre außerordentliche Schönheit, was auch damit zusammenhängt, dass die erste Darstellung der publizierten Doppelhelix das Werk einer Künstlerin ist – der Frau von Francis Crick. Sie stellte das Molekülmodell mit einer Windung der beiden Stränge so dar, dass dabei ein Gebilde entsteht, um das sich ein Rechteck zeichnen lässt, und erfüllte damit die Bedingungen des Goldenen Schnitts. Von diesem wissen sowohl die Kunsthistoriker als auch die Hirnforscher und Neuropsychologen, dass er von einem Betrachter als schön und ausgewogen wahrgenommen und empfunden wird.

Zweitens hat die Beschreibung der Schritte, die es bis zum Röntgenbild braucht, hoffentlich erkennen lassen, dass sich die untersuchte Struktur weit von den aktiven Nukleinsäuren entfernt hat, die sich in einer lebenden Zelle tummeln. Die gezeichnete und konstruierte Doppelhelix zeigt, wie die chemische Substanz DNA in reiner Form aussieht, wenn sie nackt vor einem Zuschauer steht und ihrer Funktionen entkleidet ist. Sie zeigt *nicht*, wie sich das Makromolekül mit Namen Nukleinsäure im dichten Gewimmel des randvollen Zellinneren neben all den anderen umherschwirrenden und sich um Bindungsplätze bemühenden Molekülen und Atomen behauptet – wie es also in dem chemischen Hexenkessel seine biologische Funktion wahrnimmt.

Drittens ist in der Literatur viel davon zu lesen gewesen, dass Crick – nachdem dem Duo in Cambridge zum ersten Mal der komplette Aufbau der Doppelhelix aus ihren Bauteilen möglich erschien und sich die Konstruktion als die lang gesuchte plausible Struktur der DNA anbot – beim Besuch einer Kneipe lautstark verkündet habe, er und sein Kollege hätten nun das Geheimnis des Lebens enthüllt (»the secret of life«). Hier wird die Ansicht vertreten, dass diese (als unmittelbarer Ausdruck triumphierender Freude verständliche) Äußerung stark übertrieben und eher als unsinnig anzusehen ist. Abgesehen davon, dass Leben mehr meint als die Verdopplung eines Moleküls, sollte es nicht heißen: »Die Doppelhelix klärt das Geheimnis des Lebens«. Man könnte aber sagen: »Die Doppelhelix zeigt das Geheimnis des Lebens« oder »Die Doppelhelix ist das Geheimnis des Lebens«.

Dieser Gedanke des bleibenden Geheimnisses, das sich selbst bewahrt, wird sich durch die weiteren Kapitel ziehen und bis in die Gegenwart führen, in der die Bioforscher immer mehr DNA-Stränge offenlegen und zur Betrachtung freigeben, ohne mit all den Daten wirklich sagen zu können, wie denn all diese Gene, Genome und Zellen funktionieren. Es ist faszinierend, was die aktuelle Genetik liefert – nicht zuletzt, weil sie einen Betrachter durch das Geheimnisvolle lockt, das in den Dingen steckt. Immer wieder kommt es dabei zu Perspektivwechseln, die zu Korrekturen früherer Annahmen führen, wie sich am Beispiel der Chromosomen zeigen lässt.

Als die DNA mehr und mehr in den Blickpunkt der Forschung rückte, verlor die Körperlichkeit der Gene in Form der Chromosomen an Aufmerksamkeit. Die gewunden wirkenden Strukturen aus dem 19. Jahrhundert schienen die Gene bloß zu tragen und eine Generation weiterzubringen, ohne selbst eine genetische Rolle zu übernehmen. Diese Sicht wird jedoch in jüngster Zeit revidiert. Die Chromosomen tragen nicht nur die Gene, sondern zum Leben insgesamt bei. Sie tun dies zum Beispiel mittels ihrer Faltungen und einer Knäuelbildung, durch die es gelingt, meterlange DNA-Fäden in winzigen Zellstrukturen unterzubringen, die weniger als einen Hundertstel Millimeter messen. Das Leben nutzt also nicht nur die eindimensionale Sequenz der DNA, sondern auch die dreidimensionale Struktur der Chromosomen, und es bringt dabei eine Hierarchie von Formelementen zustande. So gibt es Schleifen in den Chromosomen, die miteinander in Kontakt treten, um auf diese Weise regulierende DNA-Stücke physisch mit solchen zu verknüpfen, die direkt für Proteine sorgen.

Die wissenschaftliche Neugierde konzentriert sich in letzter Zeit vor allem auf Gebilde, die als TAD bezeichnet werden, die Abkürzung für »topologically accociated domains«. Darunter versteht man dreidimensionale Anordnungen, in denen sich das Genom mit einer ganzen Gruppe von Proteinen organisiert. Das passiert nicht aus rein strukturellen Gründen oder um die Informationsdichte zu erhöhen (was sie einem Computerchip überlegen macht). Es hat vielmehr biologische Bedeutung, wie sich zeigt, wenn sich die Grenzen der genannten Domänen, der TADs, verschieben. Dann kommt es zu Krankheiten und zu Störungen in der Embryonalentwicklung.

Zurück zur Doppelhelix: Wenn heute jemand auf dieses Gebilde schaut, richtet sich seine Aufmerksamkeit auf die Bausteine in der Mitte, die in der ursprünglichen künstlerischen Zeichnung als Stangen wenig Zuwendung gefunden haben. Es handelt sich dabei, chemisch gesehen, um Basen, die sich zu Paaren zusammenfinden können und mit deren Hilfe die beiden Stränge der DNA zusammenhalten. Es gibt vier Basen, die in natürlichen Genmolekülen vorkommen und die auch zu den vier Bausteinen führen, von denen oben die Rede war, als die Nukleinsäure noch als »dummes Molekül« abgetan wurde. Die vier Basen bilden zwei Paare, und in deren Reihenfolge scheint der wesentliche Beitrag der DNA zum Leben zu liegen. Auf jeden Fall bemüht sich die heutige Gemeinschaft der Genforscher vor allem darum, diese Reihenfolge der Basenpaare zu ermitteln, während sie das Gerüst vernachlässigt. Die Erkunder des Genoms oder der Genome sprechen von der *Sequenz* der Basen und nennen ihr Vorgehen *Sequenzieren*. Das wird hier auch deshalb erwähnt, weil die ursprüngliche Darstellung der DNA gar nichts über die Basen aussagt. Dass ihre Sequenz wichtig sein und als genetische Information verstanden werden kann, die in Zellen gelesen und umgesetzt wird: Wenn jemand das im Februar 1953 Watson und Crick gesagt hätte, sie hätten es entweder nicht verstanden oder nicht geglaubt oder gar beides. Sie wussten natürlich, dass sich in der Erbsubstanz so etwas wie Spezifität zeigte, wie man damals sagte — schließlich brachte das genetische Material einer Maus keinen Menschen hervor und umgekehrt auch nicht —, der Begriff der Information war damals jedoch wie schon erwähnt noch nicht verbreitet. Die Doppelhelix löste kein Geheimnis des Lebens. Sie zeigte vielmehr eines oder zeigte sich als eines. Immerhin stand jetzt ein Modell der DNA zur Verfügung, mit dem man der Fantasie etwas Nahrung geben konnte.

Auf die Reihenfolge kommt es an

In dem Jahr, in dem die Doppelhelix vorgestellt wurde und die Genetiker begeisterte, arbeitete ein anderer Forscher still in seiner kleinen Ecke der wissenschaftlichen Welt an einem anderen Problem, dessen Lösung dann erneut aufhorchen ließ. Die Rede ist von dem britischen Biochemiker Frederick Sanger, der sich voll auf die Makromoleküle konzentrierte, die oben als Proteine vorgestellt wurden. Während heute jeder weiß oder lernen kann, dass Proteine einzelne Moleküle sind – Riesenmoleküle im Vergleich zu Wasser oder Zucker –, gehörte deren Natur damals noch zu den offenen Fragen. Man konnte sich auch vorstellen, dass es kleine reaktive Einheiten gab, die sich in dem wässrigen Milieu einer Zelle – also *in vivo* – oder in den Lösungen der Biochemiker in einem Reagenzglas – man nannte das *in vitro* – in wechselnden Formationen zusammenfanden, um ihre Aufgaben zu erfüllen. Sanger meinte jedoch, dass Proteine einheitliche Gebilde mit einer gegebenen Struktur sind. Um das zu zeigen oder zu prüfen, gab es nur den einen Weg, diese Struktur zu bestimmen. Wie oben bereits erwähnt wurde, unterscheiden die Biochemiker und ihre Kollegen verschiedene Arten von Strukturen, die sie von *primär* über *sekundär* und *tertiär* bis *quartär* durchzählen, aber in den frühen 1950er-Jahren ging es Sanger nur um die *primäre* Struktur, und damit meinte man die Reihenfolge der Bausteine eines Proteins, also die Reihenfolge seiner Aminosäuren.

Das Wort »Aminosäure« deutet an, dass es zwei Teile in solch einem Baustein eines Proteins gibt, und zwar eine chemische Gruppe mit Namen »Amino«, womit die Chemiker ausdrücken, dass darin Stickstoff enthalten ist, und eine Gruppe, die dem Molekül die Eigenschaft gibt, sauer zu reagieren. Das Wunderbare an der Natur besteht nun darin, dass sich die beiden genannten Gruppen verbinden können – die Fachwelt spricht dann von einer *Peptidbindung* –, was wiederum die Konstruktion von langen Ketten aus Aminosäuren ermöglicht. Viele Peptidbindungen hintereinander, von den Biochemikern auch *Polypeptide* genannt: Genau so konnten Proteine entstehen und geformt werden, nämlich als Polypeptide. So dachte

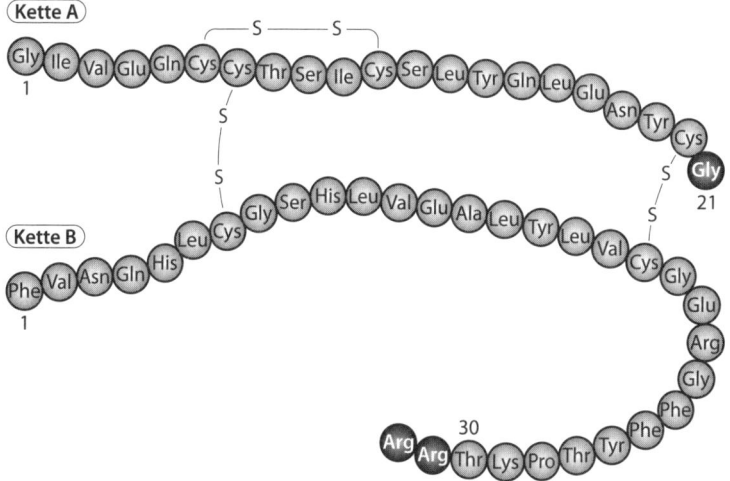

Das Hormon Insulin stellt biochemisch ein Polypeptid dar; es besteht aus zwei Ketten von Aminosäuren. Ein Insulin kommt selten allein, und in den Zellen wirken die Hormone im Verbund.

Sanger, und das wollte er zeigen, und zwar dadurch, dass er sich ein Protein wählte, die Reihenfolge seiner Aminosäuren ermittelte und nachwies, dass sich ein Protein genau dadurch charakterisieren ließ. Das Ermitteln der Sequenz konnte deshalb in Angriff genommen werden, weil ein schwedischer Biochemiker namens Per Edman bereits 1949 ein Verfahren ersonnen hatte, die Aminosäure am Ende einer Polypeptidkette abzutrennen und zu identifizieren. Fred Sanger verfeinerte das Abbauverfahren und wandte es auf ein möglichst kleines Protein an, das als Hormon funktionierende Insulin. Das besaß insofern hohe medizinische Relevanz, als es bei Zuckerkranken nicht zuverlässig seine Arbeit verrichtete. Klein, das heißt genauer, dass Insulin als eine Kette aus knapp über fünfzig Aminosäuren vorliegt, deren Reihenfolge Sanger im Jahr 1953 angeben konnte. Doch seine große Leistung drohte im Schatten der strahlenden Doppelhelix ein wenig unterzugehen.

Tatsächlich scheint 1953 vor allem wegen der Struktur der DNA ein besonderes Jahr gewesen zu sein, aber die beiden großen Leistungen der damaligen Lebenswissenschaften – die Doppelhelix und die

Sequenz des Insulins – gehören zusammen, weil sie sich perfekt zusammenfügen. Mit diesen beiden Kenntnissen war nicht zu übersehen, dass die beiden unterschiedlichen Makromoleküle, die entscheidend zum Leben und zum Operieren von Zellen beitragen, etwas Gemeinsames aufweisen, so verschieden sie auch funktionierten. Beide lagen als Ketten von Bausteinen vor. Man musste schon ziemlich blind oder einfältig sein, um zu übersehen, als wie zutreffend und wegweisend sich eine der Bemerkungen in Schrödingers Buch *Was ist Leben?* herausstellte. Der Physiker hatte davon gesprochen, dass Gene so etwas wie einen Code enthalten oder tragen könnten. Und so skeptisch viele Leser diese Bemerkung Schrödingers anfangs auch aufnahmen: Mit der gleichzeitigen Kenntnis der Insulinsequenz und der Vorlage der Doppelhelix zeigte sich klar und eindeutig, dass es diesen Code geben musste, also etwas, das die Sequenz der Basen in der DNA mit der Sequenz der Aminosäuren in den Proteinen verband.

1953 lag den Biochemikern, Genetikern und Physikern offen vor Augen, wie die Zellen ihr Leben organisieren, aber es war noch ein weiter Weg, die dazugehörenden Details zu erkunden und auszuarbeiten. Vor allem sah damals niemand auch nur die geringste Chance, an die Sequenz eines Gens zu kommen. In einer Zelle gab es zwar viele Millionen Kopien von Proteinen, die man erst abtrennen und dann analysieren (sequenzieren) konnte. Aber es gab immer nur ein oder zwei Kopien des dazugehörigen Gens, und damit konnten Biochemiker nicht viel anfangen. Es sollte zwanzig Jahre dauern, bis sich diese Situation änderte.

KAPITEL 2

Das dynamische Stückwerk
im Wandel der Zeiten

Zwischen 1953 und 1973 liegen zwanzig Jahre, und diese lange Zeit wurde benötigt, um von der atemberaubenden Struktur des chemischen Erbmaterials in Form der Doppelhelix zur möglichen Manipulation der dazugehörigen DNA mithilfe der Gentechnik zu kommen. Das Wort »Manipulation« drückte dabei ursprünglich etwas Positives aus. Schließlich nehmen Menschen gern etwas in die eigene Hand – lateinisch *manus* –, um es für ihre Zwecke umzuformen und einzusetzen, im Fall der Gentechnik die Erbanlagen von Zellen, also ihre DNA. Der Begriff der Manipulation kam zunächst in Deutschland auf, wanderte dann dank seiner einfachen Aussprache in die USA. Dort vollzog sich in den späten 1960er-Jahren ein Begriffswandel dahingehend, dass unter »Manipulation« nun das zu verstehen war, was Unternehmen – etwa durch ihre bezahlte oder unbezahlte Präsenz in verschiedenen Medien – mit ihren Kunden und den Konsumenten machen: Sie legen sich die Käufer ihrer Produkte zurecht, sie manipulieren Menschen als Konsumenten, indem sie diese nicht zuletzt durch gefällige oder aggressive Werbung dazu bringen, nicht nur Dinge zu kaufen, die sie nicht brauchen, sondern auch solche, die sie überhaupt nicht wollen. Danach kehrte das nun negativ besetzte Wort »Manipulation« an den Ort seiner Herkunft zurück. In der Folgezeit wurde es kritisch auf die Wissenschaft angewendet, genauer gesagt auf oder gegen die Gentechnik – wobei die Kritiker ihr eigenes Wissen und Tun kaum hinterfragten, zuweilen auch aggressiv gegen Andersdenkende vorgingen.

Unter Gentechnik versteht man die Fähigkeit, einen DNA-Abschnitt aus dem Erbmolekül einer Zelle auszuschneiden und ihn in ein anderes Erbmolekül in einer anderen Zelle einzusetzen. Kaum war dieser mit raffinierten Werkzeugen im Reagenzglas mögliche Schritt zum ersten Mal als durchführbar vorgestellt und erfolgreich an lebenden Zellen ausprobiert worden, nahm das Wort »Manipulation« in der öffentlichen Debatte um die Wissenschaft den Charakter eines Vorwurfs an.

Als es mit der Gentechnik möglich wurde, DNA-Abschnitte von einem zellulären Kontext in einen anderen zu verlegen, reagierte die Öffentlichkeit mit größter Gespanntheit und wachsender Skepsis, was hierzulande bis heute anhält. Gentechnik klingt für viele Menschen immer noch nach einer fürchterlichen Bedrohung, und viele Deutsche zählen sich stolz zu Gentechnik-Gegnern, wobei einige von ihnen mit germanischer Gründlichkeit sogar dafür sorgen wollten, dass etwa Mais und Tomaten »genfrei« – ohne Gene – sein und wachsen sollten. So hatten die Gentechnik-Befürworter wenigstens etwas zu lachen in kämpferischen Tagen, die derzeit nur zur Niederlage führen. Beim Schreiben dieser Zeilen melden die Zeitungen, dass neben Deutschland achtzehn weitere EU-Mitgliedsstaaten den Anbau von gentechnisch veränderten Pflanzen verbieten lassen wollen. »Die Gentechnik-Gegner haben erst einmal gewonnen«, lautete eine Überschrift in der *Frankfurter Allgemeinen Zeitung* am 9. Januar 2016, unter der zu lesen war, dass auf deutschem Grund kein falsches Pflänzchen mehr wachsen darf. Dabei erwähnt der Artikel, dezent zustimmend, dass die Gentechnik sich durchsetzt und längst da ist, auch in Deutschland. »Sie ist da im aus Nord- und Südamerika importierten Tierfutter und in Baumwollpullis, sie steckt in Diabetesmedikamenten und vielen Arzneimitteln, die etwa auf Basis genveränderter Bakterien produziert werden.« Ein heikles Thema, das durch das bereits als CRISPR-Cas9 eingeführte Verfahren (bei dem es vor allem um den Menschen und nicht nur um seine Lebensmittel geht) in diesen Tagen eine neue Dimension erhalten hat.

Als die ersten Berichte von der Neuzusammensetzung – oder Rekombination – von Erbsubstanz zu lesen waren, erhoben viele Kritiker ihre warnenden Stimmen. Sie fanden erstaunlich leicht Gehör, vor allem, wenn sie »ethische Bedenken«, »moralische Verantwortung für die Zukunft« oder »Bewahrung der Schöpfung« in ihre Argumentation einflochten. Damit passten sie sich dem Zeitgeist der 1970er-Jahre an, der nach den fortschrittsgläubigen und zukunftserpichten 1950er- und frühen 60er-Jahren erstmals mehr auf »Die Grenzen des Wachstums« ausgerichtet war (die die Menschen bis heute zu erkunden und für die Zukunft zu testen versuchen). Der Auslöser für den neuen Blick auf die Natur und die Erde als gefährdete Umwelt liegt übrigens in der Raumfahrt, genauer in den Bildern, die amerikanische Astronauten vom Heimatplaneten der Menschen machten. Sie zeigten eine wundervoll blau leuchtende Kugel vor einem rabenschwarzen Hintergrund und ließen unmittelbar erkennen, wie schmal der Überlebensbereich unserer Art ist und wie gefährdet er in all seiner Schönheit in seiner kosmischen Einsamkeit hängt und kreist.

Mit diesen Anmerkungen ist die historische Erzählung etwas vorgeprescht. Es gilt, die Geschichte Stück für Stück zu erzählen – schon deshalb, weil nach dem Einsatz der Gentechnik das erste offensichtliche Verschwinden von Genen zu vermelden war. In den Zellen waren keine Gene mehr in dem Sinne zu finden, in dem man ein Buch in einem Regal findet. Die als fest gedachten und im Zellkern als Einheit vermuteten Erbelemente Mendel'scher Prägung lösten sich vielmehr beim genauen Hinsehen in DNA-Abschnitte auf, aus denen, wie schon erwähnt, die Zellen im Lauf ihres Leben die benötigten Moleküle mit den genetischen Information erst einmal bauen und zusammensetzen müssen.

Ein erster Angriff auf das Gen

Es waren die 1950er-Jahre, in denen in Deutschland mit dem sogenannten Wirtschaftswunder Weichen gestellt und dadurch Gleise frei wurden, auf denen die Gesellschaft mit Siebenmeilenstiefeln in eine ökonomisch erfolgreiche Zukunft gelangen konnte. Und wie für die politische Entwicklung, so lässt sich auch zur Geschichte der Molekularbiologie sagen, dass in den 1950er-Jahren die entscheidenden

Grundlagen für die Zukunft der genetischen Forschungen bereitet wurden. In den 1960er-Jahren nahmen diese Forschungen rasante Fahrt auf, bis viele Forscher sogar meinten, nun am Ziel ihrer Träume angekommen zu sein.

Als Folge der Kurse, die Delbrück seit 1946 in Cold Spring Harbor gab, und als Konsequenz der Durchbrüche, die von der ersten Generation von Molekularbiologen vermeldet werden konnten, wuchs die Zahl der Wissenschaftler, die sich mit Bakterien beschäftigten – vor allem in Form des Darmbakteriums mit dem offiziellen Namen *Escherichia coli* (abgekürzt *E. coli*) –, und damit stieg auch die Menge an Einsichten, die man im doppelten Sinne merkwürdig nennen kann (einerseits kann man viel von ihnen lernen, andererseits wurden viele davon mit Verblüffung zur Kenntnis genommen). Die erste Überraschung zeigte sich bereits 1955, als der als Physiker ausgebildete Seymour Benzer merkte, dass das mit dem Gen oder den Genen bei den Bakterienfressern nicht so einfach war. Zwar war inzwischen klar, dass die Phagen über Gene verfügten, wie Mäuse und Menschen oder wie Bakterien und Bananen es tun, und es galt als selbstverständlich, dass sich diese Gene als Einheit der Vererbung ebenso verstehen ließen wie als Einheit der Mutation. Delbrück persönlich hatte viel Mühe darauf verwendet zu zeigen, dass die Phagen über dieselbe wunderbare Fähigkeit verfügen, die sexuell sich vermehrende Organismen aufweisen, wenn sie ihr genetisches Material im Verlauf der Paarung neu zusammensetzen. Die Experten sprechen in solchen Fällen von der *Rekombination* der DNA. Bereits 1946 konnte Delbrück nachweisen, dass auch Phagen ihre DNA neu zusammensetzen können, wenn sich zwei oder mehrere von ihnen in einem Bakterium um die besten Chancen auf Vermehrung des Erbgutes balgen. Ein Gen konnte daher auch als Einheit der Rekombination verstanden werden.

Dann jedoch trat Benzer auf den Plan und zeigte, dass es an dieser Stelle vorsichtiger zu sein und sorgfältig zu argumentieren galt. Wie seine Experimente zum Vorschein brachten, reichte schon die Änderung eines einzigen Bausteins in der DNA, um ein Gen zu verändern, also eine Mutation herbeizuführen. Und eine Rekombination kam ebenfalls mit Bruchteilen eines Gens aus, das in seiner eigentlichen Funktion immer noch brav als ganzer DNA-Strang weitergegeben – vererbt – werden musste. Die Einheit der Mutation, die Einheit der Rekombination und die Einheit der Vererbung – sie konnten nicht mit ein und demselben Wort »Gen« bezeichnet werden, wie Benzer seinen Kollegen mitteilte. Sie repräsentierten vielmehr drei verschieden funktionierende Gebilde in der Zelle, wenn sie auch alle aus demselben Material bestanden, der Nukleinsäure namens DNA. Benzer schlug daher in einem 1957 erschienenen Aufsatz über »The elementary units of heredity« (»Die elementaren Einheiten der Vererbung«) vor, den Gebrauch des Wortes Gen einzustellen und zum Beispiel die Einheit der Mutation »Muton« zu nennen.* Offensichtlich ist ihm niemand oder kaum jemand dabei gefolgt, wie die bleibende und offenbar unerschütterliche Weiterverwendung des Wortes »Gen« zeigt, das bislang noch alle konzeptionellen Angriffe abgeschüttelt oder abgewehrt hat.

Gene und Atome

Da in gewisser Weise die Gene die Atome der Zelle sind – als letzte und unteilbar gedachte Einheiten der Dinge oder des Lebens –, soll an dieser Stelle ein Blick auf die Atome und ihre Benennung geworfen werden, die im 19. Jahrhundert ebenso überdacht wurde wie hundert Jahre später die der Gene. In den Anfängen des 19. Jahrhunderts hatten die Chemiker das antike Konzept des Atoms wieder auf- und erstmals ernst genommen, um eine wachsende Zahl von Elementen

---

* Für die Einheit der Rekombination schlug Benzer das Wort »Recon« vor, und als Einheit der Vererbung »Cistron«, was mit der experimentellen Anordnung zu tun hat, mit der eine erbliche Weitergabe untersucht wird. Genetiker sprechen von einem »Cis-trans-Test«, der hier nur benannt und nicht beschrieben wird. Aus dem alten Gen sollten in den 1950er-Jahren drei neue Einheiten werden, was aber nicht gelungen ist, und dieses Scheitern hat ganz sicher auch sprachliche Gründe. Das Gen klingt doch tausendmal besser als ein Cistron oder gar ein Muton.

unterscheiden und ihre Verbindungsmöglichkeiten vorhersagen und verstehen zu können. Um die dabei agierenden Einheiten bezeichnen zu können, führten sie neben den Atomen auch Begriffe wie Moleküle, Molekel oder Äquivalente ein, die nicht nur systematisch gebraucht wurden.

1860 traf sich die Gemeinde der Forscher auf einem Kongress in Karlsruhe, um sich auf eine Nomenklatur zu einigen. Zwar wetteten nicht viele Teilnehmer der Tagung auf die Atome, aber am Ende setzte sich dieses griechische Wort doch unangefochten durch. Und die Menschen lieben es bis heute, was einen psychologisch orientierten und mit menschlichen Vorlieben argumentierenden Betrachter der Wissenschaftsgeschichte auf die Idee bringen könnte, dass es hier um mehr als um die Ergebnisse von empirischen Forschungen im Rahmen exakter Wissenschaften geht. Es geht um Bedürfnisse der menschlichen Psyche, und dieser Gedanke drängt sich noch stärker auf, wenn man sich in Erinnerung ruft, dass am Ende des 19. Jahrhunderts gezeigt werden konnte, dass Atome gar nicht so unteilbar sind, wie das Wort sagt. Ganz im Gegenteil. Aus den Atomen lassen sich Bruchstücke in Form von negativ geladenen Elektronen befreien, was aber niemanden mehr auf die Idee brachte, auf die Bezeichnung »Atome« zu verzichten. Deshalb ist von dem Physiker Wolfgang Pauli, der Kontakt zu dem Psychologen Carl Gustav Jung hielt, der Vorschlag gemacht worden – und diese Idee findet die anhaltende Sympathie des Autors dieser Zeilen –, dass die Verwendung des Begriffs »Atom« weder logisch noch empirisch verstanden werden kann, sondern dass es dafür einen archetypischen Grund geben muss.

Unter Archetypen verstehen Psychologen so etwas wie Urbilder oder Grundmuster der menschlichen Vorstellungskraft, die aus einem allen Menschen gemeinsamen (kollektiven) Bereich des Unbewussten stammen und daher auch zur Kommunikation geeignet sind. Atom und Gen sind demnach als Archetypen aus dem Bereich der Wissenschaft zu verstehen, wobei das erste archetypische Konzept der Physik und das zweite archetypische Konzept der Biologie zuzuordnen ist. Man kann die Atome teilen, wie man will, man wird sie immer Atome nennen und annehmen, dass die Welt aus ihnen besteht und aufgebaut ist. Und man kann die Gene auftrennen, wie man will, man wird sie immer Gene nennen und annehmen, dass das Leben seine Eigenschaften mit ihrer Hilfe bekommt und entwickelt. Aus diesem psychischen und nicht aus einem faktisch-empirischen oder gar vernünftigen Grund musste Benzers Vorschlag scheitern, das gefällige Gen umzubenennen und die drei empirisch erkannten Einheiten der Mutation, Rekombination und Vererbung einzeln mit Begriffen auszustatten.

Mit Benzers Experimenten zeigte die DNA ihre ungeheure molekulare und funktionelle Flexibilität, und es war vermutlich das Glück der Phagen- und Bakteriengenetiker, dass sie in diesem ersten Durcheinander des Geschehens einen festen Punkt kannten, an dem sie sich sprachlich und gedanklich orientieren konnten: das Gen. Im Lauf der Geschichte wird es noch oft zerlegt werden, aber nur, um immer wieder zu neuem Leben zu erwachen. Gene stecken im Menschen – als DNA in seinen Zellen und als Archetyp in seinem Kopf.

Die wilden 1960er-Jahre

Wie in der politischen Geschichte setzten auch in der Entwicklung der Molekularbiologie nach den Weichenstellungen der 1950er-Jahre die wilden 1960er-Jahre ein, die oberflächlich vor allem durch ein genetisches Dogma, die Klärung des genetischen Codes und die ersten Einsichten in die genetische Regulation in Bakterien charakterisiert werden können.

Bevor wir näher darauf eingehen, soll noch ein letzter Hinweis auf Delbrück gegeben werden, den Wegbereiter der Molekularbiologie. Als 1953 die Doppelhelix als Herzstück der kommenden Biologie das Licht der wissenschaftlichen Welt erblickte und die Genetiker in Feierlaune gerieten, reagierte Delbrück völlig anders und kehrte diesem Treiben den Rücken zu. Ihm schien es nämlich, dass die Erkundung der Vererbung von nun an zu einer Aufgabe der Chemie geworden war, deren Lösung viele molekulare Mechanismen, aber keine tiefen, verblüffenden Paradoxien mehr liefern würde. Damit fehlte der modernen Biologie seiner Ansicht nach der Schwung, den die moderne Physik bekommen hatte, nachdem erkannt worden war, dass sich klassisches – mechanisches – Denken selbst bei einfachen Fragen wie der nach der Stabilität von Atomen in Widersprüchen verfing. Im Angesicht der Doppelhelix schienen sich die Chancen, Unerklärliches und Mysteriöses in der Vererbung zu finden, in schönen Modellen aufzulösen und somit zu verschwinden. In der Folgezeit nahm Delbrück seinen Abschied aus der Molekulargenetik und kümmerte sich um die Anfänge der Wahrnehmung in den Organismen und ihren Zellen. Er suchte den Wasserstoff oder den Phagen des Sehens, ohne ihn bis zum Ende seines Lebens ausfindig machen zu können.*

Zur treibenden intellektuellen Kraft der sich neu erfindenden Biologie in den 1960er-Jahren entwickelte sich der Brite Francis Crick. Mit aller Macht zog es ihn zu dem Problem hin, wie die Zellen es schaffen, die Proteine anzufertigen, die sie zum Leben brauchen. Welcher Weg führt von den Genen zu den Proteinen? Darauf konzentrierte Crick sein Bemühen. Um sich in dem Dickicht der zahlreichen Befunde und Vermutungen zurechtzufinden, trieb er eine Schneise durch den Urwald seiner wuchernden Wissenschaft, indem er das formulierte, was bald als genetisches Dogma berühmt und berüchtigt wurde. Crick dachte daran, dass in DNA-Molekülen biologische Informationen enthalten sind, und er stellte sich vor, dass diese Information *in* einer Zelle und *durch sie* übertragen wird und ihren Weg in die Reihenfolge der Bausteine (Aminosäuren) findet, die ein Protein ergeben. Für Crick kam es darauf an, die Richtung der Information festzulegen – sie fließt nur in ein Protein hinein und nicht wieder aus ihm heraus –, und er wollte wissen, ob der Übertrag direkt geschieht oder vermittelt wird.

---

* Wer mehr über dieses Denken und den Wunsch nach Paradoxien lesen möchte, kann in meiner Biografie von Max Delbrück fündig werden, die ursprünglich unter dem Titel *Licht und Leben* und dann als Taschenbuch unter dem Titel *Das Atom der Biologen* erschienen ist.

Zu Beginn der 1960er-Jahre zeigten elegante Experimente, dass die Information auf dem Weg von der DNA zum Protein einem Zwischenträger anvertraut wird, der chemisch ähnlich zusammengesetzt ist wie die Erbsubstanz. In dem Zwischenträger findet sich nicht der Zucker ohne den Sauerstoff, die Desoxyribose, sondern die normale Ribose, weshalb von Ribonukleinsäure oder Ribonucleic Acid die Rede ist, englisch abgekürzt RNA.* Und damit lautete das Dogma: Aus DNA wird RNA, und daraus wird ein Protein. Die Biochemiker nannten diesen ersten Schritt *Transkription*, also Überschreibung der Information, und den zweiten *Translation*, also Übertragung der Information. Die Genetiker kennen heute viele Moleküle, die bei der Überschreibung der Information helfen, und fassen sie als *Transkriptionsfaktoren* zusammen. Sie spielen bei zahlreichen Phänomenen des Lebens eine Rolle und treten nicht zuletzt im Fokus der Forscher in Erscheinung, die sich darum bemühen, das Entstehen von Krebs erst zu erfassen und dann zu verhindern.

Das genetische Dogma drückt in aller Kürze aus, was eine Zelle zu tun hat, nämlich aus der Reihenfolge von vier Bausteinen in der DNA (den Nukleotiden) eine Reihenfolge von zwanzig Bausteinen in den Proteinen (den Aminosäuren) zu machen. Die genannten Zahlen deuten an, dass es weder reichte, einen DNA-Baustein für einen Proteinbaustein kodieren zu lassen, noch sein konnte, dass zwei DNA-Bausteine einen Proteinbaustein festlegten. Tatsächlich funktioniert

---

* Die RNA hat zwar lange Zeit ein Schattendasein geführt, doch seit einigen Jahren richtet sich die Forschung der Genetiker immer mehr auf das, was sie inzwischen die Welt der RNA nennen. Moleküle mit diesem Familiennamen tauchen mit immer mehr Vornamen auf: Sie heißen Boten-RNA oder mRNA, wenn sie die genetische Information weiterleiten (»m« für »messenger«); sie zeigen sich als Transfer-RNA (kurz tRNA), wenn es gilt, einen Proteinbaustein (eine Aminosäure) herbeizuschaffen; sie werden als rRNA bezeichnet, wenn sie zum Aufbau von den Zellstrukturen beitragen, die als Ribosomen helfen, Proteine anzufertigen; sie agieren als asRNA, als circRNA, als miRNA und als snRNA. Die RNA zeigt sich also vielseitig und gestaltfreudig, wobei sie als Einzel- oder als Doppelstrang vorliegen kann und auf höchst unterschiedliche Weise zum genetischen Funktionieren von Zellen beiträgt.

der genetische Code dadurch, dass eine Folge von drei Nukleotiden festlegt, welche Aminosäure in ein Protein einzubauen ist. Die Ermittlung dieser und anderer Details bei der Synthese von Proteinen bis in die Mitte der 1960er-Jahre gehört zu den großen Triumphen der Molekularbiologie, die sich dadurch ein solides Fundament sicherte. Dabei festigte sich auch das wissenschaftliche Verständnis von Genen. Ein Gen konnte glasklar und unverrückbar als das Stück auf einem DNA-Molekül definiert werden, in dem (als Reihenfolge der chemischen Bausteine) die Information für ein Protein zu finden ist, mit dem das Leben in einer Zelle seinen Lauf nehmen kann.

Der Fokus der Genetiker richtete sich derart intensiv auf den Informationsfluss aus, den das genetische Dogma erfasste, dass beim Nachdenken über die Abläufe in einer Zelle etwas Wesentliches übersehen wurde: Die Auskunft »Aus DNA wird RNA« kann nur stimmen und tatsächliche Überschreibungen von Molekül zu Molekül können nur stattfinden, wenn da jemand mitmacht und hilft. Genauer gesagt: Gene, also DNA-Moleküle, liegen für sich genommen nur einfach in einer Zelle »herum«. Erst wenn sich ein Protein an ihnen zu schaffen macht, entsteht aus der DNA-Folge ein RNA-Stück. Die Fachwelt nennt dieses Protein eine *Polymerase*, weil es eine Substanz herstellt, die aus vielen (griechisch *poly*) Stücken (griechisch *meros*) besteht. Es handelt sich genauer gesagt um eine RNA-Polymerase, weil sie ein vielteiliges Molekül aus dieser milden Säure in der Zelle anfertigt, ein Polymer aus RNA. Dabei sind zwar die Details der Synthese nur für Experten von Interesse, das gilt aber nicht für den darüber hinausweisenden genetischen Aspekt, der sich einfach formulieren lässt: Die Polymerase ist ein Protein, braucht also ihr eigenes Gen. Mit anderen Worten: Damit ein Gen funktionieren kann, braucht es die Hilfe eines anderen Gens, das natürlich auch erst funktionieren kann, wenn es selbst ebenfalls dank eines anderen Gens aktiv geworden ist, und so geht der genetische Gedanke immer weiter und schließt sich vermutlich zu einem Kreis.

Gene funktionieren nicht für sich, sondern nur mit Genen, also im vernetzten Verbund der ganzen Zelle und ihrer sich gegenseitig bedingenden Abläufe, und wer das genetische Geschehen des Lebens

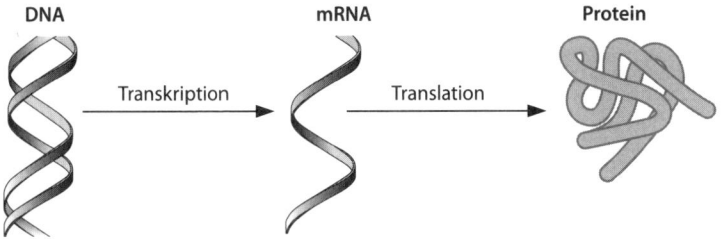

DNA　　　　　　　　mRNA　　　　　　　Protein

Transkription　　　　　Translation

Das sogenannte Dogma der Molekularbiologie aus den 1960er-Jahren: Es besagt, dass die genetische Information nur von den Genen über die RNA in die Proteine fließt und nicht zurück.

insgesamt verstehen will, ist gut beraten, sich die dazugehörigen Wechselwirkungen vor Augen zu halten.

Zu den offensichtlichen Fragen, die sich jetzt fast wie von selbst stellen, gehört die nach dem *Ausgangspunkt* der Proteinsynthese. Wer oder was setzt eine Polymerase – oder allgemeiner einen Transkriptionsfaktor – in Gang, um *welches* Gen unter *welchen Vorgaben* für die Herstellung eines Proteins zu nutzen? Im Verlauf der 1960er-Jahre wurde immer deutlicher erkennbar, dass Gene nicht einfach vorhanden sind und ihre Information permanent anbieten. Das Leben einer Zelle erfordert andere Notwendigkeiten.

Seinerzeit schien es mindestens in den vornehmlich untersuchten Bakterien ausgeklügelte Mechanismen zu geben, um Gene entweder zum Sprechen – zum Ausdrücken ihrer Information – zu bringen oder sie stumm zu halten. Doch so einfach der Gedanke einer Regulation der Gene und ihrer Expression (Verwendung) auch klingt, so schwierig war es, ein experimentell zugängliches System oder ein Verhalten zu finden, um darüber Auskunft zu bekommen und die molekularen Wechselwirkungen zu verstehen. Es war dann der Franzose Jacques Monod, dem die geeignete Beobachtung gelang und der sich anschließend daran machte, sie mit seinem Kollegen François Jacob zu analysieren.

Es ging dabei um Bakterien, denen in einem Nährmedium verschiedene Formen von Zucker angeboten wurden. Gemeint sind die süßen Stoffe, die Chemiker als Glukose und Laktose unterscheiden, wobei Glukose ein gewöhnliches Zuckermolekül darstellt, während Laktose etwas komplizierter gebaut und fast doppelt so groß ist. Bakterien greifen bevorzugt und fast ausschließlich zur Glukose, wenn sie ihnen angeboten wird, und sie ignorieren die Laktose, auch wenn sie gleichzeitig verfügbar ist, solange genug Glukose vorhanden ist und den Nahrungsbedarf stillen kann. Wird schließlich der Vorrat an dem kleinen Zucker knapp, schalten die Bakterien ihre Ernährungsweise um und greifen sich die Laktose, die sie daraufhin in sich hineinlassen und in ihren Stoffwechsel einschleusen. Die Fragen, die sich nun stellten: Wie machen sie das? Was läuft da im Zellinneren der Mikroorganismen ab? Wie merken die Bakterien innen, dass außen ein Zucker knapp wird? Wo setzen ihre Reaktionen an und ein?

Wie die Analyse durch Monod und Jacob zeigte, führt der sinkende Glukosespiegel dazu, dass die Bakterien einige bislang nicht genutzte Gene aktivieren, mit deren Hilfe Proteine hergestellt werden können, die dann die Laktose erst in das Zellinnere schleusen und anschließend verarbeiten und als Futter nutzen. Diese für die Laktose zuständigen Gene bleiben so lange ungenutzt, wie der bequemere Zucker Glukose ausreichend vorhanden ist. Das lieferte Monod und Jacob in den 1960er-Jahren die Möglichkeit zu untersuchen, wodurch dieses Ruhigstellen (Inhibieren) von Genen gelingt und wie ihre Sperre aufgehoben wird.

Im Rückblick hört sich die Antwort zwar ganz einfach an. Sie zu finden benötigte aber eine völlig neue Idee, die auch bald mit dem Nobelpreis für Medizin gewürdigt werden sollte. Die Lösung des Rätsels mit dem Zucker lautet: Neben der DNA, in der die Information für das Protein steckt, das die Zelle zu einem geeigneten Zeitpunkt und unter bestimmten Umständen braucht, gibt es ein weiteres Stück DNA, auf dem sich ein Hemmstoff – der sogenannte Repressor – einrichten kann. Von diesem Platz aus blockiert er das Protein so lange, wie es nicht benötigt wird. Verschwindet die Glukose, löst sich der Repressor von seinem Ort auf der DNA. Er gibt so die nachfolgenden Abschnitte (Sequenzen) des Erbmoleküls frei, und damit kann die Transkription der Proteine beginnen, mit denen die Bakterien Zugriff zur Laktose bekommen.

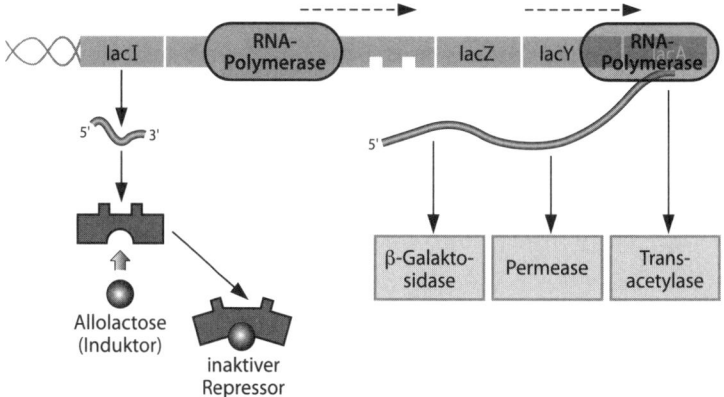

DNA enthält nicht nur die genetische Information zur Anfertigung von Proteinen, sondern auch Elemente, die regulieren, wann ein DNA-Abschnitt gelesen wird, wie etwa das Operon, bei dem viele Teile in Wechselwirkung stehen.

Damit aber nicht genug. Im Lauf der weiteren Experimente fiel auf, dass die Polymerase, die die Transkription durchführt, ihren eigenen und damit einen weiteren speziellen DNA-Abschnitt mit genetischen Qualitäten braucht, nämlich den, auf dem sie mit ihrer Arbeit zur Anfertigung der RNA beginnen kann. Monod und Jacob nannten diesen Startplatz auf der DNA einen *Promoter*, und den genetischen Ort für den Repressor tauften sie *Operator*. Mit diesen Identifizierungen und Benennungen war aus einem einzelnen DNA-Abschnitt als traditionelles Gen für ein Protein ein Trio von drei DNA-Regionen geworden, die zusammen als eine Einheit namens *Operon* auf dem DNA-Molekül funktionierten. Damit kamen die Bakterien gut zurecht und konnten sich auf die äußeren Umstände einstellen.

Ein auf den ersten Blick übersichtlicher Ablauf, der elegant geregelt wirkt und einen Betrachter über die detaillierte Raffinesse und den wunderbaren Trickreichtum der Natur staunen lassen kann. Wirft man einen zweiten Blick auf die genetische Regulation des Zuckerverbrauchs der Bakterien, bemerkt man, dass sich hier ein ganz neuer Gedanke in die Biologie eingeschlichen hat. Wie sich nämlich herausstellte, müssen die DNA-Abschnitte, die über die Reihenfolge der Proteinbausteine entscheiden, genetisch als gleichberechtigt sowohl mit den DNA-Abschnitten angesehen werden, die dem Repressor Platz bieten, um jede Nutzung des nachfolgenden Gens zu unterbinden, als auch mit dem Startplatz der Polymerase, an dem die Nutzung des Strukturgens beginnt.

Mit anderen Worten: Es gibt in der Einheit namens Operon zwei Arten von Genen, die man als *Strukturgene* und *Regulationsgene* unterscheidet. Strukturgene werden in Proteine übertragen – sie kodieren für diese molekularen Agenten des Lebens, wie man sagt. Und Regulationsgene sorgen dafür, dass Strukturgene blockiert oder freigegeben und gelesen werden. Zuständig dafür ist neben der Polymerase der erwähnte Repressor, der – was auch sonst? – ebenfalls ein Protein ist und damit selbstverständlich sein eigenes Gen braucht.

Zum Funktionieren der Gene, mit deren Hilfe die Proteine, die den Zucker Laktose für das Bakterium nutzen, angefertigt werden, sind also mindestens zwei weitere Gene erforderlich, das eine für den Repressor und das andere für die Polymerase. Spätestens an dieser Stelle zeigt sich, wie wenig damit gewonnen ist, von einzelnen Genen zu sprechen, die etwas in einer Zelle oder im Leben eines Organismus bestimmen und in Gang setzen. Und es zeigt sich erst recht, dass es verschiedene Sorten von Genen gibt. Vor allem muss es Monod und Jacob während ihres Arbeitens schwergefallen sein, die Idee zu akzeptieren, dass es überhaupt mehr als eine Sorte von Genen gibt, nämlich eine, die selbst direkt für ein Protein verantwortlich ist, und eine andere, die in das molekulare Geschehen nur indirekt regulierend eingreift.

In seiner Autobiografie *Die innere Statue* hat Jacob den Augenblick geschildert, in dem ihm plötzlich klar wurde, dass die Regulation von Genen durch die Gene selbst erfolgt und von ihnen ausgeht. Diese Einsicht ist ihm gekommen, als er an einem trägen Sommersonntagnachmittag einen langweiligen Film ansah. Während er die Bilder im Kino verfolgte, entstanden andere und zusammenpassende in seinem Kopf. Und in ihnen offenbarte sich Jacob zum ersten Mal die Existenz einer zweiten Art von Genen, eben jenen für die Regulation der ersten Art. Jacob spricht bei den Abläufen in dem Kino und in seinem Kopfkino ausdrücklich von der Nachtseite der Wissenschaft, die sich da in seinen dösend erfahrenen Träumen zeigte. Nach seinem Verständnis ist sie neben der Tagseite mit ihren systematischen Experimenten und rationalen Theorien erforderlich, um einen Forscher erkennen zu lassen, wozu die Natur in der Lage ist.

Von der Nachtseite her werden archetypische Muster als Bilder wirksam. Im Fall von Jacobs Traum lässt sich unschwer ein Kreis erkennen. Dieser Kreis ähnelt einer Schlange, die sich in den Schwanz beißt, womit eines der ältesten Symbole angesprochen wird, die dem kollektiven Unbewussten zugeordnet werden und sich als Bilder im Bewusstsein melden. Für Jacob wurde dadurch klar, dass sich der Kreis von Gen zu Gen schließt: Gene regulieren Gene, das heißt Strukturgene und regulierende DNA-Abschnitte sind zyklisch miteinander verbunden.

That was the Molecular Biology that was

Als die Idee der genetischen Regulation formuliert war und Monod und Jacob den Vorschlag machten, ein Strukturgen und die zu seiner Regulation benötigten DNA-Abschnitte als eine Funktionseinheit zu verstehen und Operon zu nennen, erschien unter dem Titel *Molecular Biology of The Gene* in den USA das erste Lehrbuch zu diesem Wissenschaftsgebiet. Verfasser des elegant und umfassend illustrierten Textes war der damals noch nicht vierzigjährige James D. Watson, der zwölf Jahre zuvor mit Francis Crick zusammen die Doppelhelix aus DNA präsentiert hatte und inzwischen an der Harvard University in Boston lehrte. In der *Molekularbiologie des Gens* wird der im Zentrum des Interesses stehende Gegenstand noch schlicht und einfach als ein DNA-Abschnitt auf den Erbmolekülen einer Zelle verstanden, der die Reihenfolge von Aminosäuren in einem Protein festlegt. Es geht dem Autor noch nicht um die eigentliche Aufgabe von Genen, nämlich das Leben eines Organismus in seiner Vielgestaltigkeit hervorzubringen und zu gewährleisten. Doch das ändert nichts an der historischen Bedeutung von Watsons Lehrbuch, mit dem sich eine neue Wissenschaft namens Molekularbiologie zum ersten Mal selbstbewusst und selbstzufrieden als universitäre Paradedisziplin präsentierte. Ihre Vertreter blickten stolz auf das zurück, was sie in den Jahren nach dem Zweiten Weltkrieg erreicht hatten, und dabei kam es zu einer merkwürdigen Erscheinung.

Mit der Publikation von Watsons Lehrbuch und den Einsichten in die Genregulation machte sich nämlich der Eindruck breit, man habe es inzwischen mit den Bakterien und ihren Viren »so herrlich weit gebracht« (Goethe), dass man sich am Ziel wähnen und meinen konnte, von molekularen Strukturen ausgehend das organische Sein und Werden verstanden und das Geheimnis des Lebens gelüftet zu haben, wie sich Watson und Crick ja schon 1953 hatten vernehmen lassen. Zwar hatte man die meisten Einsichten mithilfe des Bakteriums *E. coli* gewonnen, aber das störte nicht weiter, und Monod verkündete selbstsicher, fröhlich augenzwinkernd und mit sprachlicher Raffinesse, dass das, was für *E. coli* gelte, auch bei *E. lefant* zutreffen müsse. Höchstwahrscheinlich vermutete er auch, man sei sogar schon in der Lage, über die Genetik von *E. rika*, *E. lisabeth* oder *E. duard* Auskunft zu geben.

1968 erschien ein Aufsatz mit dem Titel »That was the Molecular Biology that was«, in dem einer der Pioniere der Molekularbiologie, der aus Berlin stammende und damals im kalifornischen Berkeley lehrende Gunter S. Stent, seine Ansicht kundtat, in der künftigen Genforschung seien keine größeren Überraschungen mehr zu erwarten. Und so empfahl er den Kollegen, den Schritt zu vollziehen, den er selbst gegangen war, nämlich von der Molekularbiologie zu den Neurowissenschaften zu wechseln. So wie sich nach 1945 die Frage nach der Natur und Funktionsweise der Gene als das heiße Thema der Biologie zu erkennen gab, sah nun zwei Jahrzehnte später alles danach aus, dass das Gehirn und seine vielfältigen Vernetzungen im Zentrum der nächsten heißen Phase der Lebenswissenschaften stehen würden.

Einige Bakteriologen und andere Genetiker sollten dem Rat von Stent folgen und sich, wie Delbrück bereits 1953, von den Phagen ab- und scheinbar höheren Aufgaben zuwenden – und das, obwohl bakterielle Viren die am weitesten verbreitete Lebensform darstellen

und es zehnmal mehr von ihnen gibt als von den Zellen, die sie an-
fallen. Diese Wissenschaftler machten jedoch einen großen Fehler.
Der Titel von Stents Aufsatz erwies sich nämlich in einer zweiten
Deutung als prophetisch. Nicht die Molekularbiologie insgesamt
war am Ende, sondern die alte Molekularbiologie wurde durch eine
neue abgelöst, und in dieser drohte das Gen bald nahezu zu verschwinden. Diese dramatische Wende in der Geschichte der modernen Wissenschaft verdankt die Menschheit einer besonderen Methode, die sich nachhaltig auswirkte und als *Gentechnik* die Welt fast
aus den Fugen hob.

Zerlegen und Klonieren

Die Beobachtung, die zur Entwicklung der Gentechnik führte,
stammte bereits aus den 1960er-Jahren, nachdem Biochemiker eine
Technik entwickelt hatten, mit der sich DNA-Moleküle oder kleinere Abschnitte der gewöhnlich sehr langen Gebilde trennen und
vergleichen ließen. Traditionell suchen chemisch orientierte Wissenschaftler nach Verfahren, mit denen sie die Zusammensetzung von
Stoffen oder Lösungen analysieren können. In den 1960er-Jahren
kamen Vorgehensweisen auf, bei denen die zu untersuchenden Moleküle auf eine an einen Wackelpudding erinnernde Substanz plat-
ziert wurden. Die Forscher sprachen von einem Gel, das sie zwischen
zwei Platten pressten und an das sie eine Spannung anlegen konnten.
Mithilfe dieser elektrischen Energie begannen die Moleküle, sich in
das Gel hineinzubewegen, wobei die jeweilige Geschwindigkeit
von der Größe der Wanderer abhing. Kurzum: In einem Gel der
beschriebenen Sorte konnte man Moleküle der Größe nach trennen.
Und so machten sich einige Biochemiker daran zu untersuchen, wie
sehr sich zum Beispiel das genetische Material von Phagen und Bakterien der Länge nach unterschied und ob sich mit dieser Methode
Viren, die Bakterien angreifen und auflösen konnten, von Viren unterscheiden lassen, die dies nicht vermögen und von den Wirtszellen
abgewiesen oder abgewehrt werden.

Übrigens ist denkbar, dass bei weltweit zunehmenden Infektionskrankheiten und bei unzureichender Verfügbarkeit von Antibiotika die Medizin eines Tages auf Phagen zurückgreifen muss, um mit ihnen therapeutisch helfen und eine bakterielle Infektion stoppen zu können. Und dann sollte man auch wissen, ob und wie sich die relevanten Mikroben gegen ihre natürlichen Feinde wehren können. Diese praktischen und künftig für die menschliche Gesundheit wichtigen Fragen standen jedoch nicht im Zentrum der Aufmerksamkeit, als der Schweizer Biochemiker Werner Arber untersuchte, was aus den Genen der Phagen wird, wenn sie sich an resistenten Bakterien versuchen. Arber hielt es grundsätzlich für wichtig, über Modifikationen Bescheid zu wissen, die am Erbgut vorgenommen werden können, zählen die dabei auftretenden Umformungen doch zu dem umfassenden und andauernden Prozess des Lebens, den man als Evolution kennt.

In der Wissenschaft gehören zu allen großen Fragen kleine Experimente, am Ende war diesmal allerdings eine noch viel größere Überraschung zu melden. Wie Arber bei der Betrachtung seiner Gele, mit denen er die DNA der Bakterienfresser auftrennen wollte, bald bemerkte, lagen deren Erbmoleküle nicht einfach verwüstet, sondern hübsch zerlegt vor, und zwar in wohldefinierten und überschaubaren Fragmenten. Aus dem einen genetischen Strang eines sie attackierenden Phagen hatten die resistenten Bakterien mehrere kleine Bruchstücke gezaubert, die sich in dieser Form offenbar als biologisch unwirksam erwiesen und den Wirt unbehelligt ließen. Arber nannte das, was die resistenten Bakterien konnten, Restriktion. Für einige Phagen stellten die Bakterien eine »Restricted Area« dar. Die Bakterien machten sich selbst zu dieser geschützten Zone, indem sie die DNA der Phagen an einigen Stellen zerschnitten.

Arber war begeistert und kündigte um 1970 ein Seminar zum Thema der Restriktion an – und erlebte eine Riesenenttäuschung. Niemand kam. Niemand wollte hören, dass man Gene zerschneiden und in Stücke zerlegen kann. Was sollte man damit auch anfangen? Man wollte Gene verstehen und keine Stücke verwalten. Das Interesse an Arbers Beobachtung, die ihm 1978 den Nobelpreis für Medizin einbringen sollte, nahm erst zu – dann aber gewaltig –, als sich andere Biochemiker wie Hamilton Smith (der später zusammen mit Arber nach Stockholm eingeladen wurde) genauer um die Genstücke kümmerten, in die Bakterien mit höchst raffinierten Proteinen die DNA der Phagen zerlegen konnten.

Die zum Schneiden verwendeten molekularen Werkzeuge nannte die Fachwelt bald *Restriktionsenzyme*. In der Natur gab es eine Menge verschiedener solcher Proteine, wie sich nach und nach herausstellte. Und sie verrichteten ihr Schneidewerk nicht, indem sie einfach den Doppelstrang aus DNA durchtrennten wie ein Messer eine Wurst. Sie verrichteten ihr Schneiden vielmehr dadurch, dass sie die Doppelhelix auf einer Seite an einer Stelle öffneten und dann, von dort ausgehend, ein paar Basenpaare abtrennten, bevor sie den Schnitt vollendeten und den anderen Strang der Doppelhelix und damit das gesamte Molekül durchbrachen. Das Ergebnis waren DNA-Fragmente, an deren Ende kleine Einzelstränge baumelten – »lose Enden«, die Rätsel aufgaben. Wozu dienten den Bakterien solche molekularen Scheren? Und wozu produzierten sie mit ihrer Hilfe diese »lose Enden«?

Wie schon erwähnt, bringt die sexuelle Vermehrung den großen Vorteil mit sich, dass Genmaterial neu zusammengesetzt werden kann. Diese Rekombination von DNA ist genau das, was Bakterien mit den restriktionsfähigen Proteinen zustande bringen. Sie beginnen ihr Werk der Zerlegung übrigens an spezifischen Stellen der Erbmoleküle, die von den Forschern im Englischen als »motif« bezeichnet werden (auf Deutsch so etwas wie ein Markenzeichen oder eine Erkennungsmarke). Die DNA hat also Erkennungsmarken für die sie zerlegenden Proteine, die nach ihrer Aktion ein Bündel DNA-Stücke mit losen Enden zurücklassen. Dank dieser einzelsträngigen Überhängsel können die zerschnittenen Genstücke neu zusammengesetzt werden, wozu eine Zelle natürlich selbst wieder Proteine – also Genprodukte – bereitstellen und einsetzen kann. Das brachte einige Biochemiker auf die verwegene Idee, diese natürlichen Abläufe in ihren Reagenzgläsern stattfinden zu lassen. Wenn die Natur DNA *in vivo* in Moleküle zerlegen und rekombinieren kann und wenn die dabei verwendeten Werkzeuge (Proteine) zur Verfügung stehen und *in vitro* eingesetzt werden können, warum sollte man dann nicht versuchen, die Rekombination im Reagenzglas hinzubekommen?

Gefragt, geplant, getan. 1973 meldete eine Gruppe von Wissenschaftlern aus Kalifornien, es sei ihnen unter der Leitung von Stanley Cohen und Herbert Boyer gelungen, DNA in der Retorte im Labor aus verschiedenen Quellen neu zusammenzusetzen und in einer anderen Zelle zur Funktion zu bringen. Die Grundoperation der Gentechnik war gelungen. Somit standen die Lebenswissenschaften vor ganz neuen Möglichkeiten und großen Herausforderungen.

Eine entscheidende (praktische) Hilfe bot dabei die seit den 1950er-Jahren bekannte, aber mehr oder weniger unbeachtete Tatsache, dass Bakterien wie *E. coli* neben ihrem großen Chromosom noch ein zweites DNA-Molekül mit sich trugen, das als Ring vorlag. 1952 hatte es den Namen *Plasmid* bekommen, vermutlich weil es in dem Zellsaft zu finden war, den Fachleute als Plasma bezeichnen. Das Wort stammt aus dem Griechischen, wo es ein »Gebilde« bezeichnet. Auf diesem Plasmid fanden sich überraschenderweise einige Gene, unter anderem solche, die ihren Trägern dabei helfen können, sich gegen Antibiotika zu wehren. Plasmidgene liefern Produkte (Proteine), die den Arzneien den Garaus machen und sie zerlegen können. Nachdem die Mittel der Gentechnik zur Verfügung standen, konnte man erst Plasmide aus den Zellen isolieren, dann in einem Reagenzglas aufschneiden, anschließend mit einem weiteren Gen ausstatten und schließlich das neu zusammengesetzte (rekombinierte) Plasmid in eine Bakterienzelle zurückführen, wo es dann mit seinem Wirt vermehrt wurde.

Zum Anfang der Gentechnik gehört unvermeidlich auch die Geschichte, dass sich die beiden amerikanischen Biochemiker Boyer und Cohen in einer Kneipe auf Hawaii trafen, um dort nach dem Besuch eines Kongresses und vor dem Rückflug nach San Francisco bei einem Bier und einem Sandwich den Entschluss zu fassen, genau das Experiment gemeinsam zu versuchen, das eben beschrieben wurde: Sie wollten Gene erst aus Zellen herauslösen, dann in ein Reagenzglas überführen, hier präzise zerschneiden, anschließend die Stücke neu zusammensetzen (»rekombinieren«) und zu guter Letzt sogar ein rekombiniertes Gen wieder in eine Zelle zurückschleusen. Die spannende Frage würde dann lauten, ob es dort, wie erhofft, biologisch funktionieren könnte, und die erstaunliche Antwort lautete: »Ja, es geht!« Das Experiment klappte reibungslos; es wurde im November 1973 in den *Proceedings of National Academy of Sciences* veröffentlicht, und jeder konnte es nachmachen.

Bald versuchten Biologen weltweit, Gene – gemeint sind DNA-Abschnitte, die tatsächlich ausgeschnitten worden waren – nach Wunsch in Bakterien (oder andere Zellen) einzuschmuggeln, um sie dort mit den Mikroorganismen wachsen zu lassen und zu vermehren. Mit dieser Technik ließen sich Gene nach Wahl in nahezu beliebiger Menge herstellen, und die Molekularbiologen standen damit urplötzlich nicht nur im Zentrum des öffentlichen Interesses, sondern darüber hinaus vor einer wissenschaftlichen Herausforderung und einem kommerziellen Tor. Hinter dem Tor lag ein Markt nicht nur für Gene, sondern auch (und vor allem) für die dazugehörigen Genprodukte, die ebenfalls in Zellen gezüchtet und als Medikamente verkauft werden konnten. Die beiden bekanntesten und bis heute berühmten Beispiele heißen Humaninsulin und Erythropoietin (Epo), und mit beiden Proteinen wurden und werden Milliardenumsätze erzielt.

So wichtig dies für viele Patienten und die Ökonomie ist, für die Wissenschaft zählte dabei vor allem, dass sich Gene, wenn sie in Plasmide eingebaut waren, nun so leicht vermehren ließen wie die Bakterien selbst. Zum ersten Mal ließen sich Gene in solchen Mengen herstellen, dass eine biochemische Analyse sinnvoll und möglich wurde. Wenn man ein einzelnes Bakterium nimmt und es zu einem Haufen von Zellen heranwachsen lässt, spricht man von dem *Klon* eines Bakteriums und bei dem Verfahren vom *Klonieren* der Ausgangszelle. Bringt man ein bestimmtes Gen in ein Plasmid ein und kloniert das Bakterium mit diesem rekombinierten Plasmid, dann kloniert man dabei auch das Gen (was als neue Redeweise die Runde machte). Die Gentechnik lieferte also die Möglichkeit, Gene zu klonieren, genauer: die DNA-Abschnitte, die sich genetisch aktiv zeigten. Damit öffnete sich ein völlig neuer Blick auf die Erbanlagen. Und was die Genetiker dabei zu Gesicht bekamen, ließ sie aus dem Staunen nicht mehr herauskommen.

Ein radikales Umdenken

Als alle Welt vornehmlich dem Dogma der Molekularbiologie vertraute, das Crick vorgelegt hatte und vehement verbreitete, ereignete sich Dramatisches, zunächst im Hintergrund, dann im Zentrum der Aufmerksamkeit. Ein paar junge Forscher hatten längst eine Gegenbewegung gestartet und Mitte der 1960er-Jahre entscheidende Beobachtungen gemacht. Gemeint sind unter anderem Howard Temin und David Baltimore, die sich mit Viren beschäftigten, deren Erbgut nicht aus DNA, sondern aus RNA bestand. Sie waren schon länger bekannt, ohne dass sie auf größeres Interesse gestoßen wären. Viren ohne DNA galten als wenig lohnende Ausnahme – bis Temin und Baltimore das bemerkten, was ihnen Nobelehren einbringen würde. Sie stellten nämlich fest, dass die RNA der Viren in DNA umgewandelt werden kann, die sich dann mit den Erbmolekülen der infizierten Zelle vermischen kann. Aus RNA konnte DNA werden, was dem Dogma widersprach und als »umgekehrte Transkription« oder »reverse Umschreibung« bezeichnet wurde und wofür sich ein Protein mit dem selbst erklärenden Namen »Reverse Transkriptase« verantwortlich machen ließ. Die Viren, deren Erbmaterial in dem genannten Sinne biochemisch zurückgeschrieben werden kann, bekamen bald den Namen *Retroviren*. Diese Bezeichnung lohnt es sich schon deshalb zu merken, weil sich zu Beginn des 21. Jahrhunderts zum Erstaunen der wissenschaftlichen Welt im Allgemeinen und der genetischen Forschergemeinde im Besonderen zeigte, dass das Erbgut von Menschen, also das humane Genom, mehr oder weniger durchsetzt ist von DNA-Abschnitten, die ursprünglich zu Retroviren gehört haben. Das biologische Leben von Menschen scheint sich zu

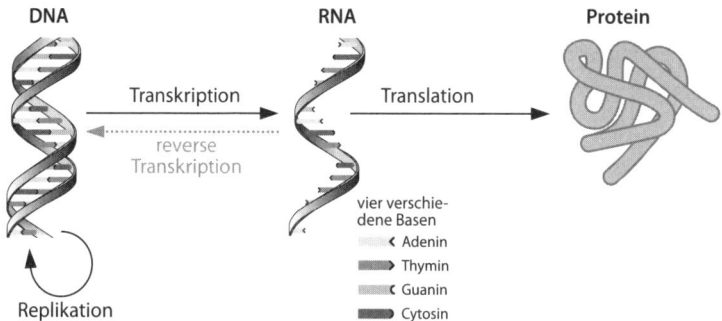

DNA RNA Protein

Transkription Translation

reverse Transkription

vier verschie-
dene Basen
◄ Adenin
► Thymin
◄ Guanin
► Cytosin

Replikation

In den 1970er-Jahren zeigten Experimente, dass es möglich ist, aus RNA-Molekülen DNA-Stücke anzufertigen. Die genetische Information kann also doch rückwärts laufen, die Biologen nennen dies »reverse Transkription«.

einem großen Teil diesen Viren zu verdanken, was ein ungeheuerlicher Gedanke ist, auf den später noch einzugehen sein wird.

An dieser Stelle geht es darum, dass die Erforscher des Lebens in den Jahren, nachdem die Gentechnik ersonnen worden war und eingesetzt werden konnte, auch über die Möglichkeit verfügten, aus dem Zwischenträger RNA, dem Vermittler zwischen Genen und Proteinen, das eigentliche Erbmaterial DNA zu machen. Und eines Tages kam jemand auf die Idee, erstens eine Boten-RNA in DNA umzusetzen und zweitens zu schauen, wie sich das dabei entstehende Molekül zu der DNA verhielt, nach dessen Vorgabe die Boten-RNA ursprünglich angefertigt worden war.

Man würde vermuten und vorhersagen, dass die beiden DNA-Moleküle – also das Original des Gens in der Zelle und seine Kopie mittels der RNA – identisch sind. Dies stellte sich jedoch als grandioser Irrtum heraus. Tatsächlich zeigte sich eine ungeheure Diskrepanz, die ein völliges Umdenken der Genetiker erforderte und zu einem umwerfend neuen Bild von den Erbelementen führte. Zum ersten Mal wurde sichtbar, dass ein Gen als feste und greifbare Größe im Lebensgeschehen nicht zu finden und vermutlich überhaupt nicht von Natur aus gegeben ist.

Die im Lauf der 1970er-Jahren genauer werdenden Analysen wurden möglich, weil sich nun mit der Gentechnik das Originalgen einer Zelle klonen ließ, die Kopie mithilfe der umgekehrten Transkription angefertigt werden konnte und es gelang, die Doppelstränge aus DNA erst zu trennen und dann einen originalen Einzelstrang mit einem kopierten zu verbinden. Dabei zeigte sich zum einen, dass die Original-DNA zum Teil sehr viel länger als die Kopie war, und zum anderen, dass dieser Größenunterschied durch verschiedene Zwischenstücke bedingt war, die der Kopie fehlten. Daraus konnte man schließen, dass diese Intervalle im zellulären Gen andere Aufgaben erfüllen als die Abschnitte, die auch in der Kopie erhalten bleiben und die letztlich über den genetischen Code Eingang in das Protein finden (deren Herstellung nach wie vor als Aufgabe eines Gens galt und bestehen blieb).

In Zellen von vielzelligen Lebewesen – also nicht in Bakterien – liegen Gene demnach nicht als ein zusammenhängendes Stück DNA vor. Sie bestehen dort vielmehr aus einzelnen Abschnitten, die durch eine Vielzahl von Zwischenbereichen getrennt sind. Mit dieser Beobachtung konnte man von Genen nicht mehr als Größen sprechen, die sich in Zellen finden ließen. Der ontologischen Status der Gene war damit, wenn man so will, seit Ende der 1970er-Jahre hinfällig, und dieser Gedanke ist zwar ungewohnt, doch die Wissenschaft kennt auch andere Größen, die es nicht als solides, sondern nur als dynamisches Etwas gibt und die sogar verschwinden können, wenn sie ihre Schuldigkeit getan haben.

Das Gen als Zellgeschehen auf dem Weg zum Protein: Das klingt zwar immer noch gut nachvollziehbar, führt aber beim Nachklingen zu der Überlegung, dass das Bearbeiten und Zurechtstutzen der RNA ja nicht spontan abläuft, sondern aktive Hilfe von Proteinen benötigt. Und diese Proteine stammen wiederum von Genen, die nur mithilfe von Proteinen ihre Rolle spielen können, und so weiter und so fort. Das Gen als dynamisches Geschehen in der Zelle löst zwangsläufig eine wirbelnde und wabernde Vorstellung aus, bei der Gene Proteine machen, die Gene machen, die Proteine machen, die Gene machen, die Proteine machen, und man würde allmählich gern wissen, wo da Anfang und Ende sind. Vielleicht kann man so etwas gar nicht finden und sollte sich eher endlose Schleifen und Kreisläufe

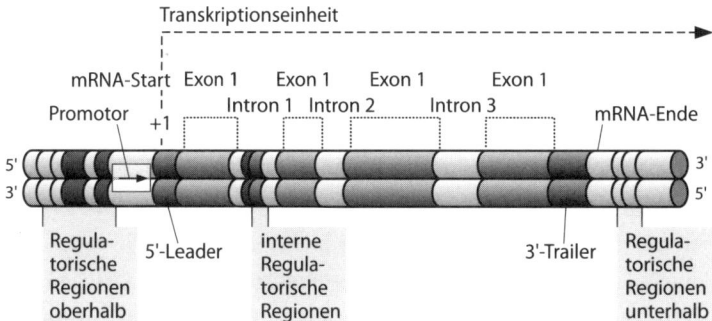

Transkriptionseinheit

mRNA-Start Exon 1   Exon 1   Exon 1   Exon 1
              Intron 1 Intron 2   Intron 3
Promotor +1   mRNA-Ende
5'   3'
3'   5'
Regula-   5'-Leader   interne   3'-Trailer   Regulatorische   Regula-   torische
Regionen   torische   Regionen
oberhalb   Regionen   unterhalb

Sehr überraschend in der Geschichte der Molekularbiologie war die Feststellung, dass Gene nicht am Stück, sondern in vielen Stücken vorliegen, die zusammengesetzt und nach Exon und Intron unterschieden werden.

im Inneren der Zellen vorstellen, bei denen Gene letztlich dafür sorgen, dass Gene funktionieren, die Proteine machen, die dann für Gene sorgen. Gene wären in diesem Sinne das A und O des Zellgeschehens, paradoxerweise ohne dass man sie selbst zu sehen oder zu fassen bekommt.

Und irgendwie kommt einem diese Geschichte ja auch bekannt vor. So kann auch die in der Fachwelt als Infinitesimale bezeichnete mathematische Größe beliebig klein werden, und man kann mit ihr präzise rechnen. Wenn in philosophischen Texten von der Berechenbarkeit der Welt die Rede ist, dann meinen die Gelehrten damit den Umgang der Wissenschaft mit dem Infinitesimalen, dem die Moderne folglich ihre entscheidende Prägung verdankt. Es ist unter anderem die Infinitesimalrechnung, die den Theorien der Physik ihre große Durchschlagskraft verleiht. Das Besondere an dieser Idee: Ihre Anwendung gelingt dadurch, dass die kleinste Größe zuletzt in einem Grenzprozess gegen null gehen darf und muss. Aus einer Summenbildung mit endlich vielen kleiner werdenden Gliedern wird zum Beispiel eine exakte Integration, wie der Autor noch im Mathematikunterricht auf dem Gymnasium gelernt hat. Mit anderen Worten: Das Infinitesimale ist gar keine Größe mit ontologischem Status, sondern ein Prozess, der ein Etwas zum Verschwinden bringt und dadurch seine Wirkung entfaltet. Eine atemberaubende

Idee für den, der sie zum ersten Mal erfährt und umsetzt: Man kann sie ruhig auf die sich auflösenden Gene übertragen.

Die zerstückelten Gene – im Englischen ist an dieser Stelle von »split genes« die Rede – sind auch als Mosaikgene bezeichnet worden, wobei man offenbar zwei Mosaiksteine unterscheiden kann. Da sind zum einen die DNA-Abschnitte, deren Information sich im anvisierten Protein wiederfindet. Das heißt, dass deren Sequenz von Bausteinen in die Sequenz der Proteinbausteine übertragen worden ist. Oder, biochemisch ausgedrückt, dass die DNA-Abschnitte *exprimiert* worden sind, weshalb man diesen traditionell informativen Stücken den Namen *Exon* gegeben hat.

Das genetische Material, das ein Exon von einem nächsten trennt, nennt man, wenig überraschend, *Intron*. Seit seiner Aufspürung rätselt die Gemeinde der Genetiker an der Aufgabe herum, die diese Zwischenstücke übernehmen. Es muss eine solche Funktion geben, weil man sonst fassungslos vor der Tatsache stehen würde, dass es Mosaikgene gibt, die zu mehr als neunzig Prozent (!) aus Introns bestehen. Das größte menschliche Gen (das Gen für ein Protein namens Dystrophin) enthält sogar weniger als ein Prozent DNA, deren Sequenz sich im Endprodukt wiederfindet.

Die Frage nach der Funktion der Zwischenstücke soll an dieser Stelle offen bleiben, weil die Aufmerksamkeit zunächst der einen und anderen weiteren Dynamik in den genetischen Abläufen gelten soll.

Gen-Gymnastik

Wenn man die Genstücke mit herkömmlichen Betrachtungsweisen anschaut, nimmt man an, dass beim Spleißen der RNA stets dieselbe Bearbeitung erfolgt und zuletzt, am Ende aller biochemischen Bemühungen, das eine Protein zustande kommt, das dann dem einen Gen zugeordnet wird, dessen Wirkung man analysiert. Doch so einfach macht es die Natur den Menschen nicht. Beim genaueren Nachsehen stellte sich heraus, dass es bei einem Gen mit seinen Stücken Alternativen gab.

Konkret heißt das, dass es unterschiedliche Arten des Spleißens von RNA gibt. Auf diese Weise besteht im Leben einer Zelle mit einem Genmosaik die Möglichkeit, aus den dazugehörigen DNA-Abschnitten mehr als ein Protein anzufertigen. Zu den Proteinen, die zum Beispiel in Neuronen (Nervenzellen) benötigt werden, gehören Gebilde, die in der Lage sind, die elektrisch geladenen Atome (Ionen) passieren zu lassen. Sie bilden Kanäle oder Poren für sie, denn sie müssen in einem Nervensystem fließen, damit es reaktionsbereit bleibt. Insgesamt benötigt ein damit ausgestattetes Lebewesen mehrere solcher Kanäle, die im Prinzip gleichartig gebaut sind. Sie sind nur in den Details verschieden, das heißt, sie können zwischen verschiedenen Ionen unterscheiden – etwa zwischen Natrium und Kalium. Tatsächlich verfügt nicht jedes als Ionenkanal agierende Protein über sein eigenes Gen. Vielmehr schafft ein Organismus die für ein funktionierendes Nervensystem benötigte Vielfalt von solchen Poren dadurch, dass es Genmosaike unterschiedlich spleißt, nachdem sie in RNA überführt worden sind. Erstaunlich, was die Evolution in den Zellen des Lebens an Raffinesse hervorgebracht hat und einsetzt.

Doch damit ist noch längst nicht das Ende der Fahnenstange erreicht. Die größte Überraschung im Hinblick auf die Genstücke erlebten die Molekularbiologen, als sich einige der Forscher, unter anderem der Japaner Susumu Tonegawa, einem großen und alten Rätsel der Immunologie zuwandten. Immunologie, die Wissenschaft, die das Immunsystem untersucht, fragt, wie es Organismen schaffen, für die vielen Fremdstoffe, die aus der Umwelt in ein Lebewesen eindringen und es gefährden können, individuelle Gegenmaßnahmen zu ergreifen. Die äußerst wirksame Organisation der menschlichen Immunabwehr verfügt über ein Arsenal an Methoden oder Waffen. Letztere Vokabel wurde gewählt, weil bei diesen Vorgängen oft von einem Krieg im Körper die Rede ist, bei dem Eindringlinge vernichtet werden. Möglicherweise ist das zu militant gedacht, aber die Metaphern der Immunbiologen stammen aus der Sphäre der Schlachten. Eine Art des Immunsystems, fremde Stoffe von außen abzufangen, besteht jedenfalls darin, Proteine zu fertigen, die sich konkret an den Invasoren festbinden, um sie anschließend abzuschleppen und zu entsorgen. Diese zur Abwehr beitragenden Proteine tragen den hübschen Namen Antikörper.

Bekannt war, dass Antikörper Proteine sind, also sorgten Gene für ihre Herstellung. Aber von diesen Genen konnte es doch gar nicht so viele geben, wie es Eindringlinge gab. Aus historischen Gründen haben die Immunbiologen den Chemikalien, gegen die die körpereigene Abwehr genetisch aktiv wird, den Namen von *Antigenen* gegeben. Das Rätsel besteht also darin, dass die Zahl der Antigene deutlich die Zahl der Gene übertraf, und die Frage lautete: Wie kann eine Zelle aus den wenigen Genen die vielen Antikörper machen?

Die Beobachtung von Genen in Stücken wies den Weg, weil man sich plötzlich viele alternative Routen beim Spleißen vorstellen und durch unterschiedliche Kombinationen von informativen Stücken – also von Exons – viele Antikörper entstehen lassen konnte. Als Tonegawa und andere überprüfen wollten, ob so die lebensnotwendige Diversität von Abwehrproteinen zustande kommt, zeigte sich tatsächlich diese zelluläre Beweglichkeit bei den Genen. Es zeigte sich aber noch viel mehr, nämlich eine Verschiebung der Genstücke, die zu einem Antikörper führen, und dies geschieht, während die Zellen in einem Menschen heranreifen.

Anders ausgedrückt: Wenn neues Leben zur Welt kommt, hat es noch nicht die Gene für die Antikörper, die es später braucht und einsetzt. Die Gene werden erst im Lauf der Entwicklung zusammengestellt, und zwar abhängig von den Erfahrungen, die ein Kind macht, abhängig von dem Dreck, den es frisst, oder abhängig von den Krankheitserregern, denen es begegnet und die sich in ihm tummeln wollen. Abermals zeigt sich also: Gene *sind* nicht, Gene *werden* nur, und zwar sowohl während der Entwicklung eines Menschen als auch in jedem Augenblick seiner Existenz, wenn seine Zellen ihre Proteine anfertigen, mit denen sie den Lebensunterhalt bestreiten.

Die vorgestellte Gen-Gymnastik läuft demnach nicht von allein ab, sondern erfordert ein konzertiertes Vorgehen zahlreicher Moleküle und ein dauerndes Eingreifen von Proteinen. Man kann sich angesichts dieses »Wirbels« nur wundern, wie dabei die Ordnung entsteht, die als Leben blüht und es stark und widerstandsfähig macht.

Als der japanische Genforscher Tonegawa im Dezember 1987 für seine »Entdeckung des genetischen Prinzips der Herstellung von Antikörpern« in Stockholm den Nobelpreis für Medizin entgegennahm, ging eine Dekade allmählich ihrem Ende entgegen, in der eine seit den 1970er-Jahren mit gigantischen Finanzmitteln ausgestattete Forschungsrichtung endlich vermelden konnte, sie sei im Bereich der Gene fündig geworden. Gemeint ist die Beschäftigung mit dem, was manchmal als »Königin der Krankheiten«, oft auch als »Menschheitsgeißel« beschrieben wird, seit vielen Tausend Jahren bekannt ist und verzweifelt auf Heilung wartet. Gemeint ist der Kampf gegen Krebs.

Tatsächlich schien man in den 1980er-Jahren im Gefolge und mithilfe der Gentechnik zum ersten Mal Licht am Ende eines langen Tunnels zu sehen. Krebs wurde als genetische Krankheit identifiziert. Man konnte plötzlich mit dem Finger auf Krebsgene zeigen und merkte erst danach, wie sehr sich die Königin in ihrer Gesamtheit als genetisch zeigt. Krebs gehört so eng zum Leben der Zellen, dass beides kaum zu trennen ist. Oder etwa doch?

KAPITEL 3

Der König der Krankheiten und das große genetische Programm

Als die Gene anfingen, ihre konkrete Existenz zu verlieren, und der Gedanke aufkam, es handele sich bei diesen einstmals gleichzeitig solide und statisch gedachten Erbelementen weniger um separate Einheiten und mehr um ein kohärentes dynamisches Zellgeschehen, da merkte man plötzlich, wie weitreichend das bis heute beliebte Attribut »genetisch« gemeint sein kann, vor allem, wenn es in der üblichen Form von »genetisch bedingt« verwendet wird. »Genetisch« leitet sich historisch nicht von den »alten Genen« des frühen 20. Jahrhunderts ab. Der Begriff wurde bereits im ausgehenden 18. Jahrhundert und hier spätestens von Goethe verwendet, wie wir bereits erfahren haben.

Goethes Generation kannte keine Gene, wohl aber eine Genesis, die davon erzählt, wie das Leben und seine Arten in ihrer unveränderlichen Form geschaffen wurden, das heißt, dass sie ohne genetische Qualitäten auskommen mussten. Auf das Werden und Wandeln der Organismen wurden die Menschen erst im 19. Jahrhundert aufmerksam, als Charles Darwin den Gedanken einer Evolution konzipierte, ohne den Mechanismus zu kennen, mit dem sich der Wandel der Arten vollziehen konnte. Es sollte danach zwar nicht mehr lange dauern, bis Gregor Mendel auf die Erbelemente stieß, mit denen man sowohl Goethes genetische Wissenschaft hätte errichten als auch Darwins evolutionäre Einsichten hätte untermauern können, aber erst im 21. Jahrhundert gelingt das dynamische Denken mit genetischen Genen, das nun auch nach neuen sprachlichen Ausdrucksmöglichkeiten sucht. Als das gewohnte und verlässliche Sein des Dings namens Gen gegen ein genetisches Werden in Form eines gerichteten Ablaufs – eines in Zellen und mit Molekülen stattfindenden Prozesses – eingetauscht wurde, da tauchte die hübsche Idee auf, das Gen nicht weiter als Substantiv zu verwenden, sondern ein Verb – ein Tätigkeitswort – aus ihm zu machen.

Der Vorschlag stammt von der amerikanischen Historikerin Evelyn Fox Keller, die 2005 allgemein angeregt hat, »eine Biologie aus Verben« zu schaffen, also »eine Wissenschaft, die um Prozesse herum konstruiert« ist und dabei in dem oben zitierten Sinne genetisch wird. Konkret eingegangen auf diese Anregung ist unter anderem die anfangs erwähnte deutsche Biologin Kirsten Schmidt, die 2014 ein Buch mit dem Titel *Was sind Gene nicht?* vorgelegt hat. Sie empfiehlt, sich zum Verständnis des Lebens einen »genetischen Pluralismus« zu eigen zu machen und »darauf gefasst [zu] sein, bei genauer Beobachtung der belebten Welt auf unerwartete Phänomene zu stoßen«, die man aber nicht als »unnatürliche Abnormitäten« einstufen solle. Man solle lieber von »gleichberechtigten Erscheinungen« sprechen, die »ein nicht weniger vollkommenes individuelles Wesen« wie Menschen besitzen und »wie wir leben und genen«.

Da steht es: Lebensformen genen, Menschen genen damit auch, und es ist einfach zu verlockend, davon zu sprechen, dass selbst die Gene genen – wenn man nur wüsste, was man damit ausdrücken kann. Wer diesen knappen Satz liest, kann und muss an Martin Heidegger denken, der das Ende der Philosophie für den Fall kommen sah, dass sich ihre Vertreter verständlich äußern. Er selbst hat deshalb seine tiefen Gedanken nur mit neuen Worten fassen können und zum Beispiel das Nichts nichten und die Welt welten lassen – was ja nicht völlig danebenliegen kann, da Heidegger heideggert, wie selbst seine Anhänger gern einräumen. Und wenn Spiegel spiegeln, Lehrer lehren, Forscher forschen und Fußballer fußballern können, dann sollte es den Genen auch möglich sein, zu genen (oder zu geneln). Man muss nur aufpassen, dass man das neue Verb beim oberflächlichen Hören nicht mit dem alten »gähnen« verwechselt, das ziemlich ähnlich klingt und das unvermeidlich auf den zutrifft, der beim Lesen anfängt einzuschlafen. Gähnen beim Lesen von Genen, die genen, das kann schon passieren, wenn man nicht über diese Worte hinauskommt.

Zweifellos ist die verbale Form »genen« (oder geneln) noch gewöhnungsbedürftig und erfordert eine Menge Umdenken. Aber vielleicht lässt sich eines Tages mit diesem einen Wort die Einsicht in organische Vorgänge ausdrücken. Geeignete Wörter zur rechten Zeit können dem Denken und Verstehen jedenfalls auf die Sprünge helfen und ihm die Richtung zeigen, wobei dem Autor aus seinen persönlichen Lebenserfahrungen ein Wort wie »Medien« einfällt, das erst seit den 1980er-Jahren in Gebrauch ist. Viel eindringlicher als die alte Kombination aus »Funk, Film und Fernsehen« lässt es erkennen, wie sehr Menschen in das mediale Kommunikationsnetz mit all seinen Nachrichten und Meldungen eingebunden sind.

Mit den »Genen«, dem Substantiv, kommen die modernen Medien inzwischen gut zurecht. Vielleicht schaffen die Medien es eines Tages, ihrem Publikum auch vom »Genen«, also dem, was das Verb meint, zu erzählen. Wenn Menschen genen, dann klingt das fast so, als könnten sie ihr Schicksal in die eigenen Hände nehmen. Und das wollen doch die meisten? Und sie tun dies schon längst, wenn sie Nachwuchs zeugen, also die nächste Generation zur Welt bringen, in denen wörtlich und wirklich die Gene weiterleben. Mit ihnen und durch sie gent (oder genelt) das Leben.

Der genetische Angriff auf den Krebs

Noch ist niemand bereit oder geneigt, aus den Genen ein Tätigkeitswort zu machen, und es ist schon schwer genug, mit dem Attribut »genetisch« sinnvoll umzugehen. Die meisten, die es anwenden, meinen damit so etwas wie »erblich bedingt«, was aber nur eine schlichte Kausalität benennt. Der eigentliche Prozess des Werdens wird dabei übergangen oder unterdrückt. Oft ist im Bereich der Medizin von einer »genetischen Disposition« etwa für eine Krankheit die Rede, und man meint damit die ererbte Veranlagung eines Individuums, was zwar einigermaßen klar klingt und einen Schuldigen benennt, aber nicht wirklich weiterhilft. Wer heute einen molekularbiologisch orientierten Mediziner fragt, wie sich der Krebs am besten charakterisieren lässt, der könnte in vielen Fällen die zugleich ernüchternde und erfreuliche Antwort bekommen, »Krebs ist genetisch, Krebs ist durch und durch – in seiner Gesamtheit – genetisch.«

Erfreulich daran ist, dass die Erkundung der Gene seit den 1970er-Jahren – also vor allem mit dem Einsatz gentechnischer Hilfe – erstaunlich viele einzelne Fortschritte erzielen konnte und die Wissenschaft inzwischen von vielen Krebsgenen zu berichten weiß. Allerdings werden diese Gene immer noch eher im traditionellen Sinne als Abschnitte auf der DNA einer Zelle verstanden, die zum krebserregenden Geschehen beitragen – ohne dass man in etlichen Fällen sagen könnte, wie sie das tun.

Noch 1970 klagte ein führender Experte auf diesem Gebiet der Medizin, dass man alles, was die Menschen über den Krebs wüssten, auf einen Bierdeckel schreiben könnte. Und selbst bis 1974 verhöhnte die Redaktion der Zeitschrift *Medical World News* einige Krebsforscher, indem sie sich über vier sogenannte Mysterien lustig machte, die zwar weit verbreitet seien und geglaubt würden, die nach Ansicht des Fachblattes aber trotzdem bestenfalls als lächerlich einzustufen waren, nämlich »unbekannte Flugobjekte, fürchterliche Schneemenschen, das Ungeheuer von Loch Ness und menschliche Krebsviren«.

Bevor im Rückblick darüber allzu große Schadenfreude aufkommt, sei daran erinnert, dass es Mitte der 1970-Jahre vielen Beobachtern und Akteuren der medizinischen Forschung tatsächlich wie eine leere Spekulationsblase vorkam, wenn von Viren gesprochen wurde, die ihr genetisches Material mit der DNA der Zelle vermischten und auf diese Weise für das Entstehen von Krebs sorgten. Erst die 1980er-Jahre brachten da einige Klarheit. Und mit diesen Einsichten auf der Ebene der DNA fühlte sich die Gilde der Molekularbiologen ermutigt, den Stier beim Schwanz zu packen und das große genetische Programm mit einem milliardenschweren Budget zu starten, das als *Humangenomprojekt* berühmt werden sollte und bis in das 21. Jahrhundert hinein dauerte.

Als diese biologisch-genetische Großforschung oder Giganto-
manie in Gang kam, hofften ihre Betreiber, am Ende sowohl die
Organisation der menschlichen Erbanlagen (des humanen Genoms)
durchschauen als auch das Auftauchen von Krebs auf der richtigen
Ebene verstehen zu können. Doch es ist ganz anders gekommen, was
aus der historischen Perspektive nicht verwundert. Mit dem Abschluss des Humangenomprojekts passierte nämlich dasselbe, was
schon einmal eingetreten war, als die Gentechnik beim Zugriff auf
das Erbmaterial nur noch Stücke von Genen fand, ohne auf sie selbst
zu treffen. Wer sich stets den Genen oder dem Stoff, aus dem sie
bestehen, nähert und immer weiter nähert, sieht sich am Ende seiner
Bemühungen nicht dadurch belohnt, dass er ein genetisches Geheimnis gelöst hat. Im Gegenteil! Das Geheimnis erweist sich als
tiefer, und es bleibt undurchdringlich, selbst wenn man vor ihm
steht. Wer sich den Genen nähert und dabei hofft, einen heiligen
Gral zu finden, aus dem sich die Wahrheit des Lebens kosten lässt,
der wird merken, dass sein Weg immer mehr Verzweigungen aufweist und anbietet, die letztlich für jeden Sucher unerschöpflich bleiben. Allerdings – zurück geht es auch nicht mehr. Das Paradies des
anfänglichen Unwissens bleibt verschlossen, und zwar aus gutem
Grund. Zu viele Menschen in dieser Welt leiden unter Krebs und
hoffen auf Hilfe aus den genetischen Laboratorien, in denen unter
Hochdruck und mit nach wie vor großem finanziellen Aufwand und
persönlichen Einsatz geforscht wird. Immer wieder tauchen bei den
Experimenten Zeichen auf, mit denen die Hoffnung steigt, es sei
möglich, den Sieg über den Krebs zu erringen. Aber derzeit halten
sich die Wissenschaftler mit Prognosen eher zurück. Schließlich entdeckt man immer mehr Gründe – genetische Gründe – dafür, dass
»Heilung bei Krebs nahezu ausgeschlossen ist«, wie Jeremy Taylor in
seinem Buch *Der Fluch unserer Gene* schreibt. Es geht ihm um die
Frage, wie der (genetische) Gedanke der (biologischen) Evolution
beim Verständnis von (menschlichen) Krankheiten hilft, und wenn
man sich unter diesen Prämissen dem Krebs zuwendet und sein
wucherndes Werden betrachtet, kann man seine Überraschungen
erleben.

Krebs von Anfang an

Wer Krebs verstehen will, dem fällt sofort auf, dass die Krankheit keine Folge der Zivilisation, sondern uralt ist und die Menschen offenbar immer schon betroffen und geplagt hat. Bereits in einem ägyptischen Papyrus, der zweieinhalbtausend Jahre vor der christlichen Zeitrechnung angefertigt worden ist, kann man von »geschwollenen Massen der Brust« – also von Brustkrebs – lesen, für die es keine Heilung gibt, wie der Autor zu seinem Bedauern konstatiert und was Tausende von Jahren so bleiben sollte.

Seinen einprägsamen Namen bekam das abnorme und krankhafte Wachstum von Geweben zweitausend Jahre später, genauer um 400 v. Chr., als der griechische Arzt Hippokrates vorschlug, Schwellungen der beschriebenen Art den Namen *carcinos* zu geben, also Krebs, da ihn der Verlauf der wuchernden Blutgefäße an die abgespreizten Beine des Krustentieres erinnerte. Die beobachtbaren Anschwellungen heißen auf Griechisch *onkos*, was den Namen für die moderne Krebsforschung, die Onkologie, erklärt und auch in den Bezeichnungen der Gene auftaucht, die es ihren Zellen ermöglichen, zu wuchern und den Körper zu zerstören, den Onkogenen.

Krebsforschung hat es natürlich vom Anfang aller medizinisch-wissenschaftlichen Bemühungen an gegeben, aber es dauerte bis ins späte 18. Jahrhundert, bis zum ersten Mal so etwas wie eine nachweisbare Ursache ins Spiel und ins Denken kam. Diese ist dem in London tätigen englischen Arzt Percival Pott zu verdanken, der bei seinen Patienten bemerkte, dass die Schornsteinfeger unter ihnen – und besonders die bei den engsten Kaminen eingesetzten Lehrlinge – vermehrt Hodenkrebs bekamen. Er äußerte die Vermutung, dass Teer die Ursache dafür sein könne. Pott benutzte das Wort »Kaminkehrerkrebs«, und heute steht fest, dass der Brite auf etwas Bedeutendes gestoßen war.

In den folgenden Jahren wurden noch viele andere äußere Umweltfaktoren ausfindig gemacht, die zu einem wuchernden Krebsgeschwulst – zu einem Tumor – führen konnten. Gemeint sind zum Beispiel energiereiche Strahlen – auch das Sonnenlicht – und das

Rauchen. Ein erster innerer Krebsfaktor konnte 1911 identifiziert werden, als der Amerikaner Peyton Rous in krebsartig verändertem Bindegewebe (zunächst nicht dem von Menschen) auf ein Virus stieß, das heute nach ihm benannt ist. Es heißt *Rous Sarkoma Virus* (RSV); Sarkoma bezeichnet die Krebswucherungen in Bindegeweben, was Rous konkret an Zellen von Hühnern studierte. Als er mit seinen Experimenten in New York begann, glaubten viele Onkologen noch, dass Krebs eine Ursache habe, eine Krankheit sei, zu der ein Mechanismus gehört, der mit einem Heilmittel abgestellt werden kann. Doch bald wurde klar, dass es nicht einen Krebs, sondern viele Formen der Krankheit gibt, was eine Fülle von Bezeichnungen hervorgebracht hat. Neben dem Sarkom gibt es zum Beispiel den Krebs beim Deck- und Drüsengewebe, der Karzinom genannt wird und von einer Leukämie und einem Lymphom zu unterscheiden ist, mit denen Krebswucherungen in blutbildenden und lymphatischen Organen erfasst werden. Viele Formen können viele Ursachen haben, und Rous fand eine in Viren, die er in den betroffenen Zellen seiner Untersuchungsobjekte aufspüren konnte.

Weiter kamen er und die Gemeinde der Krebsforscher zunächst jedoch nicht. Zwar sollte der deutsche Genetiker Theodor Boveri zu Beginn des Ersten Weltkriegs zum ersten Mal den Gedanken publizieren, dass Krebs etwas mit den Chromosomen, den Erbanlagen einer Zelle und eines Menschen, zu tun haben und in dortigen Störungen seinen Ursprung haben könnte, aber überzeugen ließ sich davon zunächst kaum jemand, auch Rous nicht. In seinem Fall ist noch bemerkenswert, dass er zwar 1966 – fünfundfünfzig Jahre nach seiner Entdeckung – mit dem Nobelpreis für Medizin ausgezeichnet wurde, bei seiner Dankesrede aber immer noch ausdrücklich die Möglichkeit ausschloss, dass man Gene finden werde, die höchstselbst ein Krebswachstum auslösen könnten. Gene waren dazu da, einem Lebewesen Fitness zu vermitteln und also gesund und stark zu sein, und das machte den Gedanken an Krebsgene – an Onkogene – für Rous abwegig.

Wenn er sich besser umgeschaut und umgehört hätte, wäre ihm diese peinliche Prognose vielleicht erspart geblieben. Denn schon

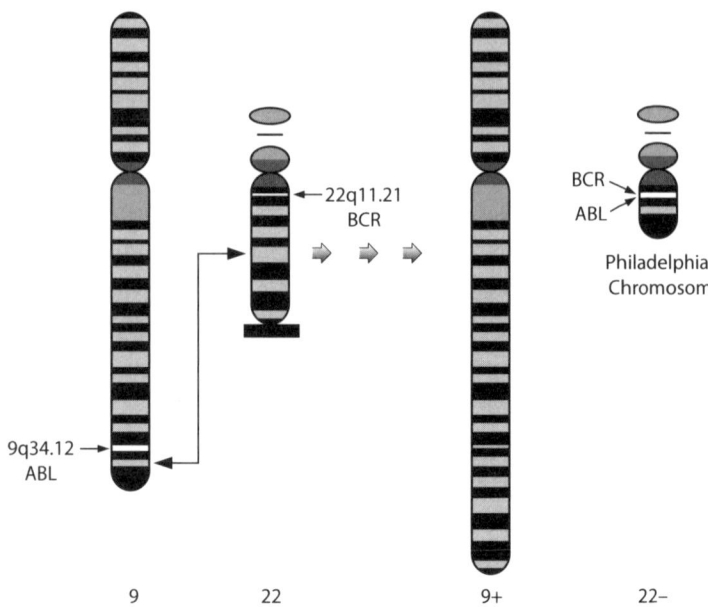

9   22   9+   22–

Das Philadelphia-Chromosom: Wenn bei einem Menschen die Chromosomen mit den Nummern 9 und 22 Abschnitte ausgetauscht haben, entsteht Krebs, wie um 1960 zum ersten Mal beobachtet werden konnte.

1960 war von zwei Amerikanern, Peter Nowell und David Hungerford, die Beobachtung gemacht worden, dass sich bei einer Form von Blutkrebs – der Chronischen Myeloischen Leukämie (CML) – in den dazugehörenden Tumorzellen eine Veränderung der Chromosomen erkennen lässt, was heute als Philadelphia-Chromosom bekannt und berühmt ist. Leider standen damals noch keine ausreichenden Methoden zur Verfügung, um mehr über die andersartigen Chromosomen der Leukämiezellen zu sagen. Und so konnte Janet Rowley erst 1972 erkunden, dass CML entsteht, wenn zwei Chromosomen – die mit den Nummern 22 und 9 – ihr Genmaterial auf stets gleiche Weise austauschen, wobei das lange länger und das kurze kürzer wird.

Danach dauerte es immer noch ein ganzes Jahrzehnt, bis sich zwei Gene im klassischen Sinn identifizieren ließen, die an den Bruchstellen der Chromosomen zu finden waren und im Fall der Leukämie neu zusammengesetzt wurden – mit der Folge, dass deren

Produkte nun den Blutkrebs auslösten, wobei in dieser Hinsicht bis heute Unklarheit herrscht und niemand genau sagen kann, was da im Dickicht und Gewühl der Zellen abläuft.

Im Anschluss an die Entdeckung der ersten Onko- und Tumorsuppressor-Gene konnten die Krebsforscher zwischen 1983 und 1993 viele weitere DNA-Abschnitte identifizieren: Myc, Neu, Fos, Ret, Akt als Onkogene und VHL, APS und BRCA als Tumorsuppressor-Gene. BRCA steht als Abkürzung für »breast cancer«, denn dieses Gen trägt zum Geschehen beim Brustkrebs bei. Eigentlich müsste von Genen im Plural die Rede sein, da es zwei Versionen des Gens BRCA gibt, die unterschiedlich zum Gebärmutterhalskrebs beitragen. In jenen Jahren wurde immer deutlicher, dass Krebs sich in einer Kaskade von Reaktionen vollzieht, bei der jedes Glied in der Reaktionsreihe durch das Agieren eines Onkogens oder das Versagen eines Tumorsuppressor-Gens in den Zellen möglich wird. Eine eindrucksvolle Kaskade mit zunehmender genetischer Instabilität konnte beim Dickdarmkrebs ermittelt werden. Sie beginnt mit normalen Epithelzellen, die sich zunächst vermehrt teilen, bevor Geschwulste (Adenome) sichtbar werden. Diese wechseln von einem frühen zu einem intermediären Stadium, bevor ihre späte Entwicklungsstufe erreicht ist. Von hier aus schreitet die Krebserkrankung zum Karzinom fort, das schließlich Metastasen bildet.

Dass ab den 1970er- und 1980er-Jahren eine neue Zeitrechnung in der Krebsforschung begann, hatte auch politische Gründe. Nachdem die von John F. Kennedy zu Beginn der 1960er-Jahre gestellte Aufgabe, Menschen erst auf den Mond und dann sicher zurück auf die Erde zu bringen, 1969 ihren triumphalen Abschluss feiern konnte, nachdem also das Apollo-Projekt als grandiose Erfolgsgeschichte erlebt worden war, meinte das politische Establishment in Washington, so etwas könne und solle in den 1970er-Jahren auch für den Krebs geleistet werden. Nach der geglückten Mondlandung erschienen in den USA große Anzeigen mit der Botschaft, »Mr. Nixon. You can cure cancer«. Der einstmals dem charismatischen Kennedy unterlegene Nixon sah hier seine Chance zum historischen Triumph für die Geschichtsbücher. Und so flossen bald immer mehr Millionen und zuletzt sogar Milliarden in die Krebsforschung. 1971 verabschiedete der amerikanische Senat ein Krebsgesetz, in dem »The Conquest of Cancer Act« quasi festgeschrieben wurde. Zum Glück der Politiker tauchte bald darauf die Gentechnik auf, mit der sich tatsächlich wissenschaftlich relevante Fortschritte auf dem anvisierten Terrain erzielen ließen. Die Frage, was aus dem angekündigten Sieg über den Krebs ohne die unvorhersehbare Möglichkeit einer Neukombination von Genen im Reagenzglas geworden wäre, kann hier übergangen werden, weil sich der Krebs auch mit der Gentechnik nicht hat überrumpeln und überwinden lassen.

Als diese erstaunliche Methode aufkam, zirkulierte bereits der Gedanke, dass Viren etwas mit Krebs zu tun haben. Und bald darauf konnte nicht nur festgestellt werden, dass dabei deren Erbmoleküle eine Rolle spielten. Es konnte darüber hinaus ermittelt werden, welches von den nur vier Genen, die zu dem Rous Sarkoma Virus gehören und ihm sein Leben ermöglichen, für die karzinogene Wirkung sorgt. Es bekam den Namen Src und wurde »sarc« ausgesprochen, was unschwer das Krebsgewebe (Sarkoma) erkennen lässt, in dem das Virus gefunden wurde. Die eigentliche Sensation ereignete sich allerdings Mitte der 1970er-Jahre, als zwei Amerikaner, Harald Varmus und Michael Bishop, die 1989 mit Nobelwürden geadelte Feststellung machten, dass es das Src-Gen nicht nur in Viren, sondern sogar in menschlichen Zellen gibt! Jetzt stockte den Wissenschaftlern der Atem. Der genetische Grund für den Krebs befand und befindet sich im gesunden Leben selbst, wobei man für gesund auch »intakt« sagen kann und damit der Ausdruck naheliegt, dass Krebszellen »aus dem Takt« gekommen sind.

Auf jeden Fall gehören Onkogene zum Menschen selbst und befinden sich in seinen Zellen, eine Einsicht, die vieles auf den Kopf stellte, was bislang gedacht und vermutet worden war. Krebs war offenbar nicht etwas völlig anderes als das normale Dasein von Zellen, sondern nur seine aus den Fugen geratene Form, was die weitreichende und eher philosophische Frage erlaubt, wie die Musik des Lebens entsteht und während ihrer Aufführung gespielt und geleitet wird.

Wichtiger sind aber zunächst die naheliegenden Fragen an die Wissenschaft: Warum löst das zelluläre Src-Gen nicht unentwegt Krebs aus, und was unternimmt eigentlich das Produkt (Protein), wenn es gebildet worden ist? Die erste Frage wurde von Varmus und Bishop bald mit dem zutreffenden Vorschlag beantwortet, dass die üblicherweise vorliegende Version nur die Vorstufe zu einem Krebsgen ist – im Jargon der Wissenschaft wurde von einem Proto-Onkogen gesprochen. Aus ihm wird dann im Lauf des Lebens durch eine Mutation das gefährliche Onkogen, wobei dieses Ereignis durch Umweltfaktoren – Tabakrauch, Röntgenstrahlen – ausgelöst werden kann. Dies wurde und wird allgemein akzeptiert, wenn auch niemand genau sagen konnte, was dabei zum Beispiel auf der Ebene der Moleküle passiert.

Die Ketten der Signale

Zu einem Gen gehört ein Protein, und so will der zweite Teil der wissenschaftlichen Fragen wissen, welches Produkt das identifizierte Onkogen hervorbringen oder entstehen lassen kann. Die Antwort kennt man seit 1977, und sie lautet, dass Onkogene Proteine produzieren (lassen), die ihrerseits auf ihresgleichen wirken und andere Proteine beeinflussen. Das heißt genauer, dass das vom Src-Gen stammende Produkt in der Lage ist, ein anderes Protein mit einer Markierung auszustatten, um dessen Aktivität zu beeinflussen. Bei der Markierung handelt es sich um eine chemische Verbindung, in der sich ein Phosphoratom mit vier Sauerstoffen umgeben hat, um auf diese Weise das zu bilden, was als Phosphatgruppe bezeichnet wird. Wenn einem geeigneten Protein solch eine – übrigens »geladene« – Gruppe angehängt wird, dann geschieht dies meist, um seinen Tatendrang zu erhöhen. Das markierte Protein kommt also auf Trab, es gerät in Bewegung. Und da das griechische Wort dafür *kinesis* lautet (von dem sich auch die physikalische Disziplin der Kinetik ableitet), haben sich die Molekularbiologen darauf geeinigt, die beschriebenen Produkte von Onkogenen als Kinasen zu bezeichnen.

Wer diesen Namen noch nicht kennt, sollte ihn sich jetzt merken, denn zum einen geht ohne solche Kinasen im Leben – auch im eigenen – fast gar nichts, und zum anderen ist es gelungen, Moleküle zu finden und in Medikamente zu verwandeln, die Kinasen geeignet blockieren. Am weitesten gebracht hat es ein chemischer Stoff, der Imatinib heißt und unter dem Handelsnamen Gleevcec von der Firma Novartis angeboten wird.

Was man noch nicht wusste, als die erste Kinase ins Blickfeld rückte, inzwischen jedoch bekannt ist und als eindrucksvolle Nachricht aus späteren Tagen an dieser Stelle nicht verschwiegen werden soll: Es gibt über fünfhundert (!) Kinasen, die in den Zellen ihr wirbelndes Wirken veranstalten, dabei rund dreißig Prozent der Proteinkollegen mit Phosphatgruppen bestücken und somit aktivieren. Auf diese Weise kommt es zu dem verzweigten und verwobenen Geschehen, das Biochemiker gern als eine Ansammlung aus Ketten von Signalen beschreiben, weil sie Verbindungen erkennen, in denen ein Protein einem anderen, etwa einer Phosphatgruppe, signalisiert, dass es an der Reihe ist, selbst Signale auszusenden. Das wiederum führt dazu, dass weitere Proteine in die Kette eingereiht werden, die auf wundersame Weise im turbulenten Zellgeschehen ihren Zusammenhalt bewahren. Unter diesem Blickwinkel stellt eine Zelle eine riesige Ansammlung von Signalketten dar. An deren Anfang kann man sich ein genetisches Molekül denken, wobei das, was oben als Prozessgen beschrieben wurde, in genau solch einer Kette von Signalen anzutreffen ist.

Der Gedanke an derartige dynamische Einheiten als Grundlage des Lebens von Zellen macht aus diesen – trotz ihrer Teilungsfähigkeit eher als statisch gedachten Einheiten des organischen Lebens – gefällige Gefäße für ein wirbelndes Geschehen. Dieses Geschehen muss offenbar bestens balanciert sein und unter ständiger Aufsicht stehen, um nicht überbordende Folgen zu zeitigen. Auf jeden Fall lohnt es sich, eine Zelle wie ein Gen zu deuten, nämlich als ein Geschehen, wobei es passieren kann, dass die verschlungenen Pfade der genetischen Abläufe und die Signalketten in den Zellen sich gegenseitig aufbauen und in ihrer Dynamik erhalten.

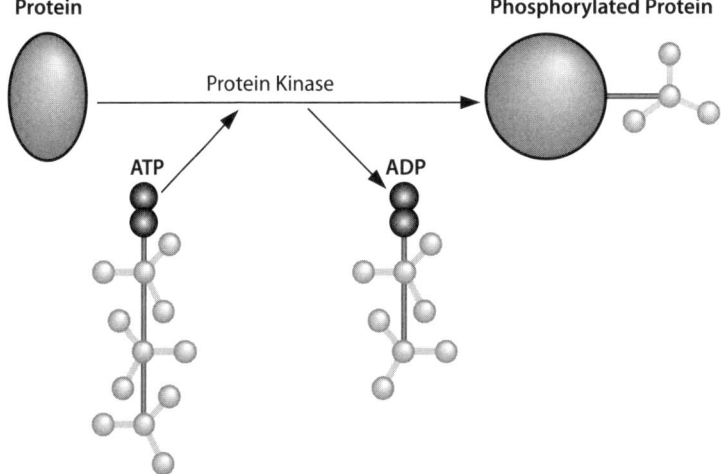

Protein   **Phosphorylated Protein**

Protein Kinase

ATP   ADP

Eine Kinase ist in der Lage, einem anderen Protein eine Phosphatgruppe anzuhängen, die dem Energiespeicher der Zelle (ATP) abgenommen wurde. Das mit dem Phosphat bestückte Protein kann anschließend in das Zellgeschehen eingreifen.

Mit der Kenntnis von Kinasen wird deutlich, dass das Rous Sarkoma Virus sein Src-Gen in die Zellen schleust und sie deshalb entarten und wuchern lässt, weil es ihnen mit dem gefährlichen Stück DNA eine hyperaktive und fast überschäumende Kinase beschert. Mit deren Hilfe wird dann die Kette der Signale derart beschleunigt und vorangetrieben, dass an deren Ende die unkontrollierte Teilung von Zellen einsetzt und damit das Entstehen von Tumoren in Gang kommt und ein oftmals tödlicher Weg beginnt.

Bremsen und Beschleunigen

Die oben gestellte Frage, warum die Onkogene in den Zellen nicht ununterbrochen Krebs auslösen, hat noch eine ganz andere Dimension des biologischen Geschehens erkennen lassen, und auch diese Einsicht hat ihren Ursprung in den frühen 1970er-Jahren. Damals arbeitete der Genetiker Alfred Knudson an einem Klinikzentrum für krebskranke Kinder in Texas und kümmerte sich dabei vor allem

um ein Karzinom im menschlichen Auge, das die Ärzte als Retinoblastom bezeichneten. Über den Sehnerv kann es weiter in das Gehirn vordringen und dort wüten. Knudson fiel darüber hinaus auf,
dass es bei diesem Krebs zum einen eine auffällige Tendenz zur Häufung in Familien gab. Viele Kinder wurden schon damit geboren.
Und er konnte zum anderen von dieser offenbar erblichen Form eine
zweite unterscheiden, die nur sporadisch auftrat und sich erst später
im Leben zeigte.

Da Knudson in freundlicher Erinnerung an Mendel, der bemerkt hatte, dass Zellen zwei Exemplare eines Erbelements mit sich
führen, die Zwei für die Lieblingszahl der Genetiker hielt, riskierte
er die Hypothese, dass das Retinoblastom zum einen von Genen her
zu erklären ist und zum anderen zwei Änderungen des zuständigen
Gens nötig sind, um den Augenkrebs entstehen zu lassen. Bei der
familiären Form, so meinte Knudson, werde ein Kind mit einer Mutation geboren, der sich rasch eine zweite anschließt. Und bei der
sporadischen Variante dauert das Ausbrechen der Krankheit deshalb
länger, weil es zwei Treffer nacheinander braucht, um die den Krebs
auslösenden Mutationen zu produzieren. Das sportliche Wort »Treffer« stammt dabei von Knudson selbst, der in seiner Sprache von
einer »Two-Hit-Theory« sprach und damit recht behalten hat, wie
die nachfolgende Beschäftigung mit den Tumoren auf der Netzhaut
zutage brachte.

Was Knudson zuerst nicht wissen, dann aber stolz und zufrieden zur Kenntnis nehmen konnte: Seine Vorstellung von der Zwei
als einer Lieblingszahl der Genetiker traf viel genauer ins Ziel, als er
zu denken und hoffen gewagt hatte. Als die Genforscher anfingen,
sich um das Retinoblastom-Gen zu kümmern, das als Rb-Gen geführt wurde, fiel ihnen auf, dass es völlig anders als das Src-Gen
agiert und mehr oder weniger sogar entgegengesetzt aktiv ist. Während die oben erwähnte Kinase in ihrer karzinogenen Form die Zellteilung heftig vorantreibt und gefährlich ausufern lässt, hält das Produkt des Rb-Gens das Wachstum auf oder zumindest, so gut es geht,
unter Kontrolle. Wenn Zellen sich teilen, durchlaufen sie einen
Zyklus aus mehreren Schritten, und das dem Retinoblastom-Gen

entstammende Protein hält diesen dynamischen Durchgang an, wenn es für Zellen keinen Anlass gibt, sich zu teilen, also einfach dann, wenn alles in Ordnung ist und zum Beispiel keine Verletzung vorliegt. Wenn schließlich doch eine Wunde – etwa durch einen Kratzer – auftritt, setzt die Zellteilung zu ihrer Heilung und Schließung ein. Das heißt im Detail, dass die alte Kontrollfunktion durch das Produkt des Rb-Gens aufgegeben wird, was ja sinnvoll ist. Weniger sinnvoll ist es natürlich, wenn das Rb-Gen mutiert ist und ein verändertes Protein produziert wird, das den Zellzyklus ungehindert laufen lässt, denn das führt zu Wucherungen und somit zum Krebs – in dem beschriebenen Beispiel zu einem Retinoblastom.

Wie sich nach und nach herausstellte, war Knudson mit dem Rb-Gen und seinem Protein auf einen zweiten Mechanismus bei der Krebsentstehung gestoßen, der bald als Tumorsuppression bezeichnet wurde. Die Idee der Tumorsuppression besagt, dass Zellen durchgehend damit beschäftigt sind, ihren Zyklus in den Griff zu bekommen und ihre Gene zu schützen. Offenbar müssen Zellen – als evolutionäres Erbe und Überlebensprogramm – über ein ungeheures Potenzial zur Teilung verfügen. Jeden Tag tauscht der menschliche Körper etwa 10^{11} Zellen (also hundert Milliarden) aus und ersetzt sie. Wem diese Zahl noch nicht imponiert, dem sei gesagt, dass der genetische Faden des Lebens in einer Zelle etwa zwei Meter lang ist, was bedeutet, dass der menschliche Körper jeden Tag DNA-Moleküle in einer Länge anfertigt, die 10^8 Kilometer übersteigt, was insgesamt ausreicht, um die Entfernung bis zur Sonne abzudecken. Und selbst die winzigste Wunde muss mehr als tausend Zellen erneuern, um sich zu schließen, was dann zwei Kilometer Erbmaterial ausmacht – nur für einen winzigen Kratzer in der Haut.

Offensichtlich müssen Zellen ständig in voller Teilbereitschaft und energiegeladen existieren, um den von ihnen gebauten Körper nicht im Stich zu lassen und versorgen zu können. Und um dieses Potenzial aufrecht- und den Menschen gesund zu erhalten, benötigen die Zellen und Gene Wächter ihrer Bereitschaft, die alles unter Kontrolle halten, bis die energiegeladene Maschinerie in Gang gesetzt werden kann oder sogar muss. Diese molekularen Aufseher sind als Unterdrücker von Gewebewucherungen entdeckt worden und heißen deshalb Tumorsuppressoren.

Einer von ihnen scheint besonders wichtig zu sein, und zwar das Protein mit dem merkwürdigen Namen p53, dem die nächsten Abschnitte gelten. Zuvor soll noch angemerkt werden, dass es sich eingebürgert hat, die gegenläufigen Aktionen von Onkogenen und Tumorsuppressor-Genen mit den gegenläufigen Tätigkeiten beim Autofahren zu vergleichen, also dem »Gas geben« und »bremsen«. Onkogene beschleunigen die Fahrt des Lebens, Tumorsuppressor-Gene bremsen das Vorwärtskommen, wobei bekannt ist, dass die meisten Automobile die längste Zeit über auf einem Parkplatz stehen. Ohne das Bremsen und das Anhalten geht im Leben nichts. Das scheint erst recht beim Krebs zu gelten.*

Das Kleine ganz groß – p53

Beim ersten, eher zufälligen Auffinden des Proteins namens p53 – das p stand dabei für Protein und die Zahl 53 für die angenommene Molekularmasse – waren nur seine Größe beziehungsweise sein Gewicht bekannt. Anfänglich hielt man von dem Fund nicht viel und schleppte p53 in den Experimenten nur mit. Zum ersten Mal und ganz am Rande tauchte p53 im Jahr 1979 auf, doch inzwischen gehören dieses Protein und sein dazugehöriges Gen namens TP53 zu den am meisten untersuchten Molekülen der Biologie. Das T steht dabei für Tumor, denn p53 scheint der wichtigste Einhaltgebieter und Verhinderer (Supressor) von Tumoren und TP53 das wichtigste Tumor-

---

* Einzeller – wie Bakterien – bekommen übrigens keinen Krebs, was vielleicht daran liegt, dass sie sich als Zelle nur einmal teilen können, ohne dauernd dazu bereit sein zu müssen. Sie geben selbst vor, wann sie sich teilen, und hängen nicht von Befehlen (Signalen) ab, die andere Zellen ihnen zukommen lassen. In Mehrzellern müssen sich die Zellen jederzeit teilen können, ohne es die meiste Zeit über zu dürfen. In der gespannten Wartestellung bekommen sie Krebs.

suppressor-Gen zu sein. Es ist sogar denkbar, dass dann, wenn p53 ungestört und unverändert funktioniert, überhaupt kein Krebswachstum beginnen kann. Das passt mit der kürzlich gemachten Beobachtung zusammen, dass Elefanten, bei denen sich kaum Krebswachstum findet, nicht nur zwei, sondern viele Exemplare des Gens für das Protein p53 in ihren Zellen mit sich tragen.

Es gibt inzwischen ein schönes Bild von dem Zusammentreffen von p53 mit der DNA, das wahrscheinlich mehr Vergnügen als Einsichten bietet. Dabei liegen viele Fakten auf dem Tisch: Bei fünfzig Prozent aller Tumoren finden die Biochemiker ein verändertes p53 vor. Die normale Funktion des Proteins besteht darin, bei der Transkription von DNA zu helfen, also dann zu agieren, wenn aus dem genetischen DNA-Strang ein RNA-Molekül wird, mit dem die Synthese eines Proteins konkret durchgeführt wird. Die Experten sprechen von einem Transkriptionsfaktor, wobei p53 eine besondere Eigenheit aufweist. Man versteht heute, dass p53 einen Schalter abgibt, der zunächst registriert, dass irgendwo im Erbgut ein DNA-Schaden eingetreten ist, und dann dafür sorgt, dass andere Gene das Wachsen der davon betroffenen Zelle anhalten, indem er deren Transkription vorantreibt.

Dieses Wechselspiel kennt die Wissenschaft seit den frühen 1990er-Jahren, als eine erste Konferenz allein zu Ehren von p53 organisiert wurde. Dabei wurde vorgeschlagen, p53 als »guardian of the genome«, als Wächter der Erbanlagen, zu betrachten, was sich sogleich durchsetzte und in jüngster Zeit durch den Hinweis ergänzt wurde, dass p53 bei dieser Wachfunktion auch die Integrität des Genoms sicherstellt und zu bewahren hilft. So wird etwa Gewebe, das bestrahlt werden muss, trotz der Belastung vor dem Ausbruch von Leukämie geschützt, wenn während der belastenden Behandlung das p53 intakt und anwesend bleibt. Inzwischen konnte nachgewiesen werden, dass die Komponente des Tabakrauchs, die Lungenkrebs herbeiführt – der Stoff namens Benzpyren –, ihre Wirkung durch die Schädigung von p53 erreicht. Und bei immer mehr Krebsarten – unter anderem dem Krebs in der Leber und auf der Haut – lassen sich mutierte p53-Proteine auffinden.

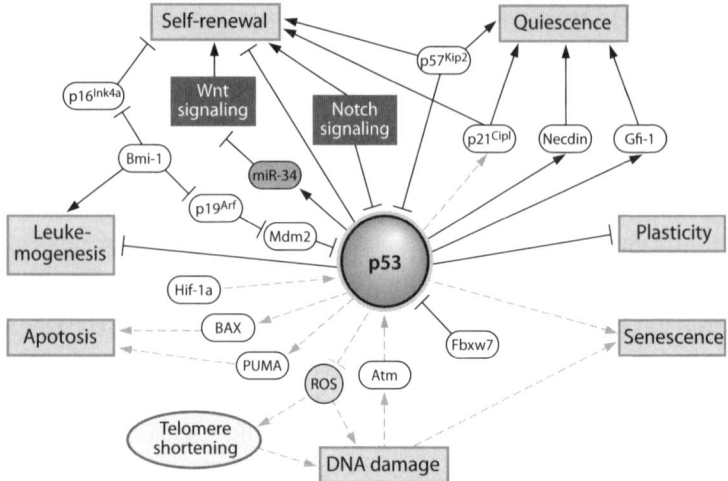

Zum Geschehen in einer Zelle gehören ungemein viele Reaktionen, die hier mit biochemischen Kürzeln angedeutet werden. Über allen wacht der Hüter des Genoms, das p53-Protein, das nicht zuletzt über Leben und Sterben von Zellen entscheidet.

Doch p53 hilft nicht nur dabei, den genetischen Teil des Krebsgeschehens zu erfassen. Damit sind die Möglichkeiten des kleinen Proteins noch nicht einmal annähernd erschöpft. Wie fast schon zu vermuten, setzt p53 eine Kette von Signalen in Gang, als deren Glieder Proteine auftreten. Diese entfalten wiederum Kaskaden von biochemischer Aktivität, an deren Ende der ungeheure Vorgang steht, der in der harmlosen Sprache der Wissenschaft *Apoptose* heißt. In der harten Sprache der Vermittler meint das den Tod und das Auslöschen einer Zelle, also das Geschehen, das in Zellen abläuft und sie zum Selbstmord treibt. In vornehmen Kreisen wird von einem Suizidprogramm gesprochen, wobei wichtig ist, dass dieses Aussortieren wie das Fallen der Blätter im Herbst zum normalen Leben gehört. Das erklärt auch den Namen »Apoptose«, der nach dem griechischen Wort für »Abfallen« gebildet wurde. Zum Zyklus des Lebens gehört das Sterben, und in einem Körper werden im Lauf eines jeden Tages viele Zellen neu gebildet, nachdem vorher die nicht mehr nützlichen Zellen in den Selbstmord getrieben werden mussten.

Das Geheimnis beim Krebs

Mit dem wachsenden Verständnis für die vielen Aufgaben von p53 konnte man die Hoffnung nähren, den »deepest mysteries of cancer« auf die Schliche zu kommen, also die tiefsten Geheimnisse von Krebszellen aufzudecken. Onkologen hofften, letztlich einen zellulären Mechanismus mit den dazugehörigen Genen und Proteinen aufzufinden, den man dann durch geeignete Medikamente würde blockieren können, um auf diese Weise das gefährliche Wuchern der Krebszellen zu stoppen und die Gesundheit wiederherzustellen.

Die genetische Grundierung der Krebsforschung machte Mut zu dem großen Projekt, dem der folgende Abschnitt gilt. Sie steuerte zugleich aber unvermeidlich in eine Art Sackgasse. Je genauer man nämlich Zugang zu Onkogenen fand, desto deutlicher wurde die Übereinstimmung zwischen dem Leben im Allgemeinen und dem Krebs im Besonderen, vor allem als man begriff, dass beide eng mit der Evolution zusammenhängen und letztlich nur mit ihren Konzepten zu verstehen sind. Zwar ist bislang stets von einem Gen und somit von einer Mutation die Rede gewesen, wenn etwa Sarkome oder das Retinoblastom angesprochen wurden. Tatsächlich stellt ein Tumorgeschwulst, wie die genetische Feinanalyse zeigen konnte, aber keine einheitliche Masse aus Zellen dar, die gleichartig mutiert sind. Vielmehr besteht eine Krebswucherung aus vielen Untergruppen von Zellen mit unterschiedlichen Arten von Mutationen und damit verschiedenen Mustern an genetischer Aktivität.

Wer von der Evolution aus denkt, versteht Tumore als »Miniatur-Ökosysteme«, wie Jeremy Taylor schreibt, denn sie setzen sich aus Klonen mit eigener genetischer Variabilität zusammen und kämpfen in der internen Welt eines Körpers ebenso gegeneinander und um das Überleben und suchen ebenso gierig nach Nährstoffen, wie es die Tier- und Pflanzenarten in der äußeren Natur machen müssen. Krebszellen, so Taylor, »unterscheiden sich deshalb in ihrer Widerstandskraft gegenüber unserem Immunsystem und den Giften den Chemotherapie«. Einige Klone, die bei dieser Selektion zustande kommen, können dabei eine aggressive Bösartigkeit entwickeln, wobei es – fast könnte man sagen – zynischerweise gerade die Chemotherapie sein wird, die den Selektionsdruck erzeugt, der Krebsgeschwulste bösartig werden lässt und für das Ausschwärmen der dazugehörigen Zellen (ihrer Metastasen) sorgt.

Für diesen fatalen Schritt haben Krebszellen sogar eine höchst maliziöse Waffe gefunden. Wenn sie nämlich bei ihrem Weg durch ihr Opfer auf Widerstand treffen – durch das Immunsystem oder eine Chemotherapie zum Beispiel –, dann riskieren die Zellen einfach, ihr ganzes Erbmaterial, den kompletten genetischen Bauplan, durcheinanderzuwerfen. Wenn alles neu gemischt ist, so könnte man die Strategie beschreiben, findet sich trotzdem eine Zelle, die im Durchmischen überlebt, und das reicht, um weiterzukommen. 99,99 Prozent und mehr eines Klons werden verschwinden, aber die eine Zelle mit der passenden Neukombination kann und wird einen neuen Klon starten, Karzinome oder Sarkome bilden, sich in einem Menschen ausbreiten und seinen anderen Zellen die Luft nehmen.

Die Idee von massiven und drastischen Umformungen des Erbmaterials stammt aus den 1940er-Jahren, als Richard Goldschmidt theoretisch den historischen Werdegang des Lebens und dazu *The Material Basis of Evolution* erkundete, wie er sein Buch nannte. In ihm ist von »Makromutationen« die Rede, mit denen die Arten sich entwickeln und verändern. In diesem Zusammenhang führte Goldschmidt den etwas gewöhnungsbedürftigen Ausdruck »hopeful monster« ein, mit dem er die Hoffnung auf einen positiven Trend für das evolutionäre Geschehen ausdrücken wollte. Seit 2011 meinen die modernen Zellforscher, solche genetischen Monster gefunden zu haben. Sie konnten Ereignisse auf der Ebene der Chromosomen aufspüren, bei denen eine Vielzahl von Materialverschiebungen gleichzeitig zu sehen war. Das Phänomen wurde inzwischen *Chromothripsis* benannt. Es zeigt sich überwiegend bei zahlreichen Patienten mit unterschiedlichen Krebserkrankungen und hier in großer Häufung bei Knochentumoren. Krebszellen sind fraglos Monster, wie niemand bestreiten wird, und »hoffnungsfroh« wird der umfassende Umbau ihrer instabilen Genome dadurch, dass er die Wahrscheinlichkeit des Überlebens in dem gewählten Gewebe erhöht. Es wird Mühe machen, den genetischen Monsterprozess in den Griff zu bekommen. Er steckt mitten im Leben und gehört zu seiner Geschichte.

Mit anderen Worten: Krebszellen beherrschen das evolutionäre Spiel mit den genetischen Möglichkeiten. Das macht diese Krankheit nahezu unangreifbar, lässt wenig Heilungschancen und schließt die Möglichkeit auf ihr gänzliches Verschwinden weitgehend aus. An dieser Stelle bleibt trotzdem eine Hoffnung, und sie lautet so: »Da Krebs nicht zu schlagen ist, warum nicht damit leben?« Es gibt Bemühungen, Medikamente zu finden, die Krebs stabilisieren und somit eindämmen. Man versucht dabei konkret, ihm die geschilderte Art der genetischen Grundausbildung zu nehmen, also ihm die Möglichkeiten zu seiner dynamischen und rücksichtslosen Wandelbarkeit zu versperren oder sie wenigstens einzuschränken. Die Rede ist von einer adaptiven Therapie. Sie soll dazu beitragen, den Krebszellen die von ihnen besetzte organische Nische zu nehmen, in der sie mit ihrem brüchigen und instabilen Genmaterial Erfolge feiern und überleben.

Wer die Krebszellen aus ihrer Nische vertreiben will, steht vor einer gigantischen Aufgabe. Schon durch den Umfang des Genmaterials, das zu einer Zelle gehört, wächst sie ins geradezu Unermessliche. Doch seit dem Beginn des 21. Jahrhunderts konnte die Wissenschaft in dieser Hinsicht große Fortschritte verzeichnen.

Das große Ganze

Wer sich die 1953 publizierte Struktur des Erbmaterials und die dort eingezeichnete Folge der Basenpaare im Inneren der Doppelhelix anschaut, könnte denken, dass nichts leichter ist, als diese molekulare Reihung zu ermitteln und die dazugehörige Sequenz zu bestimmen. Doch so einfach und direkt laufen Dinge in der Wissenschaft, in deren täglicher Praxis die an der eindimensionalen Anordnung der DNA-Bausteine interessierten Forscher zunächst elementare Aufgaben zu lösen zu hatten, nicht ab. Eine Aufgabe bestand darin, von einem Erbmolekül genügend Exemplare zusammenzubekommen, um es mit den traditionellen Methoden der Biochemie überhaupt analysieren zu können. Und eine zweite Schwierigkeit steckte in der Tatsache, dass die Erbmoleküle einer Zelle ungewöhnlich lang sind und in Tausende von kleinen Stückchen zerbröseln, wenn man sie mit den in einem Labor gängigen Verfahren ohne besondere Vorrichtungen bearbeitet, wobei es natürlich keinen Weg gibt, auf dem die Einzelstücke passend in die ursprüngliche Ordnung gebracht werden konnten. (Man kann bei diesem Zerfallen der Riesenmoleküle an Spaghetti denken und sich leicht vorstellen, wie sie zerstückelt werden, wenn sie etwa in einem engen Gefäß weich gekocht worden sind und dann auf einen Teller bugsiert werden.)

Die beiden genannten Probleme konnten nach einer rund zwanzigjährigen Wartezeit in Angriff genommen und zuletzt sogar gelöst werden. 1973 erschien unerwartet die Gentechnik auf dem Plan und erlaubte es den Molekularbiologen, Fragmente aus dem Erbmaterial DNA mit wohldefinierter Größe anzufertigen, die alle von gleicher Länge waren und sich bald auch bestens sequenzieren ließen.

Vor allem zwei Strategien haben es den Wissenschaftlern dabei angetan. Die erste geht auf den Briten Frederick Sanger, die zweite auf den Amerikaner Walter Gilbert zurück – Forscher, die wir bereits in früheren Kapiteln erwähnt haben. Beide Strategien erlaubten und erlauben es mit großer Zuverlässigkeit (bei zunächst noch hohem technischen Aufwand, der heute viel geringer geworden ist und maschinell durchgeführt werden kann), DNA-Fragmente von einigen Hundert Basenpaaren zu sequenzieren. Und bald machten sich einige Laboratorien an die Arbeit.

Die ersten DNA-Analysen dieser Art hatten keineswegs im Sinn, komplette Genome zu entziffern. Diese Aufgabe erschien allen Beteiligten angesichts der Millionen und Milliarden Basenpaare viel zu groß, und zwar auch deshalb, weil die in den 1970er-Jahren verfügbaren Computer mit ihren viel zu geringen Rechenleistungen den Biologen nicht viel Mut machten, sich auf Datenmengen einzulassen, die weit mehr als einen Taschenrechner benötigten. Die ersten Wissenschaftler, die sich als Gensequenzierer betätigten, waren mehr an einzelnen Genen als an kompletten Genomen interessiert, und sie konzentrierten sich, wie wir wissen, besonders auf Gene, die mit der Entstehung von Krebs in Verbindung gebracht werden konnten. Nach und nach stellte sich im Rahmen dieser Arbeiten immer mehr die Gewissheit ein, dass Krebs (auch) eine genetische Krankheit ist. Mitte der 1980er-Jahre schlug der amerikanische Nobelpreisträger italienischer Abstammung Renato Dulbecco vor, diesen Gedanken ernst zu nehmen und mit ihm Ernst zu machen.

Dulbeccos einfache Logik war unwiderstehlich: Wenn man Krebs besiegen will, muss man ihn verstehen; da Krebs von den Genen kommt, kann man die tödliche Krankheit verstehen, wenn man die Gene kennt. Also sollte man alles daransetzen, die Gene kennenzulernen. Und das heißt nicht mehr und nicht weniger, als sich an die Aufgabe heranzuwagen, das menschliche Genom zu sequenzieren, und zwar komplett – alle drei Milliarden Basenpaare, die das genetische Material einer menschlichen Körperzelle ausmachen, wenn man nur den einfachen (haploiden) Chromosomensatz rechnet – oder eben sechs Milliarden, wenn man den üblicherweise vorhandenen zweifachen (diploiden) Satz rechnet.

Dulbecco konnte diesen verblüffenden und zunächst eher belächelten Vorschlag auch deshalb machen, weil den Biologen damals ein weiterer methodischer Fortschritt gelungen war, der die Idee eines Genomprojektes tatsächlich praktikabel erscheinen ließ. Auch dieser Fortschritt basierte auf der Gentechnik und ihren Werkzeugen, den Restriktionsenzymen. Mit ihrer Hilfe lässt sich, wie erwähnt, das genetische Material einer Zelle (zum Beispiel eines Menschen) fraktionieren oder fragmentieren, wie es in der Wissenschaft heißt. Die dabei entstehenden Restriktionsfragmente lassen sich durch traditionelle Methoden der Biochemie trennen und sortieren, wobei die Ergebnisse in Form schöner Streifenmuster (Banden) präsentiert werden können.

Dieser Tatbestand war nicht weiter aufregend, bis einige Molekularbiologen unter der Führung von David Botstein und Ron Davies im Jahr 1980 erkannten, dass die dabei produzierten Schnittmuster erstens von Individuum zu Individuum verschieden sind und dass sie zweitens weitervererbt werden. Die einer Person zugehörende Vielgestaltigkeit ihrer Restriktionsfragmente bekam den leicht nachvollziehbaren Namen Polymorphismus, und wenn man die beiden Ausdrücke zusammenzieht, entsteht das Wortungetüm *Restriktionsfragmentlängenpolymorphismus*, den die Biologen rasch RFLP abkürzten und als »Riflip« aussprachen.

Mit diesem Phänomen hatten Botstein und Davies einen Weg entdeckt, um beim Menschen das tun zu können, was die Genetiker schon seit Jahrzehnten bei anderen Organismen – Bakterien, Hefepilzen oder Fliegen – exerzierten, nämlich eine Genkarte anzufertigen. Die Idee zu solch einer genetischen Karte war bereits 1915 aufgekommen, als man bei Fliegen die Vererbung von sichtbaren Mutationen, etwa in der Augenfarbe oder der Flügelform, verfolgte und versuchte, den Ort der dazugehörigen Gene (Genvarianten) auf den Chromosomen zu bestimmen. Mit den RFLP konnte man nun eine entsprechende genetische Karte für den Menschen erstellen.

Eine »neue Genetik«

Ein Polymorphismus lässt auf eine veränderte Sequenz (eine Sequenzvariation) in der DNA schließen. Sie wird durch ein Restriktionsenzym bestimmt, das an diesem Stück DNA seine Arbeit (das Zerschneiden) verrichten kann oder auch nicht. Auf diese Weise ließen sich zunächst in mühevoller Kleinarbeit (die lange Zeit gut für Doktorarbeiten geeignet war) Sequenzmarkierungen spezifischen Orten auf einem Chromosom zuordnen. Und im Anschluss daran ließen sich Gene, die zum Beispiel an der Entstehung von Krankheiten (wie etwa Krebs) beteiligt waren, auf dem Chromosom lokalisieren. Dies gelang, nachdem man deren Vererbungsmuster mit denen der Wegzeichen abgeglichen und zusammengefügt hatte.

Diese Möglichkeit, die menschlichen Chromosomen zu kartieren, wurde ab 1980 als »neue Genetik« begrüßt, und sie führte rasch zu ersten Erfolgen. 1983 gelang es auf diese Weise, das Gen, das in einigen Variationen die tödlich verlaufende Krankheit mit Namen

Huntington Chorea hervorbringen kann, auf dem kurzen Arm von Chromosom 7 zu lokalisieren. 1987 wurde bereits eine erste umfassende Genkarte des Menschen publiziert, die rund vierhundert Markierungen enthielt – mit zunehmender Tendenz, die in dem kommenden Jahrzehnt zu zehntausend Wegzeichen (Markern) führte (wobei inzwischen andere Techniken als die RFLP eingesetzt wurden, auf die hier nur hingewiesen wird). Im Sog dieser Kartierungen wandelte die medizinische Genetik ihr Gesicht, indem sie bald mehr als tausend Gene mit Krankheitswert wohl definierten Orten (Loci) auf den Chromosomen zuordnen konnte.

Mit diesen Kenntnissen kann man sich das wissenschaftliche Umfeld ausmalen, in dem Dulbecco seine Initiative startete, die Sequenz des menschlichen Erbguts zu ermitteln. Bei aller Sympathie für das Ziel, den Krebs zu verstehen, reagierten die Zeitgenossen in den Laboratorien eher zögerlich. Zum einen ging es um eine Folge von drei Milliarden Bausteinen, was in Buchstaben umgerechnet tausend Bücher mit je tausend Seiten meint, auf denen jeweils dreitausend Buchstaben stehen (was man auch so ausdrücken könnte, dass in einem einzelnen Genom eine ganze Bibliothek enthalten ist). Und zum anderen schätzte man die Kosten zur Bestimmung der genauen Position einer Base auf rund einen Dollar, was insgesamt drei Milliarden Dollar erforderlich machen würde, die auf keinen Fall leicht zu ergattern waren und deren Einwerbung anderen Forschungsprojekten das finanzielle Leben schwer machen würde.

Mitte der 1980er-Jahre, als das Projekt des Sequenzierens im großen Stil konzipiert wurde, hatten einige Genetiker versucht, mit den damals verfügbaren Techniken Genome mit einer Größenordnung von rund zwölftausend Basenpaaren zu sequenzieren, und sie hatten mehr als ein Jahr und viel langweilige Routinearbeit aufwenden müssen, um damit fertig zu werden. Doch Forscher sind von ihrer Natur her optimistisch veranlagt, und so zeigten sich die Befürworter des Projekts zuversichtlich, dass große technische Fortschritte gelängen, die an dieser Stelle Abhilfe schaffen würden. Und sie sollten recht behalten. Kurz nach den ersten Erprobungen kamen biochemisch funktionierende Maschinen auf den Markt, die das

Repetitive des Sequenzieren übernehmen und dies zudem viel schneller und zuverlässiger als Menschenhände ausführen konnten. Sie brauchten für zwölftausend Basenpaare bald nur noch ein paar Minuten. Heutzutage können Genetiker mit ihren Apparaten Genome rund fünfzigtausend Mal schneller sequenzieren als im Jahr 2000, und das Ende der Fahnenstange scheint noch nicht erreicht. Während damals erste Geräte zur Ermittlung der DNA-Sequenzen knapp tausend Kilobasen pro Tag lesbar machten, schaffen die heutigen Maschinen mehr als zehn Millionen Kilobasen pro Tag. Mit dieser Steigerung ist zu verstehen, warum die Gemeinde der Genetiker sich immer umfangreichere Projekte für die Zukunft vornimmt und keine DNA-Sequenz mehr davor sicher ist, durchschaut zu werden.

Vor allem in China scheint man wild entschlossen, alles zu sequenzieren, was einem im Leben unter die forschenden Finger kommt. Um ein Beispiel aufzuzeigen: Noch bevor das vor allem in den USA vorangetriebene Humangenomprojekt zu seinem offiziellen Abschluss kam, gründeten im Jahr 1999 drei chinesische Forscher das heute als Beijing Genomics Institute (BGI) bekannte Gentechnikunternehmen, das in Shenzhen, der Wirtschaftsmetropole im Süden Chinas, liegt. In seinen Räumen sollen mit einer zunehmenden Zahl von Maschinen viele Millionen menschlicher Genome sequenziert und lesbar gemacht werden, wobei einer der Gründer, Yang Huanming, jedem, der es hören will, folgende Botschaft mit auf den Weg gibt: »Wir haben ein historisches Projekt begonnen. Ich habe den Traum, jedes Lebewesen auf der Erde zu sequenzieren.« Und selbst dieses große Ziel versteht man am BGI nur als den ersten Schritt auf dem langen Marsch der genetischen Wissenschaft, wie der derzeitige Forschungschef am BGI, Xu Xun, freudestrahlend verkündet. Er schwärmt in höchsten Tönen von den unendlichen Möglichkeiten, die in den analysierten Erbmolekülen des Lebens stecken, und verkündet überzeugt: »Wir verändern hier die Geschichte des Menschen.« Die Regierung Chinas fördert das Institut nach anfänglichem Zögern längst großzügig – unter anderem in der Hoffnung, mit seiner Hilfe die drängende Frage zu lösen, wie man bei einer Milliarden-Bevölkerung für ausreichend Nahrungsmittel sogen kann, während das Ackerland verschwindet, auf dem sich immer mehr Megastädte ausbreiten. Ausführliche ethische Debatten wird es in China nicht geben. Die Probleme drängen. Und an den entsprechenden Instituten denkt man inzwischen sogar an sogenannte Metagenome, womit nicht nur das Genom eines Menschen gemeint ist, sondern auch die Genome all der Mikroorganismen, die seinen Körper besiedeln und in einem biologischen Sinne zu ihm gehören.

Was aus diesen Daten über das Leben eines Menschen letztlich zu lernen ist, bleibt allerdings offen, da heute niemand mehr bestreitet, was immer schon in spekulativer Rede geäußert worden war, dass nämlich bestenfalls zehn Prozent der Erbsubstanz in menschlichen Körperzellen Gene im traditionellen Sinn darstellen. Zwischen diesen für Proteine kodierenden Abschnitten befinden sich viele Bereiche – neben den bereits erwähnten Introns auch andere Regionen mit der Funktion von Abstandshaltern (Spacer) – und weitere DNA-Stücke, die noch eine ganz andere Bedeutung haben müssen. Diese riesigen Leerstellen lieferten zu Beginn der Genom-Debatte noch Argumente gegen das umfassende Ermitteln von DNA-Sequenzen. Denn warum, so fragten sich nicht nur viele Molekularbiologen, soll man all diese DNA-Bereiche durchbuchstabieren, wenn man nur die wenigen Prozent braucht, denen man eine Funktion zuordnen und die man sicher auch auf andere Weise bekommen kann?

Doch das Projekt sah zu verlockend und vielversprechend aus, und so machten sich viele Molekularbiologen an die Arbeit – wobei einige von ihnen wahrscheinlich so dachten wie die Bergsteiger, die den höchsten Berg der Erde erklettern wollen. Auf die Frage, warum sie den Mount Everest besteigen wollen, antworten viele Alpinisten: »Weil er da ist.« Das Humangenom will man ebenfalls sequenzieren, weil es da ist und man die Methoden (und das Geld) dafür hat.

Allen voran entwarf der Amerikaner Walter Gilbert schon früh eine Strategie, nach der man vorgehen könne, um ohne unüberwindliche Hürden zu einer kompletten Sequenz zu gelangen. In seiner Planung kam es unter anderem darauf an, die riesigen DNA-Moleküle, aus denen das Genom besteht, erstens geeignet zu zerlegen, zweitens die erhaltenen Fragmente in ausreichender Menge herzustellen und dann, drittens, deren Sequenz Stück für Stück zu bestimmen. Um ausreichend Material für diese Arbeiten herzustellen, werden die DNA-Fragmente mithilfe der Gentechnik erst produziert und dann kloniert. Die Sequenzierung des Genoms erfolgt in diesem Sinne dann Klon für Klon.

Der ursprüngliche und kühne Plan, sich direkt an den Menschen und sein Genom zu wagen, wurde bald zugunsten der Strategie aufgegeben, erst weniger umfangreiche Genome von solchen Organismen zu sequenzieren, mit denen die Molekularbiologie im Lauf ihrer Geschichte viel experimentelle Erfahrung gesammelt hatte. Gemeint sind die Genome von Bakterien, Hefepilzen, Fliegen und Würmern. Es gab zahlreiche Anstrengungen in diese Richtung, und sie alle wurden ab 1990 unter dem Dach des Humangenomprojekts zusammengefasst und von hier aus organisiert. Dieses Bemühen stellte den ersten Versuch der biologischen Wissenschaft dar, eine großräumige Infrastruktur aufzubauen, um in deren Rahmen die Mechanismen und Gesetze des Lebens zu erkunden.

Das erste größere Projekt, das konkret auf diese methodische Weise seinen erfolgreichen Weg gehen konnte, bestand in der Sequenzierung der zwölf Millionen Basen, die das Genom der Hefe ausmachen. Zwischen 1992 und 1996 wurde eine Zusammenarbeit von zwölf Laboratorien organisiert. Ihnen wurden individuelle Chromosomen zugewiesen, deren Sequenz sie ermitteln sollten. Die Kooperation wurde beibehalten, bis die vollständige Sequenz der Hefe vorlag, und mit solchen Erfolgen konnte der Mut der Molekularbiologen nur zunehmen. Ab 1998 wagten sie sich an die siebenundneunzig Millionen Basen eines kleinen und niedlichen Wurms, der auf den schönen Namen *Caenorhabditis elegans* hört, wobei das Bemerkenswerte dieser Wahl in der Tatsache besteht, dass im Lauf dieses Projekts das Genom eines vielzelligen Organismus sequenziert wurde.

Mein Genom, mein Leben

Während sich die Gemeinde der akademischen Genetiker jedoch auf ein kontinuierliches Weitermachen in alten Stil eingerichtet hatte, wurde die Welt der Genomforschung erst innerlich und dann äußerlich umgekrempelt. Zunächst erschienen plötzlich und unerwartet der Amerikaner Craig Venter und seine Mitarbeiter auf dem Plan, die im Jahr 1995 mit einer anderen Methode die erste vollständige Sequenz eines Bakteriums durchführten und die Reihenfolge der 1,8 Millionen Basen des mit zur Grippe beitragenden Bakteriums *Haemophilus influenza* vorlegten. Venter hatte zu diesem Zweck eigens ein privates Unternehmen gegründet, wobei er diesen kommerziellen Schritt mit der Unentschlossenheit der Regierungen, die öffentliche Genomforschung in Universitäten und anderen staatlichen Instituten zu fördern, begründete.

Die Schwierigkeit, die nötigen Forschungsgelder einzuwerben, bekamen wohl alle Genomprojekte zu dieser Zeit zu spüren. Wer denkt, dass in der Folgezeit ein zwar dramatisches, aber friedliches und faires Wettrennen stattgefunden hat, sollte zur Kenntnis nehmen, dass es in der Wirklichkeit der Laboratorien anders zuging und die dort Tätigen ein erbittertes Ringen um Macht, Methoden und mehr austrugen. Da sich das Sequenzieren zunächst als extrem teuer erwies, zeigten sich die für die Finanzierung der öffentlichen Forschung zuständigen Behörden anfänglich äußerst unwillig, ihre Mittel in ein Projekt zu stecken, von dem niemand genau sagen konnte, ob es gelingen könne.

Die Änderung der Stimmung in den USA kam aus einer unerwarteten Ecke, als ausgerechnet das Department of Energy unter seinem Direktor Charles DeLisi sich ab 1987 bereit zeigte, Geld in Genomprojekte zu stecken. Nach diesem Entschluss reagierten auch die National Institutes of Health (NIH), die amerikanische Behörde, die weltweit am meisten Geld für biomedizinische Forschungen zur Verfügung stellt. Im September des Folgejahres richtete die zuständige Leitung ein Büro für Genomforschung ein, das nicht lange brauchte, um in ein National Center for Human Genome Research (NCHGR) umgetauft zu werden. Zur großen Erleichterung vieler Wissenschaftler stimmte James D. Watson, der Mitentdecker der Doppelhelix, dem Vorschlag zu, die Leitung des Zentrums zu übernehmen.

Vor diesem Hintergrund nahm das Sequenzieren immer noch viel Zeit und Geld in Anspruch, und nur unverbesserliche Optimisten scheuten sich nicht, schon einen möglichen Abschluss des Projekts anzuvisieren. Noch war eine Vielzahl wissenschaftlicher und technischer Fortschritte nötig, um überhaupt schnell genug zu den benötigten Ergebnissen zu kommen. Doch bald trafen erste Erfolgsmeldungen aus Frankreich ein, womit die Nachrichten aus den Pariser Laboratorien von Daniel Cohen und Jean Weissenbach gemeint sind. Mit neuen Strategien nach dem alten Vorbild der RFLP konnten sie und ihre Mitarbeiter höchst genaue und zuverlässige Genkarten anfertigen, mit deren Hilfe das Genom nach und nach immer besser in den experimentellen Griff genommen werden konnte.

Mit diesen molekularbiologischen Entwicklungen, den ständig ihre Kapazität erweiternden Computern im Hintergrund und den enormen Geldspenden ihrer Hersteller sowie einer zunehmenden Zahl investitionsbereiter Mitglieder der Finanzwelt profilierte sich also zu Beginn der 1990er-Jahre eine zwar umstrittene, aber extrem erfolgreiche Figur in der Genomforschung, die ihr eine neue Geschwindigkeit und eine neue, ökonomische Dimension geben konnte: Craig Venter. 1992 gründet der Maverick der Wissenschaft sein erstes Unternehmen, dessen Produkt Genomdaten in Form von Gensequenzen sind. Es heißt The Institute for Genomic Research, liegt in Rockville im US-Bundesstaat Maryland und wird in aller Welt aufgrund seiner Abkürzung bekannt, die bewusst raubtierhaft klingt: TIGR. Venter geht so vor, weil er davon überzeugt ist, dass sich genetische Informationen verkaufen lassen – zum Beispiel an die medizinischen Forschungsinstitute, die sich für Krebs interessieren, an die Pharmaindustrie, die nach Angriffspunkten für neue Medikamente sucht, oder an Lebensversicherungen und deren Kunden, die mit guten Sequenzen weniger zahlen wollen. Folglich sinnt Venter nach Wegen, die von seinen Mitarbeitern sequenzierten Gene oder Genabschnitte patentieren zu lassen. Ihm geht es nicht um die

Vollständigkeit der genetischen Informationen bis ins letzte (wahrscheinlich nutzlose und eher zufällige) Detail. Ihm geht es um Ergebnisse, die sich anwenden und einsetzen lassen, und die dazugehörigen Daten versucht er so schnell wie möglich zu bekommen und auf dem Markt anzubieten.

Was einige technische Details angeht, so erfindet Venter zunächst ein unter dem Stichwort »expressed sequence tags« (EST) bekanntes Verfahren, mit dem es möglich wird, die aktiv genutzten Gene in einem Genom auszusondern und von dem verbleibenden »Abfall« der übrigen Sequenzen zu trennen. Etwas später denkt er sich einen besonders schnellen Weg aus, um an die gewünschten Daten zu kommen. Man spricht heute von der »Schrotschuss-Methode« oder »Shotgun-Sequenzierung«, die bei der Sequenzierung langer DNA-Stränge hilft. Die anvisierte DNA wird erst mehrfach kopiert, ehe diese Kopien fragmentiert und danach sequenziert werden. Dabei müssen besondere Methoden aus der neu gewachsenen Wissenschaft namens Bioinformatik angewendet werden. Auf diese zwar unelegante, dafür aber schnelle Weise lassen sich viel mehr DNA-Sequenzen ermitteln, als die herkömmlichen Methoden liefern können, die in den öffentlich finanzierten Genomprojekten eingesetzt werden. Venters Verfahren vertraut mehr auf Computerkapazitäten als auf raffinierte Überlegungen.

Venter und seine Leute setzen jede Möglichkeit der Automatisierung ein, und sie mischen dabei die Welt der Genomforschung gehörig auf – zuerst und nachhaltig mit der Sequenz von *Haemophilus influenza*. Dieses und andere Projekte bringen Venter am Ende des 20. Jahrhunderts die große Aufmerksamkeit des Publikums ein. In diesen Tagen entsteht bei vielen der Eindruck, Venter habe mit seinen Streichen die Analyse des Humangenoms fast im Alleingang erledigt. Doch das trifft keinesfalls zu, denn bei allen Vorzügen der Schrotschuss-Methode lassen sich bei diesem brachialen Verfahren gerade bei der Anwendung auf das riesige menschliche Genom gewisse Schwächen und Mängel nicht übersehen, die durch den hohen Prozentsatz an repetitiver DNA zustande kommen. Durch die zahlreichen Sequenzwiederholungen gerät das Montieren (»assembly«)

der Schrotschuss-Fragmente immer wieder aus dem Tritt und ins Stottern.

Ohne die Hilfe der anderen Seite wäre Venters kommerziell angelegter Ansatz nicht ins Ziel gelangt. Gemeint sind die brav erscheinenden Vertreter der öffentlichen Wissenschaft. Dort agierte inzwischen der sowohl clevere als auch tief gläubige Francis Collins als Direktor, und ihm war die kommerzielle Verwertung von Daten ein Gräuel. Collins und seine Kollegen aus den Universitäten arbeiteten deshalb im Jahr 1996 die sogenannten *Bermuda-Prinzipien* aus, mit denen alle Teilnehmer an Genomprojekten verpflichtet wurden, ihre Daten innerhalb von vierundzwanzig Stunden einer allgemein zugänglichen Datenbank zur Verfügung zu stellen. Zahlreiche Stiftungen fördern diesen Gedanken und die dazugehörigen Arbeiten, die mit der kommerziellen Konkurrenz natürlich an Schwung zunahmen.

Wie zu erwarten, reagierte Venter im gewohnten Stil, nämlich durch die Gründung einer weiteren Firma, die er nach dem lateinischen Wort für Geschwindigkeit Celera nannte. Und er brachte abermals mehr Tempo in die Geschichte. Im Mai 1998 verblüffte er seine Kontrahenten der öffentlichen Genforschung durch die Ankündigung, mit seinen Computern und Verfahren das menschliche Genom innerhalb von drei Jahren komplett sequenzieren zu können. Er war damit der erste Genomforscher, der sich auf einen Zeitpunkt festlegte. Und wenn auch niemand behaupten kann, Venter habe sein kühnes Versprechen dank eigener Kraft gehalten, so muss man doch einräumen, dass ohne seine (vielen Menschen auf die Nerven gehende) Umtriebigkeit alles langsamer vonstattengegangen wäre und sehr viel länger gedauert hätte.

Es lohnt sich, einmal einen Blick auf den Aufwand zu werfen, den Venter und sein Unternehmen damals getrieben haben. Bei Celera konnte man rund dreihundert automatische Sequenzier-Maschinen in Aktion finden – alle vom Typ ABI Prism DNA Analyzer und einige Hunderttausend Dollar wert. Diese Geräte wurden mit höchster Kapazität Tag und Nacht am Laufen gehalten, was unter anderem die jährliche Rechnung des Elektrizitätswerks auf die schwindelerregende Höhe von einer Million Dollar brachte. Die kontinuierlich produzierten Sequenzdaten – in der Größenordnung von Terabytes – wurden von speziell angefertigten Computern montiert, wobei die Berechnungen für die erste »assembly« fünfhundert Millionen Sequenzvergleiche erforderten. Für die abschließenden Berechnungen mussten vierundsechzig Gigabytes an Speicherkapazität eingesetzt werden.

Im letzten Jahr des vergangenen Jahrtausends reagierten die aus öffentlichen Mitteln finanzierten Wissenschaftler auf diese Herausforderung. In einer weltweiten Kooperation mit Hauptsitzen im britischen und amerikanischen Cambridge und wesentlichen Zuarbeiten aus Japan und Deutschland holten sie Chromosom für Chromosom, Sequenz für Sequenz und Stück für Stück Venters Vorsprung auf, bis man auf Augenhöhe miteinander reden konnte. Im Juni 2000 entschlossen sich das öffentliche Genomprojekt und die private Celera-Initiative zu einer Kooperation. Sie legten ihre getrennt erworbenen Daten zusammen, um der Öffentlichkeit gemeinsam etwas von einer ersten umfassenden Kenntnis des menschlichen Genoms erzählen zu können. »Das humane Genom« wurde dann zum ersten Mal im Februar 2001 publiziert, wobei noch viele Feinarbeiten und Sequenzangleichungen nötig wurden, bevor man wirklich zufrieden sein konnte.

Wenn man böse sein will, kann man sagen, dass im Juni 2000 kaum mehr als zwanzig Prozent des Humangenoms in trockenen Tüchern waren, und wenn man genau sein will, kennt man selbst bis heute nicht die Reihenfolge aller – wirklich aller – DNA-Bausteine (Basenpaare) eines Genoms. Immer noch fehlen Sequenzen von Bereichen, in denen DNA-Abschnitte liegen, die hoch repetitiv sind, wie man sagt. Das heißt, dass bei ihnen kurze Folgen von Basenpaaren scheinbar endlos wiederholt werden, ohne dass man den biologischen Grund für diese offenkundige Langeweile im genetischen Text kennen würde. Es leuchtet ein, dass es akribische Mühe macht und viel Sorgfalt braucht, um sich in diesem Bereich präzise zu orientieren – ein Aufwand, der sich wahrscheinlich nicht einmal lohnt und niemandem Ruhm einbringt.

Der erste publizierte Lebenstext eines Menschen lag auf jeden Fall eher als grobe Arbeitsversion und weniger als brauchbares Buch vor. Es hat bis zum Oktober 2004 gedauert, bis Skeptiker und Kritiker bereit waren, auch die Feinarbeit als weitgehend abgeschlossen zu betrachten. Seit diesem Datum weiß man, dass das Erbgut in einer menschlichen Zelle aus 2,85 Milliarden Basenpaaren besteht. Und man kennt deren Reihenfolge genau genug, um sagen zu können, dass nur noch an durchschnittlich jedem hunderttausendsten Baustein in den Datenbanken mit einer Fehlinformation zu rechnen ist. In den Milliarden Basenpaaren stecken die Informationen von zwanzig- bis fünfundzwanzigtausend Genen, wobei unterschiedliche Zählverfahren zu unterschiedlichen Angaben führen und man eher an der Zahl der Gene in einer Zelle und weniger an der Zahl von Sequenzen in einem Computer interessiert ist.

Unabhängig davon wurde die nach wie vor erstaunliche Feststellung unvermeidlich, dass funktionelle Gene nur einen Bruchteil der Gesamtmenge an Erbmaterial ausmachen. Das zog und zieht die Frage nach sich, wozu all die anderen DNA-Sequenzen dienen. Sie soll gleich ins Visier genommen werden, nachdem die (leichtere) Frage geklärt ist, was die gezählten Gene im zellulären Detail unternehmen. Knapp zwanzigtausend – etwa 19 599 – von ihnen agieren im herkömmlichen Sinne, das heißt, sie sind für die Produktion eines Proteins verantwortlich. Nach Ansicht der führenden Genforscher ist darüber hinaus zu erwarten, dass weitere 2188 Gene ebenfalls ihre Information zu diesem Zweck zur Verfügung stellen. Ob die noch verbleibenden und bereits gezählten Gene in dieselbe Richtung wirken oder ob sie völlig andere Aufgaben erfüllen, und wenn ja, welche das sein mögen – Fragen dieser Art entwickelten sich zu spannenden Themen der Grundlagenforschung, mit deren Hilfe immer mehr Überraschungen zutage traten.

Als der staunenden Öffentlichkeit zu Beginn des 21. Jahrhunderts das humane Genom in seiner Sequenz präsentiert wurde, handelte es sich übrigens nicht um die DNA eines einzelnen Spenders, sondern um das Erbmaterial einer Reihe von ihnen. Menschen hatten sich auf Anzeigen in lokalen Zeitungen hin bei wissenschaftlichen Laboratorien gemeldet, wo ihnen Zellproben abgenommen wurden, die dann so aufbewahrt und weitergegeben wurden, dass zuletzt kein Forscher mehr sagen konnte, wessen DNA er zu erkunden hatte. Von Anfang an wurde darauf geachtet, Individuen zum Zug kommen zu lassen, die zu verschiedenen Volksgruppen zählten. In dem offiziellen humanen Genom stecken die Sequenzen von afrikanischen, asiatischen, amerikanischen, europäischen, kaukasischen und hispanischen Menschen (wenn bei dieser Aufzählung nicht die eine oder andere Gruppe vergessen worden ist). Natürlich unterscheiden sich einzelnen Spender voneinander. Aber aus ihnen allen lässt sich die eine gemeinsame Sequenz – eine Konsensus-Sequenz – ableiten, die in der Fachpresse und den Lehrbüchern inzwischen »menschlich« genannt wird. Natürlich fällt es bei Milliarden Menschen und Milliarden Zellen in jedem Menschen auch mit statistisch orientiertem Denken schwer, von dem *einen* Humangenom zu sprechen. Jeder Mensch trägt sein eigenes Genom mit sich, und wahrscheinlich verfügt selbst jede Zelle über ihr besonderes Genom, was sich in jüngster Zeit genauer sagen zu lassen scheint. Eine Person, ein Mitglied der Spezies *Homo sapiens*, besteht aus Zellen, die sich nicht nur in Geweben organisieren, sondern in Populationen oder Gruppierungen einteilen lassen, die ihr jeweils eigenes persönliches Genom aufweisen. Ein einzelner Mensch trägt also eine Mannigfaltigkeit von Genomen mit und in sich. Er stellt so etwas wie ein Mosaik aus Erbanlagen dar, was ihn fast noch mehr zu einem Kunstwerk macht. Und dennoch zeigt die Wissenschaft am Genom, dass es viel gibt, was die Menschen eint, und nur wenig, was sie trennt – und zwar schon auf dem genetischen Grund, also von Anfang des Lebens in einer Zelle an.

Mehr als tausend Genome

Nun also war ein erstes als durchschnittlich zu verstehendes menschliches Genom durchbuchstabiert, und die beim Sequenzieren eingesetzten Methoden ließen sich nach und nach automatisieren – was den nie um eine klare Auskunft verlegenen James D. Watson zu der Bemerkung veranlasste, irgendwann werde »jeder Affe« die Reihenfolge der Bausteine eines Genoms feststellen können. Als in Folge dieser »automatisierten« Sequenzierung Unternehmen anfingen, die dazu nötigen Maschinen zu bauen und der Wissenschaft anzubieten – zum Beispiel eine Firma namens 454 Life Science mit Sitz in Branford, Connecticut –, kamen die Humangenetiker auf den Gedanken, erst einmal das Genom eines »populären Stars« zu ermitteln. Gemeint war der gerade zitierte Watson.

Und tatsächlich: Im Juni 2007 überreichten Bioinformatiker dem damals fast achtzigjährigen Pionier der DNA-Forschung eine DVD, auf der seine persönliche DNA gespeichert war. In einer Pressemitteilung hieß es dazu, Watson sei der erste Mensch, dessen Genomsequenzierung weniger als eine Million US-Dollar gekostet habe. Sie wurde von Watson sogar bald der Öffentlichkeit zugänglich gemacht, allerdings nicht komplett. Der Mitentdecker oder Miterfinder der Doppelhelix achtete sorgfältig darauf, die Teile seines Genoms zu schwärzen, die nach dem Kenntnisstand seiner Wissenschaft Hinweise auf das Risiko geben konnten, an der Alzheimer-Demenz zu erkranken. In Watsons Familie hatte es solche Fälle gegeben. Vor allem seine geliebte Großmutter hatte unter der Alterskrankheit gelitten, und er wollte an dieser Stelle keine Einblicke in seine genetische Beschaffenheit gewähren. Die freigegebenen Sequenzen ließen nach Auskunft der Experten einige Anfälligkeiten für Krebs erkennen. Das ist wenig überraschend, da Watson von Hautkrebs und seine Schwester von Brustkrebs betroffen war, was in beiden Fällen eingedämmt werden konnte.

Natürlich dauerte es nicht lange, bis der ehrgeizige Craig Venter sein Genom sequenziert und publiziert sehen wollte. Er hat das bald verfügbare Ergebnis ausführlich mit netten und detailreichen Kommentaren in seiner Autobiographie *A Life Decoded. My Genome, My Life* (*Entschlüsselt. Mein Genom, mein Leben*) vorgestellt. Watson und Venter haben ihre genetischen Informationen schließlich einer Gen-Bank anvertraut, in der möglichst viele DNA-Informationen abrufbar gelagert werden sollten. Aus diesem Grund wurde 2008 das

1000-Genome-Projekt ins Leben gerufen, das sich zum Ziel setzte, die Gensequenzen von etwa zweieinhalbtausend Menschen zu ermitteln und zu sammeln, ein Ziel, das bis 2012 erreicht wurde (mehr dazu unter *www.1000genomes.org*). Anzumerken ist hier noch, dass sich auch das in Berlin angesiedelte Max-Planck-Institut für Molekulare Genetik an dem Sequenzierungszirkus beteiligte und sein eigenes 1000-Genome-Projekt auf den maschinellen Weg brachte.

Zu den Fragen, die solche Großprojekte beantworten wollten und wollen, gehört die, wie sich einzelne Menschen genetisch voneinander unterscheiden und von welchen Regionen ihrer DNA Krankheiten ausgehen können. Vor allem erhoffte man sich Neuigkeiten aus den Sequenzdaten von Menschen mit afrikanischer Herkunft, deren genetische Variabilität als sehr hoch eingestuft wird. Bislang stehen die Experten allerdings eher ratlos vor den angehäuften Datenmengen. Einige der am Projekt beteiligten Wissenschaftler ließen sich sogar zu dem Satz hinreißen, sie hätten beim Vergleich der Daten mehr als zweihundert Gene entdeckt, die in einigen Menschen nicht zu finden seien und daher als verzichtbar für das Leben angesehen werden könnten.

Diese wenigen Konsequenzen aus den vielen Sequenzen hat die britische Regierung nicht daran gehindert, im Jahr 2012 mit persönlicher Ermutigung durch den Premierminister David Cameron ein Projekt auf den Weg zu bringen, an dessen Ende das Vereinte Königreich nicht tausend, sondern hunderttausend Genome in Datenbanken gespeichert haben will. 2017 soll es so weit sein, dass die Welt den Blick auf die DNA einer Nation werfen kann. Das Konsortium der Forscher, die sich dieser Aufgabe widmen, träumt davon, dabei zuletzt so etwas wie ein »klinisches Genom« ausfindig machen zu können, mit dessen Hilfe Krankheiten einer »präzisen genetischen Signatur« zugewiesen werden können, was wiederum bessere Diagnosen mit sich bringen kann. Die Hauptaufgabe solch einer Mammutunternehmung wird weder in der Rekrutierung der Probanden noch in der massenhaften Sequenzierung und auch nicht in der automatisierten Durchsuchung der DNA-Daten liegen. Die eigentlich knifflige und herausfordernde Aufgabe wird darin bestehen, eine klinische Interpretation der Sequenzen zu liefern. Auch wenn dafür im Budget zweitausend Stellen vorgesehen sind, heißt das noch nicht, dass die dort Beschäftigten wissen, was sie tun. Welche Schwierigkeiten in dem Deuten von freigelegten DNA-Buchstabenfolgen stecken könnten, zeigte sich, als sich Wissenschaftler unabhängig von nationalen oder persönlichen Projekten zusammenfanden, um zu sehen, was sie von den vielen Sequenzen verstehen.

ENCODE

Als zu Beginn dieses Jahrtausends zum ersten Mal das ansonsten im Inneren von Zellen – sogar tief in deren Kern – verborgene und sorgsam gehütete menschliche Genom in den Blick einer neugierigen Öffentlichkeit geriet, verkündeten viele optimistisch denkende Personen so großzügig wie stolz, das humane Genom sei entschlüsselt. Hingegen befürchteten ihre eher skeptisch dreinblickenden Gegenspieler, das mögliche Erstellen der Sequenzen von kompletten DNA-Beständen führe im wahrsten Sinne des Wortes zu einem gläsernen Menschen, der in biologischer Hinsicht durchschaubar geworden sei und dessen Lebensmöglichkeiten an den endlos wirkenden Buchstabenfolgen seiner genetischen Information abgelesen werden könnten. Gegner der Genforschung sahen schon gierige Versicherungsunternehmen am Werk, die den DNA-Sequenzen die Disposition für Krankheiten wie der Alzheimer-Demenz, die Wahrscheinlichkeit für das Eintreten von Lungenkrebs oder gar Hinweise auf die persönliche Lebenserwartung entnehmen könnten – natürlich mit dem Ziel, die entsprechenden Prämien zu erhöhen und den Profit zu steigern.

In beiden Fällen zeigte sich rasch, dass da sehr wenig nachgedacht worden war. Was die DNA-Sequenzen und den gläsernen Menschen angeht, so gaben die freigelegten Geninformationen eher Rätsel auf und boten kaum eine Einsicht der befürchteten Art an. Und Versicherungsgesellschaften müssen das vermeiden, was man »Antiselektion« nennen könnte. Sie kommt zustande, wenn jemand privat durch einen DNA-Test von hohen Risiken weiß und sich dann vielfach versichern lässt, ohne darüber Auskunft zu geben.

Zu den größten Überraschungen, die der Blick auf das freigelegte Genom bot, gehörte die Beobachtung, dass die in menschlichen Zellen vorliegende DNA zu mehr als acht Prozent aus Sequenzen besteht, die von Viren stammen. Die Wissenschaft spricht bei diesen genetischen Mitbewohnern von *endogenen Viren*, und die ältesten Sequenzen gehören wahrscheinlich schon seit hundert Millionen Jahren zum menschlichen Genmaterial. Merkwürdigerweise geht es dabei vor allem um Retroviren, also um Viren, die als ihr Erbmolekül RNA verwenden. Durch die Reverse Transkription machen sie daraus DNA, die dann in das Genom integriert wird. Von hier aus treiben die Retroviren die Evolution des Menschen mit voran.

Eine höchst spannende Einsicht der Molekularbiologen betrifft das Wunder der Schwangerschaft: Sie gelingt deshalb, weil längst zum Menschen gehörende Retroviren verhindern, dass der Embryo als eingedrungenes Fremdgewebe eingestuft und abgestoßen wird. Diese importierten DNA-Sequenzen stecken seit vierzig Millionen Jahren im humanen Erbgut und haben vieles möglich gemacht, was Menschen auszeichnet. Die Physiologie der Plazenta kommt ohne sie nicht aus, was man auch mit dem schönen Satz ausdrücken kann: »Ohne diese Retroviren würden wir immer noch Eier legen.« Und da stellt sich doch sofort die Frage, ob Eier legende Menschen die Kultur hervorgebracht hätten, mit deren Hilfe man das alles wissen und herausfinden kann. Und noch etwas: Als Charles Darwin den Gedanken der Evolution veröffentlichte, stieß er vor allem deshalb auf Ablehnung, weil sich die elisabethanische Gesellschaft weder vorstellen konnte noch wollte, dass Menschen vom Affen abstammen. Was hätten die damaligen Gegner von Darwins gefährlichem Gedanken wohl gesagt, hätte man ihnen verraten, dass vor allem Viren zu ihren Vorfahren gehören. Ohne Viren wäre das Leben völlig anders – falls es überhaupt in Gang gekommen wäre.

Trotz allem gilt, dass in den gewaltigen DNA-Sequenzen Informationen über das Leben der Zellen stecken, die für deren genetische Abläufe wichtig und notwendig sind. So gesehen lässt sich sagen, dass im Genom etwas chiffriert oder verschlüsselt ist, was gelesen und gedeutet werden kann. Das englische Wort für »chiffrieren« lautet »encode«. Und mit diesen sechs Buchstaben – dann allerdings in Versalien: ENCODE – stellte sich im September 2003 ein Forschungsprojekt vor, das untersuchen und klären wollte, welche Elemente mit genetischen Funktionen in der Genomsequenz zu finden waren und wie viele Abschnitte davon umgesetzt und transkribiert wurden. ENCODE steht für »ENCyclopedia Of DNA Elements«, also für eine Enzyklopädie der DNA-Abschnitte. Bei diesem Projekt arbeiteten mehr als vierhundert Wissenschaftler aus mehr als dreißig Instituten weltweit zusammen. Knapp zehn Jahre später, im September 2012, legten sie gemeinsam ihre ersten weitreichenden Ergebnisse in *Nature* vor, die als »Guide to the Human Genome« verstanden wurden. Die große Überraschung, die dabei verkündet werden konnte, bestand in dem Nachweis, dass zwar nur rund ein Prozent der DNA einer menschlichen Zelle als Gen im traditionellen Sinn der Proteinherstellung zu deuten ist (ENCODE nannte dabei die genaue Zahl von 20 687 Proteingenen, was man jedoch nicht als letzte Wahrheit betrachten sollte), aber trotzdem mehr als achtzig Prozent des menschlichen Genoms nicht einfach nur »herumliegen« und als eher unnützes Anhängsel die Zellteilung erschweren. Wie ENCODE vielmehr zu berichten wusste, werden etwa sechsundsiebzig Prozent der DNA in RNA umgeschrieben, ohne dass man jedes einzelne Molekül, das dabei entsteht, weiterverfolgen konnte. Darüber hinaus identifizierten die Genom-Enzyklopädisten fast drei Millionen Abschnitte mit regulatorischen Aufgaben. Darunter ließen sich vierhunderttausend Bereiche ausfindig machen, die dafür sorgen, dass andere genetische Elemente verstärkt zum Einsatz kommen. Die Fachwelt spricht von *Enhancern* und wundert sich, wie all die vielen Verstärkerelemente, Promotoren und anderen Steuerabschnitte ihre spezifischen Aufgaben präzise und punktgenau im dynamischen Dasein des zellulären Fließens erfüllen können.

Und während sich die Experten wundern und festen neuen Halt in dem riesigen Datenmeer suchen, das sie tagtäglich füllen und bedienen, gerät der alte Standpunkt, den das vertraute Gen lieferte, immer mehr ins Schwanken, um wahrscheinlich bald nur noch eine Erinnerung zu sein. Im Gefolge des großen Vorhabens, das gesamte Genom zu sequenzieren, sind eine Fülle von erstaunlichen Methoden entwickelt worden, die DNA-Sequenzen fast beliebig schnell und billig zu produzieren. Wenn die Fachwelt – eigentlich unzutreffend – vom menschlichen Genom spricht, da es ja Zellen sind, denen ein Genom zuzuweisen ist, dann kann sie inzwischen auf so viele Daten zurückgreifen, dass Genome von einzelnen Zelltypen unterschieden werden können. Man schätzt, dass ein menschliches Wesen aus rund zweihundert Zellarten zusammengesetzt ist, aus Immunzellen, Leberzellen, Haarzellen, Hautzellen und anderen. Von diesen konnte ENCODE hundertneunundvierzig Stück knacken, wobei auffiel, dass jeder Typ einen anderen Teil der gesamten DNA einsetzt, um die Aktivität der Gene zu steuern. Von den fast drei Millionen regulatorischen Sequenzen, die man ausfindig machen konnte, werden nicht einmal viertausend in allen Zellen eingesetzt. Das bedeutet, dass zwar alle Zellen (zumindest mehr oder weniger) über das gleiche Material für ihr Erbgut verfügen, jedoch jede von ihnen anderen Gebrauch davon macht. Da Gene die DNA-Abschnitte sind, mit denen eine Zelle ihre Erbanlagen einsetzt, sozusagen »um Flagge zu zeigen«, wenn sie im Gewebe aktive Eigenschaften entfaltet, kam einer der leitenden Mitarbeiter des ENCODE-Projekts zu dem Schluss: »These findings force a rethink of the definition of a gene and of the minimum unit of heredity.« – »Die Definition eines Gens und einer kleinsten Einheit der Vererbung muss aufgrund dieser Entdeckungen neu bedacht werden.«

Bereits 1955 hatte Seymour Benzer dasselbe gemeint, als er den Begriff des Gens durch eine Kombination aus den Begriffen *Cistron*, *Muton* und *Rekon* ersetzen wollte – und damit scheiterte. Es lässt sich voraussagen, dass es derzeit vorgeschlagenen neuen Begriffen, zum Beispiel *Genon* und *Genitor*, nicht besser ergehen wird, und zwar schon deshalb, weil sie furchtbar klingen. Natürlich ist die klassische Auffassung von Genen als klaren Kausalfaktoren mit festem Ort und sauber definierten Aufgaben mit den meisten neuen Kenntnissen nicht mehr vereinbar. Gene dienen der Evolution als Ankerpunkt und Arbeitsfläche, sind jedoch überfordert, wenn man ihnen alles Gewichtige zu tragen aufgibt. Doch trotz aller Vielfalt der neuen Einsichten wird der schöne kurze Begriff sicher auch weiterhin zum Wortschatz der Öffentlichkeit und der Fachwelt gehören. Allerdings müsste *eine* sprachliche Variante mühelos zu bewältigen sein. Als der große Aristoteles einen Namen für die von ihm vorgestellte Kraft suchte, die seiner Ansicht nach alle Bewegung der Welt auslöst und verursacht, hat er dafür einen »unbewegten Beweger« gefunden – eine Idee, die Thomas von Aquin später nutzte, um damit einen Gottesbeweis zu führen.

Beweger – das sind Gene ganz sicher, nämlich die Quelle, aus der das Leben fließt. Aber unbewegt sind sie nicht, wie das Verschieben der Stücke, das Springen an andere Orte, das Wandeln in evolutionären Schritten und überhaupt das genetische Geschehen in Zellen erkennen lassen. Gene sind – so mein Vorschlag – »bewegte Beweger«, und die Menschen können sich auf ihre durchdringende und durchgehende Dynamik verlassen.

Das Ende des Determinismus

Als die Zeitungen über die Genomprojekte und die Bemühungen von ENCODE berichteten, erklärten sie ihren Lesern als Erstes, dass die gemütliche alte Sicht, die in dem Genom eine metaphorische Informationswüste erblickt hatte, in dem sich ein paar wohlige Oasen in Form von klassischen Genen finden ließen, aufgegeben werden müsse. Immerhin konnte man fast zehntausend Genabschnitte auftreiben, die als »nackte Informationsschnipsel« durch die Zellen vagabundieren und vermutlich an den Erbmolekülen alle möglichen Spuren oder Einflüsse hinterlassen. Mit ENCODE wurde offensichtlich, dass trotz Terabytes digitaler Informationen in den Maschinen die Ratlosigkeit mit der Komplexität wächst, die das genetisch geführte Leben einer Zelle dabei erkennen lässt. Es ist genau so gekommen, wie es zu meiner Vorstellung von einer Verzauberung der Welt durch die Wissenschaft gehört. Das Geheimnis des Lebens wird mit jedem Blick auf die Doppelhelix immer nur tiefer. Und wenn Joachim Müller-Jung im September 2012 in der *Frankfurter Allgemeinen Zeitung* schreibt: »Der Gen-Determinismus ist endgültig tot«, stimmt das zwar, es hat aber niemanden daran gehindert, weiter zu rätseln, wie die Gene das Leben programmieren. Wenn der Gen-Determinismus tot ist, laufen auch keine genetischen Programme mehr, aber das ist nicht der Punkt, um den es hier gehen soll. Er reicht weiter zurück und zugleich weiter nach vorn.

Es wurde schon gesagt, dass Gene so etwas wie die Atome der Biologen sind, und damit sollte konkret angesprochen werden, dass es den Genen historisch wie den Atomen gegangen ist: Sie lösten sich auf, als man sich daranmachte, sie zu zählen. Auf jeden Fall musste das klassische Denken über Atome eingestellt und durch eine Beschreibung mit Quanten ersetzt werden. Im Rahmen dieser neuen Physik ist etwas passiert, das gern übersehen wird, weil niemand die allgemeinverständlichen Schriften von Werner Heisenberg liest. Sie enthalten auch den Aufsatz »Die Einheit der Natur bei Alexander von Humboldt und in der Gegenwart«, den Heisenberg 1969 als Vortrag zur Feier des zweihundertsten Geburtstags des Naturforschers gehalten hat. Darin erläutert er das Ende des Atom-Determinismus, das sich jetzt als Ende des Gen-Determinismus wiederholt. Bei Heisenberg heißt es:

»In dem Moment, in dem die Naturforscher beginnen, sich ernstlich mit der Physik der Atome zu befassen und zu versuchen, die chemischen Erscheinungen aus den Naturgesetzen im atomaren Bereich zu deuten, tritt auch die Morphologie, die Lehre von den Gestalten, wieder in ihre Rechte ein. Niels Bohr war der Erste, der erkannte, dass mit jener Auffassung von Kausalität und Determinismus, die seit Newton als Grundlage jeder exakten objektiven Naturwissenschaft galt, das Verhalten der Atome nicht verstanden werden kann. Die Stabilität der Atome, die sich z. B. darin äußert, dass ein chemisches Element nach allen möglichen chemischen oder physikalischen Prozessen schließlich immer wieder das gleiche

Element bleibt und die gleichen Eigenschaften aufweist, diese Stabilität könnte in der Newtonschen Physik nicht gedeutet werden. Hier braucht man die Persistenz von Gestalten, die Bohr mit seiner These von der Existenz stationärer Zustände postuliert hat … Man kann die Stabilität der Atome nur verstehen, wenn man annimmt, dass immer wieder dieselben symmetrischen Gestalten der kleinsten Teile aus physikalischen Prozessen hervorgehen.«

Mit anderen Worten: Wer die zentrale Eigenschaft der Materie – die Stabilität der Atome – verstehen will, muss mehr als physikalische Kausalität aufwenden. Demnach wäre es sehr merkwürdig, wenn die Suche nach Kausalfaktoren allein – also nach Genen – ausreichen würde, um die zentrale Eigenschaft des Lebens zu verstehen, nämlich die Gestaltbildung und das Hervorbringen von Formen. Wer sich ernsthaft mit Genen befasst, braucht sich über den Gen-Determinismus keine Sorgen zu machen.

KAPITEL 4
Grundfragen des Lebens

Grundfragen des Lebens – damit sind in den meisten Fällen Fragen gemeint, die das öffentliche, gesellschaftliche und politische Leben betreffen und in denen es zum Beispiel darum geht, die Rollen von Kirche und Staat abzuwägen oder die möglichen Wege zu erkunden, auf denen das gewohnte industrielle und wirtschaftliche Wachstum hin zu einer nachhaltigen Entwicklung mit einer intakt bleibenden Umwelt gefunden oder gelenkt werden kann. Darum geht es hier – natürlich – nicht, denn wir nehmen in diesem Kapitel nicht die Arbeitsweise von Menschen, sondern die von Zellen und ihren molekularen Bestandteilen ins Visier.

Grundfragen des Lebens gibt es nämlich auch im Bereich der Biologie im Allgemeinen und der Genetik im Besonderen, etwa die Fragen danach, wie das formenreiche, vielfältige Leben seinen Reichtum an Gestaltung entwickeln und entfalten kann und dieses Wunderwerk aus der äußerlich form- und reizlosen Zelle herausgeholt wird, mit und in der es sein dynamisches Dasein beginnt.

Diese Fragen gezielt angesprochen haben bereits die ersten klassischen Genetiker, die sich mit der nur wenige Millimeter großen Fruchtfliege *Drosophila* befassten und deren Pionier, Thomas H. Morgan, sich von seiner Ausbildung her in der *Embryologie* auskannte. In deren Rahmen und mit mikroskopischer Hilfe konnte er zwar höchst winzige, jedoch erstaunlich wandelbare Formen beobachten. Der Name dieser Disziplin, die die Menschen schon früh beschäftigt hat, leitet sich vom griechischen Wort *embryon* ab, mit dem ursprünglich eine »ungeborene Leibesfrucht« gemeint war. Doch im Lauf der Geschichte wurde dieser Begriff allgemein für das Werden, die embryonale Entwicklung eines Lebens aus seinen Anfängen heraus eingesetzt. Bei der Fruchtfliege beginnt neues Leben mittels befruchteter Eier. Daraus schlüpfen nach kuriosen Anfängen des Teilens bald Larven, die sich schließlich häuten und verpuppen, bis zuletzt, nach etwa vierzehn Tagen, eine eigenständige und lebenslustige Fliege mit all ihren Besonderheiten – Flügeln, Antennen, Schwingkölbchen, Beinen, Augen und anderen Organen – das Licht der Welt erblickt. Und nun macht sie sich auf, einen Partner zu suchen, um mit seiner Hilfe einen neuen Zyklus beginnen und das Leben weitergehen zu lassen.

Bereits 1932 war den *Drosophila*-Pionieren klar geworden, dass bei dieser sich im Detail dramatisch vollziehenden Entwicklung eines komplexen vielzelligen Organismus aus einem einzelnen Ei heraus dem Erbmaterial eine maßgebliche und antreibende Rolle zukommt. Alfred Sturtevant, Schöpfer von ersten genetischen Karten, wollte es genau wissen: »How do genes produce their effects and create the form of an organism?« Also: Wie bringen Gene ihre Wirkungen zustande und dabei einen Organismus mit seiner Gestalt hervor?

An dieser Stelle gilt es, das Hervorbringen des Lebens und seines Gestaltenreichtums nicht bloß als rein molekularen oder mechanischen, sondern als kreativen und produktiven Vorgang zu denken, auch wenn man bei der Verwendung solcher Worte mehr an Menschen mit dieser Fähigkeit und weniger an die Zellen denkt, aus denen sie gebildet worden sind. Aber bei dem Versuch zu verstehen, wie die Gene mit ihren Möglichkeiten das Leben mit seinen Zellen hervorbringen, sollte man ruhig den Mut entwickeln, von einer Kunst der Gene zu sprechen. Sie haben im Lauf einer langen evolutionären Geschichte schließlich sogar ein »Meisterwerk« wie den Menschen hinbekommen, wie ihn Shakespeare durch seinen Hamlet voller Bewunderung genannt hat.

So hat auch Enrico Coen sein Buch mit *The Art of Genes* betitelt. Er beschreibt darin, »how organisms make themselves«, also wie Organismen sich selbst erschaffen, eben mit ihren Genen. Coen scheut sich nicht, die Vorgänge der organischen Entwicklung mit dem zu vergleichen, was menschliche Kreativität ausmacht, wenn sie Bilder oder andere Kunstwerke hervorbringt. Schließlich kann es einem durchaus so vorkommen, als ob das dynamische Gewimmel im Inneren einer Zelle so aussieht wie eines der Bilder, die der Amerikaner Jackson Pollock gemalt hat. Im kunsthistorischen Rahmen werden sie als »Action Painting« bezeichnet. Action findet auf jeden Fall in einer Zelle statt, und man sieht sie als Betrachter am besten, wenn jemand die Zeit anhält, also wenn ein Künstler sie malt.

Wenn in den biologischen Wissenschaften »Über Wachstum und Form« geforscht wird, kommt die Rede zwangsläufig auf das 1917 erstmals publizierte Buch mit diesem Titel, verfasst von D'Arcy Wentworth Thompson (1860–1948). Der Autor lehrte als Professor für Zoologie an der St. Andrews University in Schottland und galt als bedeutendster Universalgelehrter des 20. Jahrhunderts, wie es in einem Vorwort zu einer späteren Ausgabe des englischen Originals *On Growth and Form* heißt. Selbst bei flüchtiger Lektüre wird deutlich, um was es Thompson geht, nämlich aus der Morphogenese eine Wissenschaft »im wahren und strengen Sinn« zu machen, die es mit Physik und Chemie aufnehmen kann. Konkret soll seine Biowissenschaft wie eine Physik betrieben werden, denn »wir können nur auf die leiseste Ahnung einer dynamischen Morphologie hoffen, solange nicht der Physiker und der Mathematiker unsere Probleme zu den ihren gemacht haben«. Thompson meint, dass »in Bezug auf den Bau, das Wachstum und die Funktion des Körpers wie für alles körperlich Irdische [...] die physikalische Wissenschaft unser einziger Lehrer und Führer« ist.

Aber sind Probleme des Wachstums und der Formwerdung im Wesentlichen tatsächlich physikalische Probleme, die einer mathematischen Lösung harren? Hinter dieser Überzeugung lauert das Diktum von Galileo Galilei, dass Gott ein Mathematiker ist und das »Buch der Natur« in der Geometrie verfasst hat. In diesem Buch vertreten wir eine andere Ansicht: Wenn man an der Metapher vom »Buch der Natur« festhalten will, sollte man sich Gott eher als einen Dichter vorstellen und die Geschöpfe der Welt als Kunstwerke, die Wachstum und Form einer Kreativität verdanken, nämlich der eigenen. Das Leben schafft sich selbst. Und was im Lauf der Ontogenese, der Entwicklung eines Lebens aus einer befruchteten Eizelle heraus, wirklich passiert, birgt noch viele (und eigentlich immer mehr) Geheimnisse, wenn die dazugehörigen Forschungen auch ständig neue Zusammenhänge und Mechanismen ans Licht befördern. Man kann staunen über das, was man weiß, und sich noch mehr wundern über das, was man noch nicht weiß, aber wissen möchte.

Das Werden einer Fliege

Natürlich will man aber langfristig verstehen, wie Menschen sich im Verlauf ihrer embryonalen Lebensphase entwickeln. Es gibt dazu eine Fülle von farbenprächtigen Darstellungen (zum Beispiel in einem von Ulrich Drews verfassten *Taschenatlas der Embryologie*), die etwa zeigen, wie aus anfänglichen Neuralleisten lernbereite Gehirne werden. Aber die genetische Forschung kommt diesbezüglich am besten mit der Fliege zurecht. Und zu ihrer Überraschung und zu unserem Glück konnten die Genetiker dabei auch vieles über den Menschen und die Anlage seiner Entwicklung lernen. Trotzdem muss man im Auge behalten, dass Fliegen wie *Drosophila* ihre Eigentümlichkeiten und biologischen Besonderheiten aufweisen.

Nachdem ein Fliegenei nach einer Kopulation von Männchen und Weibchen befruchtet worden ist, teilt sich – wie bei vielen anderen Insekten, aber im Gegensatz zu den meisten Wirbeltieren – zunächst nicht die ganze Zelle. Dies bleibt dem Zellkern vorbehalten, der eine Reihe von raschen Verdopplungen erfährt. Dabei werden ein paar Tausend von solchen Kapseln für das Erbgut mit den dort auf Chromosomen verteilten DNA-Molekülen produziert. Die vielen Kerne stellen sich dann entlang der Zellhülle wie eine Lichterkette an einer Stadtmauer dar. Das wachsende Fliegenleben sieht wie ein längliches Gebilde aus, wobei sich durch ein Mikroskop aber Vorn und Hinten und Oben und Unten gut unterscheiden lassen. Diese Orientierung gelingt dem Embryo von innen her mithilfe seiner genetischen Anlagen.

Nachdem die Zellkerne ihre abrundenden Randpositionen eingenommen haben und dort zunächst einen Strang bilden, stülpt sich die Zellhülle nach innen und faltet sich so, dass dabei einzelne Kompartimente entstehen, in denen schließlich jeweils ein Zellkern zu finden ist. Damit sind Zellen im werdenden Leben entstanden, und von dem Augenblick an beginnt die genetische Arbeit an den Fliegenformen.

So klein der frühe *Drosophila*-Embryo auch wirkt: In ihm laufen eine Fülle von biochemischen Reaktionen und physikalischen Vorgängen (etwa die einer Diffusion) ab, deren Details hier unerwähnt bleiben, da wir den Blick auf das genetische Geschehen konzentrieren. Damit ist das regulierte Agieren von DNA-Abschnitten gemeint, die nachweislich in die Gestaltung eingreifen (ohne dass auf der molekularen Ebene bislang klar ist, was die Moleküle hierfür mechanisch unternehmen und durch welche Produkte sie auf welche Weise ihre morphogenetische Wirkung tatsächlich entfalten). Mit anderen Worten: Die alte Frage von Sturtevant aus dem Jahr 1932 – »Wie bringen Gene ihre Wirkungen zustande und dabei einen Organismus mit seiner Gestalt hervor?« – bleibt auch heute noch offen, sie wartet auf mögliche Antworten und bietet viel Platz für fantasievolle Vorschläge, die über das rein Deskriptive vieler Standarddarstellungen hinausgehen.

Moderne Lehrbücher der Zellbiologie können zu Sturtevants Frage eine erste und verlässliche Auskunft liefern und die Richtung vorgeben, in der sich das Denken entfalten muss. Demnach beherrscht ein ganzes Konglomerat von Gengruppen, also eine Art von Gensystem, das Werden des Embryos, wobei die Ensembles im Amerikanischen als »egg-polarity genes« geführt werden, also als Gene für die Polarität der Zellen in dem sich entwickelnden Ei. Es geht hier um Gene, die dazu dienen, dem sich entwickelnden Ei eine räumliche Ordnung zu geben und die Pole »vorn« und »hinten« so festzulegen, dass die weiteren Entwicklungen sich daran orientieren können und es klar ist, wo der Kopf mit seinen Antennen und wo die Beine mit ihren Muskeln hingehören (was auch durcheinander geraten kann). Offenbar ist es der Natur neben der Verankerung von Orientierung auch gelungen, einen Weg zu finden, auf dem das Ei herausfinden und wissen kann, wo vorn und hinten ist. Irgendwie sollten die Erbanlagen darüber informiert sein, ob sie ihre Tätigkeit in Zellen am vorderen oder hinteren Ende entfalten. Welche Signale dabei wie von der DNA wahrgenommen werden, verraten die Lehrbücher und andere Schriften bislang jedoch nicht.

Zu den am besten bekannten Schritten der Formwerdung gehört die Einteilung des heranwachsenden Fliegenkörpers in Segmente. Für diese eher schlicht wirkende Aufgabe sind drei Gengruppen zuständig. Aus den verschiedenen Segmenten wachsen später die unterschiedlichen Organe einer *Drosophila*, also zum Beispiel die Kopfpartien, der Thorax und der Unterleib. Zuständig für das Ausarbeiten der Abschnitte im Fliegenkörper sind sogenannte Segmentierungsgene, was aus professoralem Mund zwar gelehrt klingt, aber nicht zu erkennen gibt, was die dazugehörigen DNA-Bereiche können und unternehmen. Gene selbst segmentieren nichts. Sie setzen nur molekulare Abläufe in Gang, an deren Ende etwas Ganzes dasteht, selbst wenn es noch so klein ist.

Bei den gerade erwähnten Genen mit der Aufgabe der Segmentbildung lassen sich erneut drei Gruppen unterscheiden, die eine nach der anderen in Aktion treten. Die meisten dieser Gene sorgen für Proteine, die an der Regulation der Transkription beteiligt sind, wie die Lehrbücher versichern. Dies hört sich einerseits vertraut an – Gene machen Proteine –, enttäuscht andererseits jedoch. Denn wieder klingt es so, als ob man Bescheid wüsste, doch mehr ist derzeit nicht darüber zu erfahren. Es gilt einfach zur Kenntnis zu nehmen, dass die Genetiker neben den Segmentierungsgenen noch weitere Gengruppen identifizieren können. Die sogenannten *Lücken-Gene*, *Paarregel-Gene* und *Segmentierungspolaritäts-Gene* sorgen zusammen dafür, dass in einem Embryo auf offenbar genetisch koordinierte Weise ständig kleiner werdende Domänen angelegt und eingerichtet werden. Aus diesen Domänen wachsen zuletzt die zum Leben benötigten Organe – also die Flügel, die Augen, die Schwingkölbchen, die Beine und andere. Parallel zu den skizzierten feiner werdenden Segmentierungen agiert eine andere Gruppe von regulativen Genen, die *Homöogene*, in der Literatur manchmal auch als *Hox-Gene* bezeichnet. Das x in Hox kommt von einem Stück DNA, das in

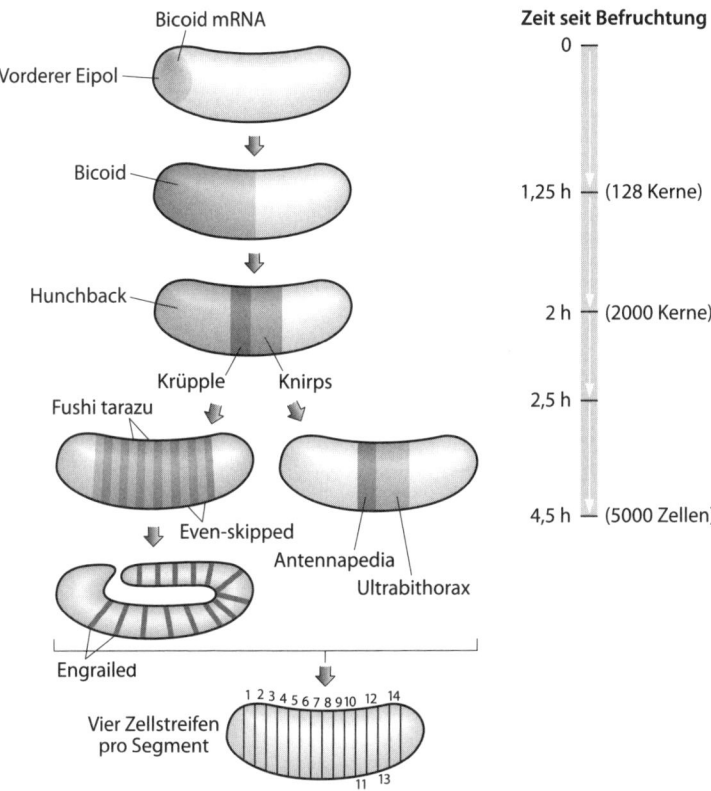

Within the figure:

Bicoid mRNA

Zeit seit Befruchtung

0

Vorderer Eipol

Bicoid

1,25 h — (128 Kerne)

Hunchback

2 h — (2000 Kerne)

Krüpple   Knirps

Fushi tarazu

2,5 h —

Even-skipped

Antennapedia

Ultrabithorax

4,5 h — (5000 Zellen)

Engrailed

Vier Zellstreifen
pro Segment

1 2 3 4 5 6 7 8 9 10 12 14

11 13

Wenn sich eine Fliege entwickelt, entstehen durch eine Genkaskade Segmente, von denen aus sich dann die Organe – etwa Antennen oder Flügel – bilden können. Eine raffiniert orchestrierte Kette von Aktivität, die dem Leben Gestalt gibt.

sämtlichen Homöogenen zu finden ist und Homöobox heißt. Die Genprodukte der Hox-Gene sind Transkriptionsfaktoren, die die Aktivität anderer, funktionell zusammenhängender Gene im Verlauf der Morphogenese steuern. Die Basenpaare der Homöobox sind bei den Hox-Genen aller Tierarten ähnlich, doch dazu später mehr. Jedenfalls lässt sich damit endlich der Blick auf das ganze Leben erweitern, und es wird möglich, den Schritt von den Fliegen auf andere Lebensformen und ihre Entwicklung zu tun.

Wie vermutlich schon diese äußerst kurze und eher oberflächliche Zusammenstellung von biologischen und organisatorischen

Abläufen im Werden einer Fliege erkennen lässt, ertrinkt ein Außenstehender leicht in der Datenfülle und im Detailreichtum des genetischen Geschehens, ohne Orientierung zu bekommen. Es ist offenkundig, dass selbst (oder gerade) die sorgfältigste Beschreibung mehr zur Verwirrung als zur Klärung der Embryogenese beiträgt, wobei das Nichtwissen und die Ratlosigkeit normalerweise den philosophischen Geist wecken und locken. Das Nachdenken ist aufgefordert, das zu liefern, was schmerzlich vermisst wird, nämlich ein theoretisches Gerüst, mit dem sich all die vielen Beobachtungen und Kenntnisse begreifen und in einem übersichtlichen Bild zusammenfassen lassen. Die schon angesprochene Metapher der Kunst kann in einem ersten Schritt vielleicht dazu beitragen, sich solch ein Bild zu verschaffen. Wer sollte das auch sonst vermögen?

Das Programm für die Gene

In der Physik hat man im Lauf der Jahrhunderte viele Wechselwirkungen kennengelernt, die auch im Leben eine Rolle spielen, für die gesamte Biologie jedoch nicht ausreichen. Hier verlangt der forschende Geist eine koordinierende Kraft, die man, wie erwähnt, früher *vis vitalis* nannte. Mittlerweile meint man, sie in den Genen gefunden zu haben, den »bewegten Bewegern« der Organismen. Doch schon der bisherige Blick auf die zwar wundersame, aber bei aller Raffinesse doch eher schlichte Embryologie der Fruchtfliege macht deutlich, dass es nicht reicht, mit den Fingern auf irgendwelche Gene zu zeigen, um den Ablauf der Entwicklung im Überblick und verständlich darstellen zu können. Gene sorgen meistens und eigentlich nur für Proteine – aber was passiert mit ihrer Hilfe auf welche Weise und mit ihren Qualitäten nach ihrer Anfertigung?

Die Genetiker haben spätestens in den 1960er-Jahren bemerkt, dass in einem biologischen Rahmen auf eine direkte Kausalität im Sinne der Physik nicht zu hoffen ist und andere Prinzipien der Verursachung oder der Wechselwirkung eine Rolle spielen müssen. Zwar ist die Schwerkraft der Grund für das Fallen von Gegenständen, aber ein Gen kann nicht der Grund für die Farben von Augen sein. Es ist ein langer Weg von den DNA-Molekülen in den Zellen zu dem Aussehen des Organismus, der aus ihnen gebaut ist, und eine Frage der Biologie lautete stets, wer auf diesem Weg das Sagen hat (und wer zuhört).

Ende der 1960er-Jahre schien sich eine Antwort abzuzeichnen. 1968 kam ein großer Kenner der Evolution und der biologischen Gedankenwelt, der aus Deutschland stammende und zuletzt in Harvard tätige Zoologe Ernst Mayr, auf die Idee, sich in der damals entfaltenden Welt der Computer zu bedienen, und er schlug höchst konkret und voller Überzeugung vor, das Wirken der Gene mit einer Metapher aus dem Reich der neuen Maschinen verständlich werden zu lassen. Mayr meinte, dass biologische Entwicklungsvorgänge nach und mit einem genetischen Programm ablaufen, wobei er unter einem solchen Programm »a coded or prearranged information« verstand, »that controls a process (or a behaviour) leading to a given end«. Das Leben entfaltet sich also in Mayrs Sichtweise nach und mit einem genetischen Programm, das aus einer kodierten oder vorgefertigten Information besteht. Diese Information kontrolliert einen Prozess, der auf ein gegebenes Ende zuläuft – wobei mit diesem Zielpunkt der lebensfähige Organismus und seine organisiert angelegten und im Takt funktionierenden Zellen gemeint sind.

Wenig später, im Jahr 1970, hat der französische Molekularbiologe François Jacob ebenfalls diese Ansicht vorgetragen. Seinem Buch *Die Logik des Lebenden* stellt er eine Einführung voran, die mit »Das Programm« überschrieben ist. In deren Verlauf verkündet Jacob seine Überzeugung, dass »im Organismus ein von der Vererbung vorgeschriebenes Programm verwirklicht« wird. Das Ziel eines Lebewesens besteht Jacob zufolge darin, »für die folgende Generation ein völlig gleiches Programm vorzubereiten«, womit dasselbe gemeint ist, wie »sich zu reproduzieren«. Jacob versteht eine Zelle nicht nur so, dass in ihr der Text für ein genetisches Programm steckt, nach dem sie ihr Leben entfaltet. Sondern ihm leuchtet auch die Sprechweise ein, die Mayr ebenso schätzte und in der es heißt, dass Zellen so programmiert sind, dass sie sich immer wieder teilen – wobei leider niemand verrät, wo der entsprechende Programmierer sitzt und wie er tickt.

Die beiden Befürworter eines genetischen Programms für das Leben und in den Zellen haben ihre hier zitierten Worte in den Jahren geschrieben, in denen sich das Konzept der Information immer deutlicher aus wissenschaftlichen Bereichen wie denen der Nachrichtentechnik löste und in biologische Zusammenhänge eingebunden wurde. Es wurde nun bald zur lässigen Routine, von der genetischen Information zu sprechen, die in der DNA gespeichert sei, ohne dass jemand ernsthaft nach ihrer Bedeutung fragte. In der gleichen Phase der Geschichte kamen die ersten Rechenmaschinen auf den Markt, die sich tatsächlich, zunächst noch mit Lochkarten, programmieren ließen. Programmieren – nach dem griechischen Begriff *programma*, mit dem etwas Vorgeschriebenes, eine Vorschrift also, gemeint ist – sollte in diesem Zusammenhang heißen, dass zwei Dinge genau zueinander passen mussten, nämlich ein (vorgeschriebener) Text – eine Abfolge von Symbolen – und eine (nachgemachte) Reihenfolge von Arbeitsschritten, die eine Maschine durchführte. Dabei orientierte sich die Maschine an dem vorgeschriebenen Text, den Programmierer in einer Computersprache geschrieben hatten. Ausdrücke wie Information, Code und Regulierung, die aus der Welt der Maschinen, der Rechenmaschinen, kamen, drangen in die Lebenswissenschaften vor, deren Vertreter schließlich auch Gefallen an der Idee eines genetischen Programms fanden.

Sie halten daran nicht nur bis heute fest, sondern verstehen immer mehr, was Zellen unternehmen und leisten können. Zudem hat dieses Konzept den Vorteil, einen Begriff – eben *das Programm* – zu benutzen, das aus vielen Zusammenhängen vertraut ist. Längst kann man in Fachzeitschriften ganz selbstverständlich von einer Um- oder Reprogrammierung des Lebens lesen, womit gemeint ist, dass bereits spezialisierte Zellen zu Stammzellen zurückgebildet werden, die dann erneut ihr Programm abspielen oder abspulen. Und als der Baseler Biologe Walter Gehring zu Beginn des 21. Jahrhunderts in seinem gleichlautenden Buch die Frage erörterte, »Wie Gene die Entwicklung steuern«, zeigte er sich ganz sicher, die Antwort im Ganzen zu kennen: »Die Gesamtheit unserer Gene enthält ein genaues Programm, nach welchem wir uns entwickeln«, schrieb Gehring, um hinzuzufügen, dieses Programm »steckt auch die Grenzen ab, innerhalb derer sich Umwelteinflüsse auswirken können«. Zwar verrät Gehring seinen Lesern nicht, wie die Umwelt es konkret schafft, Kontakt mit den Genen aufzunehmen und ihnen informative Signale zu senden, aber er glaubt fest daran, dem Leser im Verlauf seines Buches erklären zu können, »wo und in welcher Form dieses genetische Programm niedergeschrieben« ist.

Die Kunst der Gene

Es ist erstens leicht und zweitens verlockend, zu sagen, dass die oben vorgestellten Segmentierungsgene von *Drosophila* ein Programm für die Bildung der Körperabschnitte enthalten, und es ist ebenso leicht und verlockend, zu sagen, dass das gesamte genetische Material von Zellen (und damit des aus ihnen bestehenden Organismus) ein Programm für das Entstehen eines Körpers mit seiner Formenvielfalt enthält. Aber erfasst diese Sprechweise etwas von Bedeutung? Hilft sie dem Verständnis des Lebens und seiner Ontogenese?

Das Vertrackte an dem Begriff »Programm« ist, dass ihn jeder kennt und er spielend leicht die Lücke füllt, die der Wunsch nach kausalen Erklärungen hinterlässt, wenn die Angebote der Physik nicht mehr auszureichen scheinen. Doch wenn man anfängt, das Wort »Programm« ernst zu nehmen – und eine Abneigung dagegen verspürt, Menschen wie Maschinen zu verstehen und beide als programmiert anzusehen –, dann kommt man rasch in die Bredouille. Zwar ist die Neigung verständlich, in einer digitalisierten Welt von den Computern zu lernen, aber anders als die Lebewesen machen sich die Laptops und iPads nicht selbst. Und außerdem kennt man Personen, die explizit als Programmierer dieser Geräte ausgewiesen und dafür ausgebildet worden sind. Programmierer einer Fliege oder gar eines Menschen sind nirgendwo zu finden, und selbst einen entsprechenden Mechaniker, der mit den programmierten Anleitungen das Leben zustande bringt, das Menschen kennen und führen, hat noch niemand gesichtet. Organismen machen sich selbst, und sie können dabei nur dann einem genetischen Programm folgen, wenn es etwas gibt, das mit diesen Vorschriften arbeitet, ohne selbst hergestellt worden zu sein.

Damit wiederholt dieses Computerdenken beim Leben nur den uralten Fehler der frühen Biologen, die bis ins 19. Jahrhundert hinein davon überzeugt waren, dass es eine besondere Lebenskraft braucht, um zu verstehen, wie Organismen funktionieren. Die Idee eines genetischen Programms zieht das vitalistische Kaninchen unter anderem Namen erneut aus dem Zylinder, um das Leben durch etwas zu erklären, das selbst unerklärt bleibt. Selbst die Idee, das Leben und seine Möglichkeiten dadurch zu erfassen, dass wie bei einem Computer zwischen einer Software, nämlich den Genen und ihrer DNA, und einer Hardware, nämlich den Proteinen und ihren Strukturen, unterschieden wird, taugt nicht viel. Denn ein Laptop (die Hardware) kann unabhängig von einer Software produziert und angeboten werden, und das Gerät ist ganz sicher nicht von den Programmen hergestellt worden, die später auf ihm laufen und ihm seine Qualitäten verleihen.

Ganz allgemein gilt es, regelmäßige Abläufe von programmierten Prozessen zu unterscheiden und sich klarzumachen, dass die erstgenannten in der Überzahl sind. Auch da schleicht sich heute die Sprache der Computer ein, indem man erwartet, regelmäßiges Geschehen durch Algorithmen – also durch Rechenvorschriften in endlich vielen Schritten – erfassen zu können.

Wer sich den Unterschied zwischen regelmäßigen und programmierten Ereignissen vor Augen führen will, kann an einen Theaterabend denken, bei dem es das Spiel auf der Bühne und das Verhalten der Zuschauer im Saal gibt. Was die Schauspieler vortragen, ist durch den Text des Stückes vorgegeben und insofern, wörtlich verstanden, programmiert. Es ist daher jeden Abend (fast) dasselbe. Was auf den Zuschauerplätzen passiert, ist auch jeden Abend (fast) dasselbe. Nur ist es nicht programmiert, sondern bloß regelmäßig, wobei die Regeln von Land zu Land und von Anlass zu Anlass verschieden sein können. Wie im Theater läuft das meiste im Leben zwar schön regelmäßig ab, aber das bedeutet nicht, dass jemand dafür ein Programm verfasst hat.

Wenn man es genau nimmt, gibt es allerdings eine Stelle in den genetischen Abläufen, die es verdient, »programmiert« genannt zu werden. Und das ist die Stelle, an der die lineare Folge der DNA-Bausteine (die Gensequenz) in eine ebenso lineare Folge von Bausteinen eines RNA-Moleküls übertragen wird, mit dessen Hilfe eine Zelle dann das gewünschte Protein hinbekommt. Die Anfertigung einer RNA-Sequenz nach einer DNA-Sequenz erfolgt nach der Vorschrift in den Genen, und dieser Schritt vollzieht sich demnach programmiert. Was danach kommt, hängt nicht mehr an dieser genetischen Leine. Vor allem die Struktur, die ein Protein annimmt, hängt erheblich von dem Milieu der Zelle ab, in dem es tätig werden soll. Einem genetischen Programm folgt an dieser Stelle niemand mehr.

Wenn die Maschinen-Metapher aber wenig hilft und durch ihre verbreitete Verwendung eher vernebelt, was in einer Zelle und im Leben passiert, was kann dann an ihre Stelle gesetzt werden?

Wie erwähnt, hat der britische Evolutionsbiologe Enrico Coen vorgeschlagen, sich bei der menschlichen Kreativität zu bedienen, und er meint damit vor allem die Formen des künstlerischen Schaffens, wie sie sich beim Malen zeigen. Wenn jemand ein Bild auf ein Blatt Papier zeichnen oder Farben auf eine Leinwand auftragen will, dann fängt alles mit einer Idee im Kopf an, wobei dieser Kopf einer Person gehört, die in einer bestimmten Kultur agiert und ihre Lebenserfahrungen gemacht hat. Die auszuführende kreative Idee verdankt sich also historischen Vorbedingungen und fällt nicht aus einem heiteren Himmel. Diese geschichtliche Abhängigkeit findet sich auch im Genom, das im Lauf einer Evolution entstanden ist und ganz sicher auch Spuren der Umwelt aus jüngster Vergangenheit aufweist, wie später noch ausführlicher behandelt wird.

So wie im Gehirn des Künstlers die Idee des Bildes steckt und sich zeigen will, steckt im Genom eines Menschen oder einer Fliege die Idee zu diesem Wesen, die sich ebenfalls zeigen und entfalten will. Und so wie ein Maler jeden Strich, den er in sein Werk steckt, abhängig von dem macht, was vorher schon zu sehen war – was also von ihm wahrgenommen worden ist –, so bringt auch die biologische Entwicklung nur Strukturen hervor, die von dem Kenntnis haben, was schon vorliegt. Das Erbgut kann nur funktionieren, wenn es »ein hoch sensitives Organ der Zelle« ist, wie die berühmte Biologin Barbara McClintock einmal gesagt hat, »das zum einen die genetischen Aktivitäten überwacht und die gewöhnlichen Fehler korrigiert, und das zum anderen ungewohnte Ereignisse wahrnimmt und auf sie eingeht«.

Worauf es bei diesem Nebeneinander von menschlicher Kreativität und biologischer Entwicklung vor allem ankommt, ist die Tatsache, dass der Künstler und sein Kunstwerk ebenso wenig voneinander zu trennen sind wie das Erbgut von seiner Kreation. Das Machen und das Gemachte, der Macher und das Machen – sie hängen zusammen, in der Kunst wie im Leben, und es ist schön, dass die deutsche Sprache dafür ein passendes Wort hat, auch wenn es heute mehr in einem oberflächlichen Sinn gebraucht wird. Gemeint ist das Wort »Bildung«, in dem das Bilden und das Gebildete zusammenfinden und mit dem die Möglichkeit gegeben ist, bei den Entwicklungsvorgängen von der Bildung des Lebens zu sprechen, von der Bildung einer *Drosophila* ebenso wie von der Bildung eines Menschen.

Natürlich erklärt die metaphorische Verwendung der Kunst weder, was auf der molekularen Ebene noch was auf der organischen Ebene im Detail passiert. Aber das gelingt dem »genetischen Programm« erst recht nicht, und die vielen Beschreibungen und Namensnennungen der Lehrbücher bleiben ebenso viel schuldig. Natürlich wehrt man sich irgendwie dagegen, das Malen von Rembrandt oder Rubens mit dem Agieren von Genen und Genomen zu vergleichen. Aber immer dann, wenn Rembrandt malt, kommt ein Rembrandt und eben kein Rubens dabei heraus, und bei den Genen ist es genauso. Denn wenn sich ein humanes Genom entfaltet, kommt keine Fliege, sondern ein Mensch zustande, und zwar immer ein anderer, wie auf den Leinwänden von Rembrandt und Rubens. Zudem wird dem Leben vermutlich mehr Wert zugemessen, wenn wir seine Entstehung mit dem Anfertigen eines Kunstwerks vergleichen. Mit einem solchen gehen Menschen vorsichtiger um als mit Maschinen, selbst wenn auf diesen raffinierte Programme laufen. Vielleicht gehen Menschen insgesamt vorsichtiger mit Genen um, wenn sie wissen, welche kreative Kraft in ihnen liegt und sich ausdrücken kann und will.

Merkwürdige Mutanten

Bevor wir uns nun wieder den Homöo- oder Hox-Genen widmen, ist ein weiterer Rückblick nötig auf die Tage, in denen die Genetik noch in den Kinderschuhen steckte. Nach den frühen genetischen Anfängen mit *Drosophila* fand man in den Jahren nach dem Zweiten Weltkrieg bekanntlich den Weg in die Molekularbiologie bis hin zur Doppelhelix aus DNA. Bei dessen erfolgreicher Begehung stellte sich im Lauf der Zeit deutlich heraus, dass Gene grundsätzlich agieren, indem sie eine Zelle in die Lage versetzen, Proteine anzufertigen. Daraufhin werden diese flexiblen Makromoleküle dann auf ihre Weise höchst vielfältig tätig. Weitere Details schienen die Pioniere dieser Genetik nicht unbedingt zu interessieren, und so verkündeten sie in den 1970er-Jahren stolz, die Entwicklung der lebendigen Formen sei aus einer genauen Kenntnis der molekularen Mechanismen heraus zu verstehen, mit denen eine Zelle ihre Gene kontrolliere und nutze.

Irgendwann dämmerte es einigen ihrer Vertreter dann aber doch, dass die von ihnen erkannten Mechanismen insgesamt ziemlich langweilig wirkten und keinerlei Tiefe einer kunstfertigen Gestaltbildung ausloteten. Die molekularen Wechselwirkungen allein reichten auf keinen Fall dazu aus, die Prinzipien der Organisation verständlich zu machen, nach denen all die passenden Teile zusammengesetzt werden, die das grazile Ganze eines Organismus ausmachen und ihm seine intakte Lebensfähigkeit geben. Irgendwann merkte auch der radikalste Verehrer des molekularen Denkens (also ein Reduktionist, philosophisch gesprochen), dass die dramatisch ablaufende, kunstvolle Dynamik der biologischen Entwicklung nicht mit ein paar chemischen Kniffen und einem genetischen Code zu bewerkstelligen ist und es sehr viel mehr Fantasie braucht, um die »geprägte Form, die lebend sich entwickelt« (wie es Goethe in seinen orphischen Urworten ausgedrückt hat) nicht nur beschreiben, sondern genetisch begreifen zu können.

Goethe weist diese Worte dem dämonischen Mephisto zu. Die Philologie merkt dazu an, dass der Schöpfer des Faust und seines Teufels im Dämonischen nicht unbedingt etwas Bösartiges sah. Vielmehr meinte er damit eine wirkende Gewalt – wissenschaftlich betrachtet eine Energie –, »die kein Philosoph erklärt und über die sich der Religiöse mit einem tröstenden Wort hinaushilft«.

Geprägte Form, die lebend sich entwickelt: Das bedeutet, dass es etwas Gewaltiges und Energiegetriebenes gibt, dem das Leben seinen Reichtum an Gestalten verdankt. Dieser Reichtum ist im Erbgut angelegt und tritt im Prozess des Daseins sichtbar als Bildung hervor, und zwar in einem »genetischen Prozess des organischen Werdens«, wie Goethe es formuliert hat.

Der Zugriff der genetischen Wissenschaft auf diese ästhetischen Bildungen des Lebens beginnt – wie so oft in diesen Räumen der Forschung – mit der Analyse von Abweichungen und Variationen, sprich mit dem Auftreten von Mutationen, und zwar diesmal mit einer besonders auffälligen Klasse von ihnen. Bei ihren zahlreichen Experimenten waren bereits den *Drosophila*-Pionieren merkwürdige Dinge vor die Augen oder unter das Mikroskop gekommen, mit dem sie die Anatomie und Lebensweise ihrer Winzlinge betrachteten. Selbst in ihrer wimmelnden Welt gab es Monster, bei denen sich an den Stellen, an denen sonst Antennen aus dem Köpfchen ragten, plötzlich Beine zeigten. Sie wurden unter dem Namen *Antennapedia* bekannt und gesellten sich anderen merkwürdigen Fliegen hinzu, die bald *Bithorax* getauft wurden, weil an einem Brustbereich, an dem im Normalfall ein Gebilde namens Schwingkölbchen saß, das den Flug der Fliege stabilisierte, ein zweites Flügelpaar gewachsen war.

So neu diese Varianten in den Laboratorien der Fliegenforscher auch waren: Für die klassischen Genetiker in der freien Natur stellte diese Art der Veränderung etwas Vertrautes dar. Bereits 1894 hatte der Brite William Bateson ein Insekt gefunden und beschrieben, bei dem der äußere Abschnitt einer am Kopf sitzenden Antenne wie ein Bein ausschaute. Bateson war bei seinen Streifzügen durch die Natur sogar ein Krebs aufgefallen, bei dem ein Auge fehlte, wobei an dessen Stelle eine Antenne gewachsen war. Der Forscher kannte zudem Wirbeltiere, bei denen statt eines Halswirbels ein Brustwirbel zu finden war, und manches mehr. Der Brite stellte seine Sammlung von Kuriositäten in dem Buch *Materials for the Study of Variation* vor, in dem er den gerade geschilderten Mutationen auch einen eigenen, natürlich griechischen Namen gab. Dieser Name klingt beim ersten Hören zwar vertrackt, konnte sich aber durchsetzen und führte sodann zu einer wesentlichen Abkürzung. Bateson griff auf das Wort *homoiosis* zurück, das im Griechischen »Angleichung« bedeutet und auf Ähnlichkeiten verweist, wie sie etwa ein schlankes Bein und eine längliche Antenne zeigen, wenn man nur an ihre Form und nicht an die Funktion denkt. Wenn ein geeignetes Organ an einem falschen Ort – ein Bein am Kopf oder eine Antenne für ein Auge – erschien, führte Bateson dies auf eine Homöosis (oder Homeosis) zurück, einen Ersatz durch etwas Vergleichbares. Er sprach von einer homöotischen (oder homeotischen) Mutation, die er in einem Homöogen (oder Homeogen) verortete. Dies konnte er natürlich erst tun, nachdem das Wort »Gen« im frühen 20. Jahrhundert seine Einführung in die Wissenschaft der Vererbung erlebt hatte, die Bateson selbst als Erster im Jahr 1906 als »Genetik« bezeichnet hatte.

Während der Brite nur postulieren konnte, dass Lebewesen wie Insekten und Krebse über solche gestaltbildenden homöotischen Gene verfügen, konnten die *Drosophila*-Forscher in ihren Fliegenräumen den experimentellen Nachweis dafür erbringen. Am zügigsten kam die Untersuchung der Variante mit zwei Flügelpaaren voran, die als *Bithorax* geführt und analysiert wurde.

Zum ersten Mal war das doppelflügelpaarige Wesen bereits 1915 in den Laboratorien und den Flaschen aufgetaucht, in denen die Fruchtfliegen gehalten wurden. Damals konnten sich seine Entdecker zunächst aber nur verwundert die Augen reiben, um anschließend zu prüfen, ob die Gestaltmutation von einem oder von mehreren Genen abhing. Wie die Nachprüfung zeigte, schien die Veränderung eines einzigen Gens auszureichen, um homöotische Exemplare von Fliegen mit zwei Flügelpaaren hervorzubringen.

Doch so schön das Ergebnis war, es konnte zunächst nicht weiterverfolgt werden, da vor den 1960er-Jahren niemand herauszufinden oder zu sagen vermochte, was ein Gen denn konkret ausrichtet, wenn es losgelassen wird. Auf diese Frage konnte erst seit jenen Tagen eine vorläufige Antwort gegeben werden, in denen sich die Bioforscher von den Fliegen ab- und den Bakterien zuwandten (wobei die dogmatische Auskunft der Mikrobiologen, dass aus einem Gen ein Protein wird, selbstverständlich nicht unmittelbar zum Verständnis der Bithorax-Fliegen beigetragen hat).

Es ist nun mal ein langer und verzweigter Weg von den Molekülen einer Zelle bis zum Aussehen oder Verhalten eines Lebewesens mit seinen Milliarden von koordinierten Einheiten, und zwar sowohl historisch gesehen als auch innerhalb eines Organismus. Wenn verstanden ist, wie aus den informativen DNA-Abschnitten in einem Kern die aktiven Moleküle geworden sind, die zum lebensnotwenigen Stoffwechsel gehören und mit ihren chemischen Reaktionen das Zellgeschehen ermöglichen, bleibt immer noch ungeklärt, wie auf dieser Grundlage in diesem an sich homogenen Brei ein Flügel oder ein Bein gebildet wird und wieso das auch noch an einer unpassenden Stelle passieren kann. Die molekulare Erklärung der Genwirkung, die zur Anfertigung eines entsprechenden Produkts führt, hilft bei der Frage, wie das Leben seine Gestalt und seine Formen bekommt, bestenfalls auf winzige Weise weiter, wenn überhaupt. Gene sorgen natürlich für Proteine, und zwar massenhaft, und so muss es in den Zellen und zwischen diesen aktiven Katalysatoren einen besonderen Komplex von Wechselwirkungen geben, um Beine und Antennen und Flügel zur richtigen Zeit an den richtigen Stellen mit dem richtigen Aussehen entstehen zu lassen. Der enge Blick auf das molekulare Dogma versperrt da eher die nötige Weitsicht auf die Entwicklung der Lebensformen, die es zu erklären gilt. Trotz rasanter Fortschritte der technischen Möglichkeiten gelingt das nach wie vor nur sehr langsam – wenn dies überhaupt der Fall ist, wie in späteren Abschnitten dieses Buches noch zu diskutieren ist.

Was die Bithorax-Fliegen angeht, so scheint die Wissenschaft dabei etwas Verständnisvolles geliefert zu haben; schließlich hat die Schwedische Akademie der Wissenschaften im Jahr 1995 den Nobelpreis für Medizin an ein Forscherteam für Erkenntnisse »über die genetische Kontrolle der frühen Embryonalentwicklung« verliehen, zu der auch das doppelte Flügelwachstum gehörte. Zu den damals ausgezeichneten Professoren gehörte der Amerikaner Edward B. Lewis, der sich sein Leben lang mit der *Drosophila* beschäftigt und in den frühen 1940er-Jahren sogar noch mit den Pionieren der Fliegengenetik zusammengearbeitet hat. Seit den 1950er-Jahren kümmerte sich Lewis um die Bithorax-Mutanten, und im Verlauf seiner Arbeit merkte er, dass es hier etwas Besonderes gab, also nicht nur die Alternative Schwingkölbchen oder Flügel. Lewis konnte vielmehr an einigen Mutanten beobachten, dass es möglich war, nur eine Hälfte des Schwingkölbchens gegen eine Flügelhälfte zu tauschen, und nach und nach dämmerte es ihm, dass mehr als ein Gen am Auftreten der Flügelvarianten beteiligt sein könnte. Lewis konnte sodann in endlos langwierigen, geduldig ertragenen und sorgfältig protokollierten Versuchen feststellen, dass es nicht nur ein einzelnes Bithorax-Gen, sondern einen ganzen Bithorax-Genkomplex gab. Dieser bestand aus einzelnen Genabschnitten, die nebeneinander aufgereiht auf den Chromosomen der Fliegen und der dazugehörigen DNA lagen. Die Gene im Bithorax-Komplex erfüllten ihre Aufgabe dadurch, dass sie in der Fliegenlarve für das geeignete Segment sorgten, aus dem im Lauf der weiteren Entwicklung Flügel oder Schwingkölbchen herauswachsen würden.

Lewis hatte also Gene für Larvensegmente gefunden, die deren Identität festlegen und die man daher auch *Identitätsgene* nennen könnte, wie vorgeschlagen worden ist. Lewis selbst sprach von *Masterkontrollgenen*. Dabei ging er davon aus, dass die hochrangigen DNA-Bereiche wie immer agieren, nämlich dadurch, dass sie Produkte – unterscheidbare Substanzen – anfertigen lassen, die dann einem Larvensegment zu seiner Identität verhelfen.*

Der Nobelpreis im Jahr 1995 übrigens ist neben dem bereits erwähnten Fliegenforscher Ed Lewis zwei weiteren Wissenschaftlern zugesprochen worden, und zwar dem deutsch-amerikanischen Team aus Christiane Nüsslein-Volhard und Eric Wieschaus. Die beiden hatten um 1980 gezeigt, wie der Körperbauplan von *Drosophila* schrittweise verfeinert wird. Dabei konnten sie die drei bereits erwähnten Kategorien von Genen unterscheiden, die nacheinander zum Zug kamen, die sogenannten *Lücken-Gene, Paarregel-Gene* und *Segmentierungspolaritäts-Gene*. Mutationen bei den Lücken-Genen betreffen große, Mutationen bei der Paarregel-Genen kleinere Bereiche, die sich auf jedes zweite Segment erstrecken. Die Segmentierungspolaritäts-Gene schließlich wirken sich in jedem einzelnen Segment einer Larve aus. Nüsslein-Volhard und Wieschaus deuteten ihre Erkenntnisse durch die Vorstellung, dass das werdende Leben mit einer groben Skizze des embryonalen Bauplans beginnt, dem anschließend mit dem Rückgriff auf weitere Gentypen immer genauere Einzelheiten hinzugefügt werden. Während sich die Sprache der Wissenschaft an dieser Stelle um Korrektheit zu bemühen hat, ziehen wir erneut die Metapher des Malens zum Verständnis heran: Die erste Skizze wird später mit Details angereichert, bis zuletzt ein vollständiges Bild auf der Leinwand erscheint. Zu den trickreichen Fähigkeiten des sich entwickelnden Lebens gehört es, die Leinwand mitwachsen zu lassen, während sie bemalt wird. Das Ding wird immer größer, während seine Formen ihre Gestalt bekommen, selbst wenn die Fliege zuletzt nur wenige Millimeter misst.

---

* Der Begriff »Identitätsgene« findet sich in Coens Werk *The Art of Genes*. Coen wollte damit den Ausdruck ersetzen, den Lewis eingeführt hat, als er die Bithorax-Anteile als Masterkontrollgene bezeichnete. Er meinte, dass derjenige, der an dieser Stelle Meister des Geschehens auftreten lassen möchte, eher nach Masterproteinen Ausschau halten sollte. Kontrollgene sind die DNA-Abschnitte im Bithorax-Komplex sicher, aber ob man sie als Meister oder Herr im zellulären Haus bezeichnen kann, bleibt fraglich.

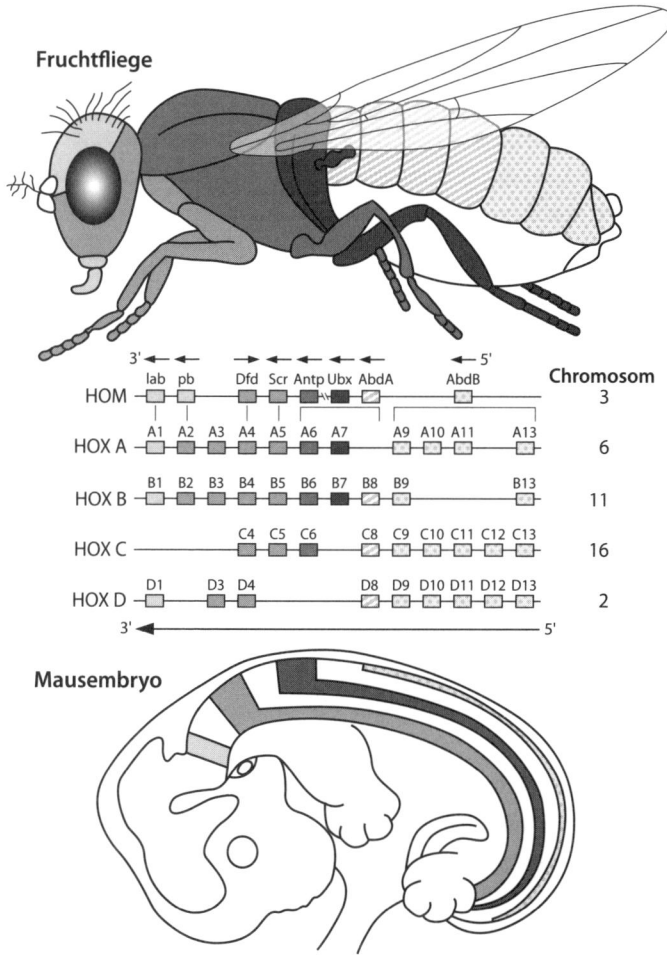

Fruchtfliege

	lab	pb		Dfd	Scr	Antp	Ubx	AbdA		AbdB	Chromosom
HOM											3
HOX A	A1	A2	A3	A4	A5	A6	A7		A9	A10 A11	A13	6
HOX B	B1	B2	B3	B4	B5	B6	B7	B8	B9		B13	11
HOX C				C4	C5	C6		C8	C9	C10 C11 C12	C13	16
HOX D	D1		D3	D4				D8	D9	D10 D11 D12	D13	2

3' ← ← → → ← ← ← ← 5'

3' ←———————————————————————————— 5'

Mausembryo

Verblüffend zu sehen, dass die Natur in der Anordnung der homeotischen Gene auf den Chromosomen bei der Maus ähnlich vorgeht wie bei der Fliege, was den schönen Gedanken an einen genetischen Urplan für alles höhere Leben aufkommen lässt.

Zurück zu den Larvensegmenten: Bei genauer Zählung lassen sich an Fliegenlarven dreizehn Segmente unterscheiden, die durchnummeriert werden. Die Abschnitte ab Ziffer 5 bekommen ihre Instruktionen durch jeweils ein Gen aus dem Bithorax-Komplex, wie Lewis in bewundernswerter Kleinarbeit über die Jahre hinweg ermitteln konnte. Aber wer oder was führt zu den verbleibenden Segmenten? Es sind die Gene eines anderen Komplexes, und zwar desjenigen, der mithilfe der Antennapedia-Mutationen dingfest gemacht werden konnte. Dieser Befund zeigte auch, wodurch sich eine homöotische Variante auszeichnete und herstellte. Während das Antennapedia-Gen normalerweise für das Segment sorgt, aus dem die Antennen wachsen, kann es stattdessen ein Kopfsegment schaffen, aus dem zuletzt ein Bein herausragt. Es bekommt eine zulässige Identität, nur am falschen Ort.

Die Einsicht in diesen Mechanismus galt zwar unmittelbar als wichtiges Ergebnis, aber die eigentliche Überraschung sollte erst noch kommen. Sie trat ein, als sich herausstellte, dass die komplette Gruppe der für die Identifizierung der Segmente zuständigen Gene einen zusammenhängen Block von Genen bildete, den man nicht nur in Fliegen, sondern auch in Würmern, in Mäusen und anderen Säugetieren finden konnte, sogar beim Menschen. Die Rede ist von dem bereits erwähnten Hox-Komplex.

Eine Box

Bevor wir weiter auf diese Entwicklungsgene des Lebens eingehen, stellt sich die Frage, wie das oben angeführte Ergebnis überhaupt möglich wurde. Wohlgemerkt: Man kannte zunächst nur Gene in Fliegen und stellte danach fest, dass es ähnliche (homologe, baugleiche) Gene auch in Fröschen, Fischen, Mäusen und Menschen gibt.

Die Antwort steckt in der »neuen Genetik«. Sie erlaubt es festzustellen, was für Gene auf welchen Chromosomen an welcher Stelle liegen. Erst die Werkzeuge der Gentechnik ermöglichten es, eine ordentliche und eindeutige Zerlegung des genetischen Materials vorzunehmen. Anschließend konnte man diese Stücke in Einzelstränge auftrennen und danach mit einer Sonde prüfen, ob unter diesen schlanken DNA-Fäden welche mit einer bekannten Sequenz zu finden waren.

Das harmlos klingende Wort Sonde bezeichnet dabei etwas, das sich ebenfalls den außerordentlichen technischen Qualitäten der modernen Molekularbiologie verdankt. Eine Sonde besteht aus einem einzelsträngigen Stück DNA, das von einem bekannten Gen abgeleitet ist und nun mit anderen Lebensfäden gemischt wird, bei denen man nach dem »Gegenstück« sucht. Passen die Buchstabenfolgen des zur Suche eingesetzten Stücks mit den entsprechenden Buchstabenfolgen der untersuchten Abschnitte zusammen, werden die beiden Einzelstränge sich zu einer Doppelhelix verbinden, wie durch raffinierte Nachweismethoden festgestellt werden kann.

Als in den 1980er-Jahren das genetische Material erst von Fröschen, dann von Mäusen und zuletzt auch von Menschen mit Sonden untersucht wurde, die nach Sequenzen von Hox-Genen Ausschau halten konnten, fand man zur allgemeinen Verblüffung tatsächlich die gesamte Gruppe der Gene (die bei *Drosophila* aus dem Antennapedia- und dem Bithorax-Komplex besteht) auch im genetischen Material der genannten Tiere. Als zweite Überraschung stellte sich heraus, dass die Reihenfolge der Gene in dem Komplex in allen Fällen die gleiche war, die sich in der Fliege bekanntlich an der Ordnung orientierte, in der die dazugehörigen Organe in dem umherschwirrenden Organismus angebracht werden.

Immer noch erscheint dem Autor diese Einsicht in die lineare Ordnung von genetischen Molekülen, die der räumlich und zeitlich sich vollziehenden Entwicklung dienen, als erstaunlich, ja als geradezu sensationell. Damit zeigte sich überdeutlich, wie der Evolution mit dem Hox-Komplex etwas derart Großartiges gelungen ist, dass sie daran nach der entsprechenden Etablierung unter allen Umständen festhalten wollte. Die Hox-Gene müssen zudem sehr früh im Lauf der Lebensgeschichte geschaffen worden sein, da selbst einzellige Hefen vergleichbare DNA-Sequenzen tragen, wie man inzwischen weiß, auch wenn bei diesen weit verbreiteten Pilzen keine Segmentierung festzustellen ist – was neue Fragen aufwirft.

Wenn es in den Details der Hox-Gene und ihrer Anordnung auch viele feine Unterschiede gibt, so zeigt zum Beispiel der Vergleich zwischen den Fliegen und den Mäusen, dass in beiden Lebensformen im Wesentlichen dieselbe molekulare Maschinerie in Gang gesetzt wird, um aufeinanderfolgenden Regionen entlang einer vom Kopf bis zum hinteren Ende reichenden Achse – von *anterior* nach *posterior*, wie es bei den Embryologen heißt; man spricht deshalb auch von der A-P-Achse – ihre individuelle Charakteristik in Form der jeweils auszubildenden Körperteile zu verpassen. Die anschließende Frage lautet natürlich, welche Produkte die Hox-Gene in die zelluläre Welt entlassen und was diese Proteine anschließend anstellen.

Die Antwort darauf klingt einerseits enttäuschend, andererseits aber auch umwerfend. Enttäuschend, da sich herausstellte, dass aus den Hox-Genen Proteine hervorgehen, die sich an der Transkription von DNA zu schaffen machen. Allerdings sorgen sie dafür, dass damit weiteren Genen »Beine gemacht« werden, deren Produkte sich dann in Form vielfältiger Signalketten organisieren. Mit deren Hilfe bringen sie die Morphogenese zustande, auf die es letztlich ankommt. Hox-Proteine stehen am Anfang einer sich verzweigenden Steuerkette, weshalb es einleuchtet, ihnen den Titel »Master« zu geben. Unabhängig davon klingt das skizzierte Regulationsschema aber bestenfalls ordentlich und hausbacken. An keiner Stelle bringt es irgendeinen Aha-Effekt mit sich, der einem interessierten Betrachter schlagartig klarmacht, wie aus dem molekularen Gewusel die organischen Formen entstehen können.

Als umwerfend muss man jedoch die zweite Einsicht bezeichnen, die mit den Hox-Genen gelungen ist. Sie besteht darin, dass in all den regulierenden Proteinen ein gleicher Bereich zu finden ist (die Biochemiker sprechen von der *Domäne* eines Proteins), mit dem sie an das Erbmaterial anbinden können, um in dieser Position dessen Funktion zu steuern oder zu beeinflussen. Diese Homöodomäne wird genetisch gelenkt und versorgt von einem Stück DNA, das sich in allen Hox-Genen findet und als Homöobox bezeichnet wird.

Die Homöobox umfasst hundertachtzig Basenpaare. Das bedeutet, dass die dazugehörige Domäne des Proteins aus sechzig Aminosäuren gebildet wird. Diese Einrichtung scheint eine frühe Meisterleistung der Evolution gewesen zu sein. Jedenfalls konnte man in den folgenden Untersuchungen nur darüber staunen, dass die Hox-Gene mehr oder weniger unverändert in allen Zellen vorliegen, in denen sie nachgewiesen werden konnten, und zwar unabhängig vom jeweiligen evolutionären Alter der Organismen, die aus den Zellen gebildet wurden. Hox-Gene gehören zu den bewahrenswerten Konstanten des sich entwickelnden Lebens, was auf ihre besondere Relevanz schließen lässt. Diese Einsicht wird auch nicht dadurch beeinträchtigt, dass Wirbeltiere im Unterschied zu Wirbellosen nicht nur über einen einzigen Bereich, sondern über insgesamt vier Hox-Komplexe auf vier Chromosomen verfügen. Die forschenden Experten nehmen an, dass dieser Zustand mithilfe von Genduplikationen erreicht worden ist, die vielfach im Lauf der Evolution zu beobachten sind. Dieses überaus spannende Thema soll hier jedoch nur am Rande gestreift werden. Wichtiger ist an dieser Stelle der Hinweis auf Experimente, bei denen einer Mauszelle ein homöotisches Gen entnommen und anschließend in eine Fliegenzelle eingefügt wurde – mit dem Ergebnis, dass es in seiner neuen Umgebung die alte Funktion wie gewohnt ausübte. Daraus wird ersichtlich, dass Gene aus dem homöotischen Komplex äquivalent angelegt sind und austauschbar funktionieren. Und mit dieser Einsicht wächst die Notwendigkeit, das offenbar universale embryonale Geschehen in seiner Gesamtanlage zu begreifen zu versuchen.

Ein wundersamer Prozess

Man könnte an dieser Stelle abermals auf Christiane Nüsslein-Volhard und Eric Wieschaus verweisen, die bei ihren Vorstellungen zur Morphogenese die Möglichkeit erwogen haben, dass das werdende Leben mit einer groben Skizze des embryonalen Bauplans beginnt, dem anschließend mit dem Rückgriff auf weitere Gentypen immer genauere Einzelheiten hinzugefügt werden. Diesen angesprochenen weitläufigen Anfang konnten die Genetiker tatsächlich nachweisen, und zwar durch die Wirkung eines bestimmten Transkriptionsfaktors mit einer der beschriebenen Homöodomänen. Gemeint ist ein Genprodukt mit Namen *Bicoid*, dessen Name sich vermutlich dadurch erklärt, dass Embryonen ohne ein funktionierendes Bicoid-

Protein – also mit einem mutierten Bicoid-Gen – ohne Kopf und Thorax bleiben, was bedeutet, dass sie zweifach (»bi«) leer ausgehen. Wie dem auch sei: Bicoid-Gene und Proteine stehen am Anfang der Wirkungskette, die zum werdenden Leben führt und ihm sowohl seine formale Richtung weist als auch die erste Strukturierung des Gesamtbildes erkennen lässt.

Zunächst wird das Bicoid-Gen am vorderen Pol des Embryos der Taufliege *Drosophila* aktiv. Dabei bilden die Zellen ausreichende Mengen des Bicoid-Proteins, die sich dann durch Diffusion nach hinten ausdehnen und verdünnen, wobei sich die Moleküle entlang der A-P-Achse bewegen. Die Fachwelt spricht von einem *morphogenetischen Gradienten* des Bicoid-Proteins. Das Fachwort »Gradient« wird dabei für den Verlauf eingesetzt, mit dem sich eine Messgröße – eine Konzentration oder eine Temperatur – mit dem Ort oder der Position ändert, also im Fall der Larven entlang der Körperachse von vorn nach hinten.

Morphogenetische Gradienten galten und gelten schon seit mehr als hundert Jahren als zentrales Konzept der Entwicklungsbiologie. Dennoch weiß man bis heute nicht genau, wie sie zustande kommen und aufrechterhalten werden. Einen morphogenetischen Gradienten gibt es in den Larven tatsächlich. Doch er scheint nach neueren Messungen weniger durch die (physikalische) Diffusion des Bicoid-Proteins geformt zu werden, als vielmehr durch die (biochemische) Boten-RNA bedingt zu sein, die vom Bicoid-Gen stammt und mit deren Hilfe das Protein mit seiner Homöodomäne hergestellt wird. Während dem Bicoid-Protein zugetraut wurde, sich durch die Zellen treiben zu lassen und durch die Larve zu diffundieren, benötigt man für den Gradienten der dazugehörigen Boten-RNA einen anderen Mechanismus. Derzeit stellt sich die Fachwelt eine Reihe von Proteinen oder gar Proteinmotoren vor, die das genetische Molekül – die Bicoid-RNA – so transportieren, dass der Bicoid-Gradient entsteht, mit dem die Entwicklung ihren weiteren Gang nehmen kann.

An dieser Stelle zeigt sich eine zwar kleine, aber erstaunliche Verschiebung im morphogenetischen Denken. Das Leben überlässt offenbar nichts oder möglichst wenig rein physikalischen Prozessen und baut lieber aktiv, also genetisch auf, was es benötigt. Der eben skizzierte wundersame Prozess zeigt, wie perfekt und präzise das Zustandekommen des Bicoid-Gradienten mit der Gesamtentwicklung des Embryos synchronisiert ist. Man wüsste gern, welcher Dirigent hier den Taktstock schwingt.

Doch so schön das alles aufzuzählen und anzuschauen ist, man bekommt als Außenstehender bei aller Datenfülle nicht den Eindruck, durch die Benennung der Proteine und RNA-Moleküle den Vorgang der Entwicklung einsehen und nachvollziehen zu können. Oben wurde das Konzept von Identitätsgenen genannt, und das Bicoid-Gen kann darunter eingeordnet werden, denn letzten Endes sorgt es, wie alle Hox-Gene, für das Entstehen von Kompartimenten, die als Gerüst für die Anordnung und den Bau komplexer anatomischer Strukturen von Lebewesen dienen. Damit die Hox-Proteine (unter anderem das Produkt des Bicoid-Gens) ihre identifizierende Aufgabe als Masterproteine erfüllen können, müssen sie mit anderen Genen kooperieren, die offenbar die morphogenetischen Signale aufnehmen und umsetzen können, um den Vorgang der Embryogenese weiterzuführen. Es ist vorgeschlagen worden, ihnen den Namen *Interpretationsgene* zu geben; schließlich deuten sie Signale und reagieren. Der dazugehörige molekulare Mechanismus besteht darin, dass sich ein Masterprotein an ein Interpretationsgen bindet und es aktiviert. Das führt dazu, dass ein anderes Protein in die Zellen gelangt und dort zur Wirkung kommt. Durch den oben erwähnten Gradienten entsteht entlang der A-P-Achse der Larve eine Reihung von Proteinen in unterschiedlicher Konzentration, die dann entsprechend abgestufte Wirkungen auf empfangsbereite Interpretationsgene ausüben. Das wiederum zieht verschiedene Mengen von weiterführenden Proteinen nach sich, die natürlich auch wieder wie Masterproteine agieren können. Auf diese Weise lässt sich offenbar das ganze Leben in seiner Fülle von der molekularen Ebene aus entstehen.

Beschreibungsversuche dieser Art machen deutlich, dass auf der einen Seite das Verständnis für Entwicklungsvorgänge erstaunlich gewachsen ist und sich eine einheitliche Dynamik zu zeigen scheint. Immerhin kennen die Biologen die Hox-Gene mit ihrer Box, die in abgewandelter Form in allen untersuchten vielzelligen Tieren zu finden sind und es Masterproteinen erlauben, sich anderen Genen zuzuwenden. Doch bei allem Detailreichtum kann man auf der anderen Seite noch immer nicht erkennen, wo bei dem gesamten Geschehen der große Plan gespeichert oder abgelegt ist, der die vielen genetischen Aktivitäten in ihren Details koordiniert. Vermutlich steckt die Idee zu einem Organismus im gesamten Genom seiner Zellen, aber wie, an welchem Ort und in welcher Form?

Gene aus der Tiefe der Zeit

Unabhängig von diesen bleibenden Fragen hat sich mit den Kenntnissen der Hox-Gene und ihrer evolutionären Dimension eine neue Forschungsrichtung etabliert. Sie versucht, die Anforderungen der Evolution (kurz *Evo*) in Verbindung mit den Aufgaben der Entwicklung – englisch development, woraus kurz *Devo* gemacht wurde – zu erfassen und zu verstehen. Im Angelsächsischen trägt sie den hübschen Namen *Evo-Devo*, im Deutschen heißt sie »Evolutionäre Entwicklungslehre« und will wissen, was die Ontogenese eines Lebenswesens der Phylogenese von Organismen verdankt. Zu den erstaunlichen Einsichten, die dieser neuen wissenschaftlichen Fragestellung zu verdanken sind, gehört das Erfassen und Verstehen eines Gens, das durch spontan entstandene Mutanten von *Drosophila* zugänglich wurde. Man beobachtete tatsächlich Fliegen, die ohne Augen auf die Welt kamen – und natürlich nur in einem Laboratorium mittels menschlicher Hüter überleben konnten. Wie sich herausstellte, fehlte den augenlosen Liebhaberinnen des Taus ein Gen. Dieses Gen agierte als Teil einer Kaskade, mit deren Hilfe die Entwicklung von Augen organisiert und genetisch gelenkt wird. Wie fast schon zu erwarten war (und vom Konzept her irgendwie langweilig), stellte eine Zelle mithilfe des betroffenen »Augengens«, in der Fachliteratur zwar wenig poetisch, aber höchst systematisch als pax6 bezeichnet, einen Transkriptionsfaktor her. Als weniger langweilig erwies sich eine Besonderheit von pax6: Das entsprechende Molekül aus DNA zeigte sich in der Lage, funktionsfähige Augen auch in anderen Körperteilen wachsen zu lassen, etwa an den Beinen und den Flügeln (auch wenn sie dort nur Licht empfangen, aber nicht sehen konnten, weil sich keine geeigneten Nervenzellen an die falsch platzierten Augen anschlossen). Darüber hinaus konnte ein dem pax6 vergleichbares Gen nicht nur in einer Maus gefunden werden, sondern von diesem Tier in die Taufliege übertragen werden, wo es dann tatsächlich die Augenentwicklung in Gang setzte.

Wie nachfolgende Detailanalysen ergaben, benötigt ein Organismus ein ganzes Netzwerk und das Zusammenspiel von einigen Hundert sogenannten *Effektorgenen* und ihrer Signalketten, um ein Auge werden zu lassen. Aber unabhängig davon muss die Evolution solche genetisch angelegten Entwicklungswege seit Abermillionen Jahren konserviert und weitergegeben haben. Die Fachwelt hat dies durch den Ausdruck »Tiefenhomologie« zwar auf den Begriff gebracht, steht jedoch vor einem bislang ungelösten Rätsel. Tiefenhomologie meint zum einen, dass Gene wie pax6 aus der Tiefe der Zeit kommen und seit vielen Millionen Jahren auf die immer gleiche Weise in alle möglichen Organismen eingebaut werden. Zum anderen, dass die einfache Weiterentwicklung eines einmal entstandenen Auges nicht die ganze evolutionäre Geschichte des optischen Organs ausmachen kann. Dies zeigt sich beim Blick auf die Pigmente, die auf der Netzhaut helfen, das Licht einzufangen, mit dem das Sehen gelingen soll. Zwar weisen die Augen aller Tiere Varianten desselben sensitiven Moleküls – eines Proteins namens *Rhodopsin* – auf, aber daneben verwenden unterschiedliche Organismen in ihren Augen höchst unterschiedliche Proteine (Crystalline) für den Glaskörper. Dabei ist anzumerken, dass diese raffinierten Glaskörpermoleküle noch andere Aufgaben im Körper erfüllen, was mitunter die Vorstellung nahelegt, dass die Evolution auch ihre erfolgreichen Bestandteile immer mal wieder kräftig durcheinanderschüttelt. Was soll sie auch sonst tun, wenn man ihr nicht unterstellt, einem Plan zu folgen, sondern einfach annimmt, dass sie Vergnügen am Werden hat und alle Chancen nutzt, die sich ihr bieten. »Mit allen Augen sucht die Kreatur das Offene«, wie bei Rilke nachzulesen ist, und das tut sie bereits dann, wenn sie die Augen aufzubauen versucht.

Die Gene und die Nerven

So faszinierend die organische Gestaltung einer Fliege oder eines Menschen auch daherkommt: Größeres Interesse als den Formen wird dem Verhalten der attraktiv wirkenden Lebewesen entgegengebracht. Und da die damit verbundenen Eigenschaften und Qualitäten sich einem funktionierenden Nervensystem oder gar einem Zentralverbund namens Gehirn verdanken, hat die Frage nach der neuronalen Entwicklung immer schon große Aufmerksamkeit erfahren.

Wer sich einem Nervensystem zuwendet, wird zunächst bemerken, dass die dieses System zusammensetzenden Neuronen völlig anders gebaut sind als andere Zellen. Nervenzellen zeigen sich nicht einfach als rundliche Körperchen. Sie bestehen vielmehr aus einem langen Zentralkörper (Axon), von dem aus sich eine Fülle von Abzweigungen (Dendriten) zu erkennen gibt. Die Abzweigungen nehmen mit anderen Neuronen Kontakt auf, wobei sich an diesen Stellen sogenannte Synapsen bilden, die wiederum Ausstülpungen aufweisen können. Wer die Entwicklung eines Nervensystems erfassen will, muss das grundlegende Wachstum der Axone und Dendriten sowie die flexible Bildung der Synapsen beschreiben. Dabei kommt insgesamt ein neuronales Netz zustande, durch dessen Verdrahtung – und mithilfe von elektrischen und chemischen Signalen – die Anweisungen gegeben werden, die zum Beispiel Muskelzellen zukommen. Ihre Aktivitäten tragen zum Verhalten eines Organismus bei – eine übergroße Aufgabe, die hier nur angedeutet werden kann.

Zu den Standardfragen der Öffentlichkeit gehört es, wissen zu wollen, ob eine Verhaltensweise – die Lust auf Kaffee oder die Ungeduld beim Warten – genetisch bedingt ist. Wenn man die Frage auf das Nervensystem selbst bezieht, lautet sie, ob sich der Bau der Hirnmasse (die Verdrahtung der Neuronen im Kopf) allein aus den

Genen und den in ihnen enthaltenen Informationen erklären lässt. An dieser Stelle hilft eine kleine Rechnung weiter, die es bereits gab, als die Entwicklungsbiologen noch nichts von Hox-Genen wussten. Durch diese Rechnung wird klar, wie wenig Gene bei aller Bedeutung im Einzelnen im Bau des Ganzen ausrichten können.

Bekannt ist, dass es etwa drei Milliarden Bausteine in einem menschlichen Genom gibt. Wichtig ist dabei die Reihenfolge der Basen, von denen es vier Stück gibt, was einem dieser in Paaren vorliegenden Bausteine zwei Maßeinheiten (»Bits«) an Information zuweist. Das Genom trägt also sechs Milliarden Maßeinheiten an Information, und man sieht schnell, dass man damit im Nervensystem nicht weit kommt. Wenn man annimmt, dass die vielen Milliarden Zellen im Kopf sich nur mit zwei anderen Neuronen verbinden können, dann kann man ausrechnen, dass in dem Fall Hunderte von Milliarden Maßeinheiten benötigt würden, um das entsprechende Netzwerk zu formen. Der Informationsgehalt des Genoms liegt also um einige Größenordnungen niedriger als die Menge, die für die Spezifikation von Nervennetzen benötigt wird. Und dabei ist nicht einmal berücksichtigt, dass die Gene noch mehr machen müssen, als synaptische Verbindungen aufzubauen.

Natürlich kann man annehmen, dass bei der Entwicklung des Nervensystems bislang noch unbekannte Algorithmen in Aktion treten und ihre Arbeit verrichten. Aber bevor solche allgemeinen Überlegungen greifen können, lohnt ein Blick auf eine konkrete Entwicklung im Nervensystem, nämlich auf den Aufbau des visuellen Systems, genauer gesagt auf den Aufbau der Verbindungen, die von der Netzhaut des Auges ausgehen und in die höheren Regionen des Nervensystems führen, in denen dann das bewusste Sehen möglich wird.

Die Frage, wie diese neuronalen Verbindungen zustande kommen, ist zuerst und mit klaren Ergebnissen experimentell bei Katzen untersucht worden. Dabei fiel zunächst auf, dass anfänglich eine erstaunliche Fülle von Nerven die beiden Augen mit den Hirnarealen verknüpft, die visuell aktiv werden. Es ist wichtig, daran zu denken, dass es *zwei* Augen sind, die zum Sehen führen. Immer schon fiel die

Vorstellung schwer, dass die Gene in der Lage sein sollten, die Position der Augen völlig präzise festzulegen – so präzise, dass dann, wenn ein Lichtsignal in einem der beiden Fenster eingetroffen ist und ein Neuron über diesen Vorgang informiert, durch das zweite Fenster ein entsprechendes Neuron seine Meldung ans Gehirn macht, damit dort ein insgesamt scharfes Bild konstruiert werden kann.

Bekanntlich dauert es eine Zeitlang, bis junge Katzen – ähnlich den Kleinkindern – etwas im Blickfeld fokussieren können. Und inzwischen weiß man auch, was da passiert. Von den Augen gehen so viele Nervenzellen aus, dass im Lauf der weiteren Entwicklung, bei der visuelle Reize aufgenommen werden, die meisten von ihnen geopfert und zum Selbstmord gezwungen werden. Wissenschaftlich korrekt wird das *Apoptose* genannt (wobei das Wort ursprünglich das Absterben der Blätter im Herbst bezeichnete). Zu den wesentlichen Voraussetzungen von vielzelligen Organismen gehört die Möglichkeit, überflüssig werdende Zellen während der Embryonalentwicklung und auch später in verschiedenen Reifephasen zu ermutigen, sich aus dem Verkehr zu ziehen. Ein offensichtliches Beispiel dafür sind die Hautzellen, die sich zwischen den Fingern eines Embryos bilden.

Im sich entwickelnden Nervensystem sterben die von der Netzhaut in die Hirnrinde reichenden Neuronen ab, die nicht synchron aktiv werden, wenn ein Lichtsignal im Auge angekommen ist und dem Denkorgan gemeldet wird. Auf diese Weise wird das scharfe Sehen möglich, das Organismen brauchen, um sich in ihrer Umwelt orientieren zu können. Die Gene tun dabei, was sie können, das heißt, sie liefern so viele Zellen wie möglich. Sie sind jedoch überfordert, wenn man ihnen zumutet, die Position der beiden Augen genau festzulegen. Also stellt das Leben ihren Fähigkeiten die Ergebnisse der ersten visuellen Erfahrungen an die Seite. Durch neurophysiologische Abläufe können dann die Bereiche identifiziert werden, in denen sich dieselben Lichtreize aus der Umwelt bemerkbar machen. Das sich entwickelnde Nervensystem wählt aus der Fülle der Neuronen, die ihm dank genetischer Mechanismen zur Verfügung stehen, diejenigen aus, die jeder für zwei Augen zuständigen Zelle im Gehirn ein kohärentes Signal zukommen lassen.

Die Siamesische Katze

Wer sich einmal mit dem wachsenden Nervensystem beschäftigt hat, wird wissen, dass eines der raffinierten Kunststücke im visuellen System darin besteht, Leitungen vom linken Auge in die rechte Hemisphäre und umgekehrt laufen zu lassen. Von jeher hat der Punkt, an dem die Leitungen sich kreuzen, die Forschung fasziniert. Wie in manch anderen Fällen auch, stellt die Natur den Menschen hier eine Mutation zur Verfügung, die einen Einblick in das erlaubt, was im Gehirn passiert. Diese Mutation kennt man als *Siamesische Katze*, für die Liebhaber hohe Preise bezahlen. Siamkatzen sind neugierig, intelligent und verspielt, versichern die Händler und verweisen zudem auf die Besonderheit der blauen Katzenaugen und die auffällige Färbung des Fells. Für die Wissenschaft ist wesentlich, dass es Exemplare gibt, in denen durch eine Genvariation die Biosynthese des schwarzen Pigments namens Melanin verhindert wird. Das schlägt sich zwar auch in der Färbung des Fells nieder, wirkt sich aber vor allem darin aus, wie sich das Nervensystem seine Wege sucht. Das Fehlen von Melanin bringt es nämlich mit sich, dass die normale Überkreuzung der Nervenbahnen nicht stattfindet, mit dem Ergebnis, dass die Augen schielen. Wichtig für den hier verfolgten Zweck unserer Darstellung: Es handelt sich um die Mutation eines einzelnen Gens, das zunächst nur das Versagen eines Proteins zu Folge hat. Dessen Produkt wird aber gebraucht, um das Nervensystem korrekt zu verschalten. Wird diese Aufgabe nicht korrekt erledigt – entsteht also ein Nervensystem mit veränderter Struktur –, zieht dies auch Änderungen im Verhalten nach sich. Die Frage lautet an dieser Stelle, ob diese Änderungen als genetisch bedingt zu bezeichnen sind.

Im Fall der Siamesischen Katze kann man die Kette Gen-Protein-Schaltelement-Nervensystem-Verhalten verfolgen und die Frage genauer stellen, nämlich wie das Gen, mit dessen Änderung alles anfängt, letztendlich das Verhalten der Katze beeinflusst. Bei der Antwort empfiehlt es sich, eine Unterscheidung einzuführen, die den Sprachwissenschaftlern vertraut ist, wenn sie sich den in geschriebenen oder gesprochenen Worten enthaltenen Informationen zuwenden. Linguisten unterscheiden die explizite von der impliziten Bedeutung, die in Informationen steckt, wobei man sich an einem Beispiel klarmachen kann, was gemeint ist. Wenn es heißt: »Die Person ist auf dem Weg nach Heidelberg«, dann besteht die explizite Information darin, dass eine Person unterwegs ist und ein Ziel hat. Die implizite Information hängt von der Umgebung ab, in der die zitierte Auskunft erfolgt. Denn »Die Person ist auf dem Weg nach Heidelberg« bedeutet etwas anderes, je nachdem, ob der Satz an einer Tankstelle oder an einem Bahnhof gesagt und gehört wird.

Was nun die Gene und deren Information angeht, so steckt in ihnen explizit nur die Reihenfolge der Bausteine des Proteins, das mit ihrer Hilfe angefertigt wird. Zum Verhalten der Katze findet sich darin nichts. Wenn überhaupt, dann kann nur die implizite Bedeutung der genetischen Information gemeint sein, und wenn die in ihrer Gesamtheit zusammengestellt wird, dann kann man sicher eine Menge von Proteinen, von Melanin, von Gradienten und anderen Parametern lesen, das Gen jedoch wird in all den Erklärungen nur eine untergeordnete Rolle einnehmen. Es gibt im lebendigen Geschehen eben eine riesige kontextuelle Hierarchie, durch die die explizite Bedeutung eines spezifischen Gens von den impliziten Konsequenzen für ein Verhalten getrennt und ferngehalten wird. Das Gen macht auch hier, was es immer macht, nämlich ein Protein. Wie sich dieses dann in den Prozessen der Entwicklung auf neuronale Abläufe auswirkt und welche Algorithmen an dieser Stelle eingreifen, ist eine offene Frage, deren Lösung sich als Aufgabe für die künftige Wissenschaft vom Leben stellt.

Alles Sein ist Werden

Die »Evolutionäre Entwicklungslehre«, kurz Evo-Devo, stellt zwei Prozesse hintereinander, die vor allem eines klarmachen: Das Leben befindet sich in dauernder Bewegung und Entwicklung und ist in diesem Sinne durch und durch genetisch, kennt also eine Genesis. Das gesamte überblickbare Sein besteht aus Bewegung. Wer das radikal ausdrücken will, kann kurz und knapp sagen: »Alles Sein ist Werden«. Oder auch: »Wir sind, was wir geworden sind«, so der Titel eines Buches des verstorbenen Historikers Hagen Schulze.

Das Sein ist das liebste Kind der europäischen Philosophie, die viele Formen der Ontologie kennt, wie die Lehre vom Sein in der Fachsprache heißt. »Sein oder Nichtsein«, so scheint die komplizierteste und tiefsinnigste Frage des westlichen Denkens zu lauten, und man wundert sich, dass alles nur sein soll, ohne jemals werden zu können. Was ist, muss doch zunächst entstanden sein. Aber eine philosophische Lehre des Werdens gibt es im Abendland nicht – oder zumindest gibt es keinen Namen dafür. Überhaupt ist ein Großteil der kulturellen Tradition hierzulande auf das Erfassen von Stillstand und Festigkeit ausgerichtet, wie man sich leicht klarmachen kann. So stand am Anfang aller Bewegungen früher entweder ein festes Bewegungsgesetz, etwa bei Newton, oder eine unverrückbare Instanz, die alles verändern und umwandeln kann – etwa der »unbewegte Beweger«, den Aristoteles bemüht, um der Welt den nötigen Schwung zu geben. Und am Anfang aller bewegten Dinge stand lange Zeit hindurch ein Atom (als fest gefügter Baustein) oder fand sich in den Zellen ein Gen (als fest umrissene Struktur).

Die westliche Welt denkt statisch seit der Antike, in der Platon Wert auf unveränderliche (ewige) Ideen legte und Euklid unbewegliche geometrische Figuren berechnete. Das heißt, die Sprache beweist mit ihren Wörtern die ungebrochene Vorliebe für das Unbewegliche, indem ganz selbstverständlich Attribute wie »platonisch« (für die Liebe) oder »euklidisch« (für den Raum) verwendet werden, während man der entsprechenden Wendung »heraklitisch« eher verständnislos gegenübersteht. Dabei hat der Philosoph Heraklit die Aufmerksamkeit schon früh auf das Werden lenken wollen. »Niemand steigt zweimal in denselben Fluss« und »Alles fließt« lauten Einsichten, die von ihm überliefert sind. Menschen wandeln sich zwar selbst als ruhende Betrachter – etwa in der Zeit, die es gedauert hat, den Text bis zu dieser Stelle zu lesen –, aber viele meinen trotzdem, unser Leben verlaufe in geordneten Bahnen.

Es ist leicht zu verstehen, warum eine an platonischen Texten und euklidischen Figuren ausgerichtete Geisteshaltung Schwierigkeiten mit der heraklitischen Idee der Evolution hat, die als wissenschaftliche Erfassung des Werdens verstanden werden kann. Vor dem 19. Jahrhundert war offenbar nicht daran zu denken. In einem gängigen Weltbild wollten und wollen christliche Menschen, die an eine ewige Schöpfung unveränderter Lebensformen glauben, das Verändern und Wandeln als Grundtatsache ignorieren und übersehen. Sie orientieren sich stattdessen an feststehenden Formen und fragen unentwegt, was der eherne Grund oder die ewige Ursache der Evolution ist, aus welcher nie versiegenden Quelle sie strömt und welche unveränderliche Kraft sie dabei vorantreibt.

Wer so fragt, denkt immer noch nach den festen Vorgaben von Aristoteles, der meinte, ein Körper – etwa ein Ball – bewege sich nur dann, wenn eine Kraft auf ihn einwirkt. Höre diese Kraft auf, höre auch die Bewegung auf. Zwar bleibt in diesem Rahmen unklar, wieso ein Speer weiter fliegt, wenn er die Hand eines Werfers verlassen hat. Aber diese Frage hat man damals nicht gestellt (und bis heute könnten die wenigsten Menschen darauf eine zutreffende Antwort geben).

Es hat fast zweitausend Jahre gedauert, bis Newton den massiven Irrtum in der Sichtweise des Griechen korrigieren und den Spieß umdrehen konnte. Erst der britische Naturforscher bemerkte, dass nicht der Zustand der Bewegung, sondern umgekehrt der Zustand der Ruhe eine Erklärung braucht. Ihm war klar geworden, dass ein Körper so lange in seiner Bewegung fortfährt, wie keine Kraft auftritt, die ihn daran hindert. Nicht die Ruhe, sondern die Bewegung ist der natürliche und ungezwungene Zustand jedes Körpers – zum Beispiel auch des Mondes und der Erde. »Und sie bewegt sich doch« gilt selbst für die Sonne und die ganze Milchstraße, zu der die von Menschen bewohnte Erde gehört.

Ich möchte vorschlagen, diese über dreihundert Jahre alte, von Newton stammende Einsicht in den Vorrang der Bewegung erstens ernst zu nehmen, zweitens auszuweiten und dabei drittens das Werden an den Anfang allen Seins zu stellen. Warum macht man nicht die Evolution zum bewegten Ausgangspunkt der Welt und des

Denkens, mit dessen Hilfe sich dann erst Linien und anschließend Flächen und Körper zeichnen lassen? Geometrische Figuren müssen erst geschaffen werden und eine Spur hinterlassen, bevor man sie vermessen kann, und auch die Welt kann nicht statisch begonnen haben. In dem Fall muss doch immer noch etwas vor diesem Anfang gewesen sein (und so weiter). In meinen Augen kann die Welt nur in dynamisch unbestimmter Form begonnen haben. Dieser Gedanke bleibt ohne inhärente Widersprüche und entspricht dem irdischen und dem menschlichen Wesen. Schließlich hat die Welt doch nie etwas anderes getan, als sich zu verändern, und es ist allen Festrednern ein großes Vergnügen, »von dieser sich dauernd verändernden Welt« zu sprechen, in der sie leben.

Am Anfang war also die Bewegung, die Evolution heißt und sich im Verständnis der modernen Naturwissenschaften dadurch charakterisieren lässt, dass sie ohne einen Plan verlaufen ist: Bewegung und Wandel pur, sozusagen. Auf die Stufen der kosmischen Evolution mit einem sich urknallartig entfaltenden Weltall kann hier nur hingewiesen werden, und auch die Evolution des Sonnensystems und der Erde muss übergangen werden, um zu der Genese des Lebens auf unserem Planeten und damit zum Menschen selbst zu gelangen. Es wird sich zeigen, wie die anfängliche Bewegung bei den Menschen angekommen ist und von ihnen ausgedrückt wird.

Die Annahme ist plausibel, dass die irdische Evolution mit einzelligen Formen des Lebens den Anfang gemacht hat. Aus ihnen haben sich im Lauf der Zeit die Vielzeller entwickelt, wobei der Begriff der »Entwicklung« bei ihnen eine besondere Bedeutung bekommen hat, nämlich als Bezeichnung des Lebensabschnitts, in dem sich aus einer Zelle – der befruchteten Eizelle – der ganze Organismus bildet. Die Fachleute sprechen in diesem Fall von der Ontogenese, die sie von der umfassenden Evolution als »Phylogenese« (als Stammesgeschichte) unterscheidet. Wichtig an den Begriffen ist die gemeinsame Endsilbe »genese«, in der das griechische Wort für Werden steckt.

Unter einer »genetischen« Betrachtung verstand man ursprünglich eine Analyse, die das Werden erfassen sollte. In genau diesem

Sinne soll es hier um eine genetische Darstellung der menschlichen Natur gehen. Das heißt ausdrücklich, dass es nicht um Anwendungen der Wissenschaft namens Genetik geht. »Genetisch« gab es lange vor den »Genen« und bedeutet viel mehr als »von den Genen abgeleitet«.

Im Rahmen der so verstandenen genetischen Betrachtung lässt sich nun sagen, dass die Bewegung der Evolution keine fertigen Produkte oder angepasste Lebensformen hervorbringt, sondern eine neue Bewegung: Die Evolution bringt nämlich keine Menschen hervor, sondern den Vorgang (Ontogenese), durch den Menschen entstehen können. Die Bewegung der Evolution generiert die Bewegung der Entwicklung – aus Evo kommt Devo, und beide hängen zusammen.

Dieser Prozess unterscheidet sich auf eine wohldefinierte Weise von der Evolution. Die Entwicklung verläuft nämlich nicht mehr ganz ohne Plan. In ihrem Fall gibt es die (im modernen, eingeengten Sinne »genetischen«) Instruktionen der Erbmoleküle, die den Vorgang einleiten und steuern. Die Gene operieren dabei nicht autonom und agieren auch keineswegs isoliert. Sie bekommen vielmehr die Möglichkeit, gezielt auf Eigenheiten der Umgebung reagieren zu können. Zu diesem Zweck werden die Zellen mit Mechanismen ausgestattet, mit denen sich Signale berücksichtigen lassen, die von der äußeren Welt kommen und nach innen gelangen.

Der noch langsamen Evolution entwächst die rascher werdende Entwicklung, die sich in sich wandelt und zuletzt ein Organ – das Gehirn – hervorbringt, dessen Formation immer stärker von der Wechselwirkung mit der sinnlich zugänglichen Welt bestimmt wird. Wer diesen Prozess der Verinnerlichung als Wissenschaftler studiert, bekommt den Eindruck, dass die Erschaffung des Gehirns weniger wie die geplante Herstellung eines Werkzeugs, sondern eher wie die Anfertigung eines Gemäldes vor sich geht, wie bereits als Metapher angeführt wurde. In beiden Fällen spielt die Wechselwirkung zwischen der ursprünglichen Vorgabe und ihrer Umsetzung eine Rolle. Während ein Maler seine Arbeit mit seiner bildhaften Vorstellung beginnt, lässt ein Organismus erst seine Gene agieren. Für Lebewesen und Künstler stellt die Grundkonzeption – entweder die Gene in der Zelle oder die Idee im Kopf – den Ausgangspunkt des bewegten Handelns dar, das anschließend von dem entstehenden und wahrgenommenen Werk mitbestimmt wird, und zwar in der Form, in der es sich nach und nach vor den Augen des Künstlers auf der Leinwand oder in der natürlichen Umgebung des wirklichen Lebens zeigt.

Mit anderen Worten: Die Entwicklung stellt einen Vorgang dar, der alle Chancen hat, Kreativität in die Welt zu bringen, und im Gehirn ist dieses Potenzial reichlich genutzt worden. Diese schöpferische Qualität können wir in dem genetischen Gesamtbild als die dritte Stufe der Bewegung deuten, die aus der anfänglichen Urbewegung der Evolution entstanden ist. Kreativität ist – so gesehen – nichts Geheimnisvolles. Sie ist jedenfalls nicht geheimnisvoller als die Evolution und die Entwicklung des Lebens. Beide Bewegungen sind so angelegt, dass eine weitere möglich wird, eben die Erschaffung von Produkten.

Wer jetzt fragt, wie der nächste Schritt in der Veränderung der Bewegung aussieht, findet die Antwort, wenn er vergleicht, wie Plan und Ausführung im Verhältnis zueinander stehen und wie sie ihren Einfluss gegenseitig verschieben. Erst gab es die reine Ausführung ohne Plan. Dann trat mit den Genen ein Plan auf, der die Ausführung bestimmte. Das entstehende Produkt hatte zunächst zwar wenig Einfluss auf den Plan, doch dies änderte sich mit dem entstehenden Gehirn und seiner Kreativität. Dem fertigen Denkorgan gelingt es nun, die Instruktionen für eine Handlung und deren Durchführung zu entkoppeln. Kreative Menschen sind nämlich in der Lage, ein Konzept in der Weise vorzulegen, dass dessen Durchführung und Realisierung von anderen übernommen werden kann. Das Ergebnis kennt man unter den eher schlichten Bezeichnungen Herstellung oder Fabrikation, die beide auf das tätige Treiben von Menschen und der von ihnen geformten Gesellschaften hinweisen. Am deutlichsten lässt sich das im Bereich der Ökonomie erkennen.

In dieser Sicht der Welt ist die wirtschaftliche Produktion eine hoch entwickelte Form der Bewegung, die schon deshalb viel Aufmerksamkeit bekommt, weil sie durch Menschen hindurchgegangen ist und aus ihnen herausgefunden hat. Dabei ist etwas völlig Neues entstanden, nämlich eine menschengemachte Natur, die mit der Natur der ursprünglichen Bewegung namens Evolution kaum noch etwas zu tun hat. Diese menschliche Natur der Wirtschaft ist bislang zwar äußerlich geblieben, die künftige Richtung der Bewegung scheint jedoch nach innen zu gehen. Inzwischen können die modernen Biowissenschaften nämlich die innere Natur (die Gene) verändern und entsprechend in Bewegung setzen. Lässt sich damit erkennen, wie die nächste Stufe der Leiter aussieht, die von der Evolution über Entwicklung und Kreativität zur Produktion geführt hat?

Diese Frage kann nur beantworten, wer alle Faktoren kennt, die bei diesem Prozess eine Rolle spielen, und sie gewichten kann. Ein entscheidender Aspekt der dargestellten Geschichte steckt in der zunehmenden Wechselwirkung zwischen dem Geplanten und dem Ausgeführten. Es kommt immer mehr darauf an, wie die geschaffene Natur auf- und wahrgenommen wird, und wenn nicht alles täuscht, fällt den Menschen unserer Zeit etwas auf. Sie nehmen wahr, dass die Natur, die sie geschaffen haben, ihnen nicht mehr gefällt. Wir sehen zerstörte Landschaften und bedrückende Wohngebiete, um nur zwei Beispiele zu nennen, und fühlen uns unbehaglich. Die menschliche Natur meldet ihre ästhetischen Ansprüche an. Ihre genetische Geschichte hat uns mit ihrer Wahrnehmung Handlungsmöglichkeiten gebracht. Wir sind nicht nur, was wir geworden sind. Wir sehen es auch. Die nächste Bewegung hängt davon ab.

KAPITEL 5
Das Erbe der Umwelt

Um das Jahr 2012 herum versuchte sich eine große Gruppe von Biologen an der kniffligen Aufgabe, eine Enzyklopädie der DNA-Elemente einer menschlichen Zelle – des humanen Genoms also – zusammenzustellen. Ihre Einsichten präsentierte sie im Rahmen des bereits angeführten ENCODE-Projekts. In diesem Zusammenhang fasste einer der beteiligten Wissenschaftler, der britische Bioinformatiker Ewan Birney, sein Verständnis der ungemein dynamisch wirkenden Erbanlagen in einer wunderschönen Metapher zusammen: »It's a jungle in there«, und er fügte erklärend hinzu: »It's full of things doing stuff.« In den Zellen steckt ein genetischer Dschungel, wie man auf Deutsch mit einem zusätzlichen Hinweis sagen könnte, und zwar ein Dschungel voller Dinge, die unentwegt beschäftigt sind.

Das Genom als Dschungel voller Leben und ausgestattet mit einer dichten Dynamik quirliger Elemente: eine eingängige Metapher, die in den letzten Jahren noch eindringlicher und passender geworden ist. Denn in dieser Zeit haben die Lebenswissenschaftler ihre zellulären und molekularen Analysen vertieft und erweitert und zum Beispiel erkundet, was mit der massenhaft von Molekülen umwimmelten DNA passiert, wenn ein Organismus sich nicht mehr selbst von innen heraus entwickelt, wohl aber die Änderungen erfährt, die mit dem Alter oder dem Altern von Zellen und Geweben verbunden sind. Ob jemand jung geblieben ist oder schon an Jahren zugelegt hat, zeigt sich zuerst und vornehmlich an der Haut, die anfangs glatt und glänzend wirkt, bevor sie faltig und stumpf wird. Mit ihren vielfach verbesserten und genauer werdenden Methoden suchten Molekularbiologen nach dazugehörigen Änderungen am oder im genetischen Material, und sie wurden bald fündig. Wie sie ermitteln konnten, gibt es tatsächlich eine Menge Dinge – sprich: Proteine –, die unentwegt mit dem Genom beschäftigt sind, und zwar auch dann, wenn dieses nicht wie vor Zellteilungen verdoppelt und verteilt werden muss.

Es gibt Proteine, die selbst dann die DNA versorgen und verzieren, wenn äußerlich nur die Zeit verstreicht und das Alter eines Menschen zunimmt. Das heißt, wenn man in die Jahre kommt oder wenn die Jahre zu einem kommen, dann vergeht nicht nur die Zeit. Dann reagiert zum Beispiel die Haut, die immer länger dem Sonnenlicht ausgesetzt wird, und damit ist nicht unbedingt das fröhliche Sonnenbaden zur Bräunung gemeint. Man lebt halt am Tage, wenn es hell ist, und man genießt die Sonne, wenn sie einen wärmt und man das spürt. Und während man in der Sonne steht, treffen ihre Strahlen – ihre Energie – in den Zellen ein. Sie dringen bis in die Kerne vor und machen sich an dem genetischen Material zu schaffen, das dort zu finden ist. Wie eine Detailanalyse zeigte, sorgt das Licht dafür, dass die Gene – genauer: die Bausteine der DNA – chemisch markiert oder etikettiert werden. Den Gensequenzen wird an einigen ihrer Kettenglieder gezielt eine Gruppe von Atomen angeheftet, die aus einem Kohlenstoff und drei Wasserstoffatomen besteht. In der Fachwelt ist sie als Methylgruppe bekannt, als CH_3, die dann, wenn man eine Verbindung aus Sauerstoff und Wasserstoff, also OH, anhängt, zu einem Alkohol wird, nämlich zu Methanol oder CH_3OH. Methanol ist leider nicht das Genussmittel, das man normalerweise mit dem Namen Alkohol verbindet. Damit meint man eher die Kombination C_2H_5OH, die Ethanol heißt, aber dies nur am Rande.

Was hier mehr von Belang ist: Wenn die Haut altert, werden einige Gene ihrer Zellen methyliert, wie man das Anhängen von Methylgruppen ausdrückt. Die Mediziner gehen inzwischen davon aus, dass die Straffheit der Haut und deren Geschmeidigkeit durch das Muster beeinflusst oder gar bestimmt werden, das dabei entsteht und im Genom vorliegt. Es ist längst ganz selbstverständlich geworden, nicht allein von den Genen der Hautzellen, sondern von ihrem Methylierungsmuster zu sprechen, wenn man ihren Zustand von dieser Ebene aus erfassen will. Ihre besondere Relevanz bekommt die Kenntnis dieser chemischen Verzierung von DNA-Molekülen dadurch, dass sie sich auch bei Patienten mit Hautkrebs findet und auswirkt. In ihrem Fall konnten die Bioforscher sogar das ermitteln, was sie als Hypermethylierung bezeichnen, nämlich eine über das Normalmaß hinausgehende Ausstattung der DNA mit Methylgruppen.

Eine Epigenetik – alt und neu zugleich

Wenn Gene oder Genome durch Wirkungen der Umwelt – also etwa durch Sonnenstrahlen wie in dem oben angeführten Beispiel – chemisch modifiziert, also verändert werden, sprechen die damit befassten Wissenschaftler inzwischen von einer Epigenetik, einer Genetik, die nach den Genen kommt, wenn man es ganz einfach sagen will. Wer genauer sein will, kann in der griechischen Vorsilbe *epi* räumliche und zeitliche Bedeutungen zugleich finden und mit ihr ausdrücken. Zeitlich meint das Präfix *epi* »nach«, und räumlich meint es »darüber«, und somit meint Epigenetik insgesamt tatsächlich das, was nach der Genetik kommt und über sie hinausgeht.

Zu den am meisten überraschenden Entdeckungen in den frühen Jahren des 21. Jahrhunderts zählt die Einsicht, dass Methylierungsmuster nicht nur in Hautzellen entstehen und dort hängenbleiben, sondern sich ihren Weg in die Samen und zu den Eizellen bahnen, um von dort aus den Weg in die nachwachsenden Generationen anzutreten, wo sie weiter ihre Wirkung entfalten. Lange Zeit drohte diese Erkenntnis hinter der Euphorie zu verschwinden, mit der Öffentlichkeit und Wissenschaft das große Projekt feierten, mit dessen Durchführung das Genom des Menschen offengelegt wurde.

Im Schatten der anlaufenden Genomanalysen der 1990er-Jahre fiel bei einer zunehmenden Zahl von genetischen Untersuchungen auf, dass die äußeren Umstände, die zu einem Leben gehören und auf die Menschen reagieren, sich im tiefsten Inneren ihrer Zellen niederschlagen können, und zwar unter anderem in Form der Methylgruppen, die Bausteinen der DNA angeheftet werden. Schon diese Tatsache lieferte dem traditionellen Denken einen schwer zu schluckenden Brocken, doch als man diesen schließlich verdaut hatte, kam es für die Genetiker und ihre Biologie noch härter. Es stellte sich nämlich heraus, dass die Genänderungen bei der Weitergabe zur nächsten Generation erhalten blieben. Das Epigenetische zeigte sich stabil.

Zudem wird immer deutlicher: Ohne epigenetische Effekte und Einflussnahmen können sich Zellen nicht ausreichend differenzieren und die Organismen sich folglich nicht so entwickeln, wie es die Evolution vorsieht. Den etwa zweihundert Zelltypen, die sich in einem menschlichen Körper befinden, gelingt es dabei auf nach wie vor wundersame Weise, einmal fixierte epigenetische Muster durch viele Teilungsprozesse hindurch beizubehalten. Inzwischen hat die Untersuchung der dazugehörigen Stabilisierungssysteme mit den entsprechenden Proteinen begonnen und wird intensiv weiter betrieben.

Der Grund dafür, dass solche beobachtbaren Tatsachen anfangs oft und gern als unzuverlässige und unhaltbare Behauptungen abgetan wurden, steckt in der tiefen Vergangenheit der Wissenschaft vom Leben, die Biologie heißt, weil der Franzose Jean Baptiste Lamarck sie um 1800 so getauft hat. Lamarck gebührt daneben das ungeheure Verdienst, als Erster verstanden zu haben, dass sich im Lauf der Erdgeschichte die Arten, die das Leben bilden und führen, unentwegt gewandelt haben, um sich damit und dabei den jeweiligen Umweltbedingungen anzupassen. Historisch gesehen befand sich Lamarck mit dieser evolutionären Einsicht auf dem Weg zum Weltruhm, als er eine weitere Idee vorschlug und propagierte, die dies lange Zeit verhinderte oder zumindest erschwerte. Lamarck meinte nämlich, dass die Anpassungen der Lebensformen und damit die Variationen der aus ihnen bestehenden Arten nicht zufällig zustande kommen (wie es später bei Charles Darwin in seiner Vorstellung der Evolution des Lebens nachzulesen sein wird). Lamarck glaubte vielmehr fest an die Vererbung von Eigenschaften, die Organismen im Lauf ihres Lebens erworben haben. Und so einleuchtend und dem gesunden Menschenverstand angemessen sein Gedanke auch klingt: Die Geschichte der biologischen Wissenschaft und vor allem die der

Genetik förderte immer mehr Beweise für Darwins kalte Zufälligkeiten zutage. Der »Lamarckismus« verlor deshalb nicht nur ein klein wenig an Ansehen. Vielmehr wurde dieser Begriff bereits im Lauf des 19. Jahrhunderts zu einem Schimpfwort, wie jedem Studenten der Biologie beigebracht und eingeschärft wurde.

Und dann das! Die Beobachtung einer Vererbung unter anderem von Methylierungsmustern an den Genen, also einer Weitergabe von erworbenen Eigenschaften an die nächste Generation, wie es Lamarck vor rund zweihundert Jahren prophezeit hatte und was seitdem als verpönt galt. Die zeitgenössischen Lebenswissenschaftler konnten nur skeptisch bis abfällig reagieren. Doch als nach und nach immer mehr Beobachtungen auftauchten, die ein Umdenken auf unterschiedlichsten biologischen und medizinischen Ebenen erforderten, wendete sich das Blatt.

Mäuse, deren Väter eine wenig proteinreiche Nahrung bekamen, zeigten epigenetisch bedingte Veränderungen in der Genaktivität ihrer Leberzellen. Damit ist zu vermuten, dass Information über die Nahrung der Eltern von dieser Generation an die Nachkommen weitergegeben werden kann, was im Bereich der menschlichen Gesundheit relevant für Diabetes oder Alkoholismus sein könnte. Bei Ratten konnte man im Experiment feststellen, dass sich die Art und Weise, wie sich eine Mutter ernährt, in ihrem Nachwuchs auswirkt und die Kleinen für Diabetes anfällig macht.

Eine historisch angelegte Studie in Schweden zeigte, dass die Enkel von Männern, die vor ihrer Pubertät eine Hungersnot erfahren und aushalten mussten, nicht so zahlreich von Diabetes oder Herzkrankheiten geplagt wurden wie die Enkel von Männern, denen stets ausreichend Nahrung zur Verfügung gestanden hatte. Zudem erinnerten sich die Genetiker an Daten des bereits erwähnten britischen Evolutionsbiologen Enrico Coen, der in den 1990er-Jahren dreierlei gezeigt hatte: dass in seinen botanischen Objekten Gene lahmgelegt wurden, die zum Blütenbau beitrugen, dass diese Inaktivierung durch das Anheften von Methylgruppen an die DNA gelang und dass das dabei produzierte Muster der Markierung an nachfolgende Generationen von Blütenpflanzen weitergegeben wurde.

Wegen dieser und anderer Beobachtungen war es schließlich unvermeidlich, die Existenz einer Epigenetik zuzugeben und im Lauf der Zeit als neue Disziplin zu etablieren und zu betreiben. Und als dieser für die Gemeinde der Wissenschaft neue Name auftauchte und ihre Mitglieder sich an ihn gewöhnten, da merkte man, dass das Neue schon alt war und eine Epigenetik schon seit den Jahren des Zweiten Weltkriegs diskutiert und erprobt wurde.

Das Wort tauchte zum ersten Mal 1942 in den Schriften des Briten Conrad Waddington auf. Er beschäftigte sich mit den Vorgängen bei der Entwicklung von Tierkörpern, die er als *Epigenese* zusammenfasste. Mit diesem Begriff wollte er alle Prozesse und Ereignisse bezeichnen, die nötig sind, um einen reifen Organismus in seiner endgültigen Gestalt auf der Bühne des Lebens erscheinen und auftreten zu lassen. Waddington stammte aus England, war jedoch im Jahr 1930 in die USA gereist, um – mit wem und wo auch sonst? – mit Thomas H. Morgan in dessen Fliegenraum Exemplare von *Drosophila* zu betrachten und deren embryonales Werden zu verfolgen. Dabei stieß er natürlich auch auf die Antennapedia, die bekannte Mutante mit den Beinen am Kopf. Ohne die geringste Kenntnis von Hox-Genen zu haben, deutete er das Geschehen mit der Hypothese, die embryonale Entwicklung erfolge nicht durch das additive Wirken von einem Gen nach dem anderen, sondern dadurch, dass Gene in einem dynamischen System miteinander in Wechselwirkung treten.

Zu diesem genetischen Gewebe tragen die DNA-Abschnitte mit ihren Instruktionen zur Herstellung von Proteinen natürlich bei, wie man damals zu ahnen begann. Aber irgendwann – so sah es Waddington bereits in den frühen 1940er-Jahren – haben die Gene ihre direkte (heute würde man sagen: informative) Schuldigkeit getan, und dann muss etwas »Epigenetisches« in Gang kommen. Auch Waddington ließ sich nur zögerlich auf die Annahme ein, dass sich dabei etwas finden würde, das von einer Generation zur nächsten vererbt werden kann. Vererbt werden sollten und konnten doch nur genetische Informationen und die dazugehörigen Moleküle.

Aber genau diese Haltung muss in diesen Tagen aufgegeben werden. Wer an einer möglichen Definition des neu aufblühenden

Forschungszweiges der Epigenetik interessiert ist, kann sagen, dass sie von der Weitergabe von Eigenschaften an Nachkommen handelt, die nicht von der traditionellen Erbforschung erfasst werden und demnach nicht direkt in den genetischen Molekülen stecken, wenn diese auch damit zu tun haben. Es geht also um Fertigkeiten und Phänomene, die nicht durch die Reihenfolge (Sequenz) der ein Genom ausmachenden und in Genom-Projekten erfassten DNA-Bausteine bedingt sind. Epigenetiker kümmern sich vielmehr um vererbbare Modifikationen und Anpassungen des genetischen Materials, die helfen, dessen *Nutzung* zu regulieren. Diese chemische Bestückung der DNA kommt natürlich nicht von selbst zustande, sondern wird von Proteinen vorgenommen, die ihre eigenen Gene benötigen. Und so geht die Kette der Signale immer weiter, bis man zuletzt nach dem Netz oder Gewebe sucht, in dem alles zusammenhängt oder zusammenkommt.

Mit anderen Worten: Es geht in der Epigenetik um Informationen, die über eine Gensequenz hinausgehen, wobei der Gedanke zu vermeiden und die Hoffnung zu dämpfen ist, dass sich in der Epigenetik auf dieselbe Weise »Epigene« finden lassen, wie sich in der Genetik im Lauf der Geschichte Gene gefunden haben.

Wer gern mit Begriffen jongliert und versuchen will, das »nach« im Wort »Epi-Genetik« anders zu übersetzen als durch *post* oder *epi*, könnte das griechische *meta* in Erwägung ziehen. *Meta* hat eine große Karriere gemacht, als es eine Naturwissenschaft, die Physik, in ein philosophisches Unterfangen verwandelte, nämlich in die Metaphysik. Dabei bezeichnete die »Meta-Physik« anfänglich nur die Schriften von Aristoteles, die in der Bibliothek nach den Büchern über die Physik kamen; sie standen *meta ta physica* in den Regalen und enthielten folglich seine Metaphysik. Vielleicht kann die Epigenetik irgendwann ebenso hoch greifen und zu einer Meta-Genetik mutieren, die sich mit metaphysischem Schwung den Lebensbildungen mit ihrem Formenreichtum zuwendet. Möglicherweise wird sie dann auch unsere Dichter und Denker interessieren und sie zum Nachdenken über solche Fragen der Wissenschaft anregen, bei denen es nicht um Ethik geht, sondern um das Verständnis der

Prozesse, mit denen das Leben sich schafft und sich selbst und seine Träger in Form hält.

So weit ist die Wissenschaft aber noch nicht gekommen. Bislang handelt die Epigenetik eher profan von chemischen Markierungen, die an genetisch aktiven und relevanten Molekülen, den Bausteinen der DNA, angebracht werden. Gemeint sind die eingangs beschriebenen Methylgruppen. Wenn sie angeheftet werden, entstehen Muster im Erbmaterial, die stabil bleiben und mit ihm vererbt werden können. Wer will, kann diese Markierungen als »Gedächtnis der Gene« bezeichnen, denn die dazugehörigen Muster sind durch die Umgebung bedingt, die den Träger der dazugehörigen Gene beeinflusst hat. Menschliche und andere Gene können das Besondere ihrer Umwelt behalten und somit auch enthalten. Und auf diesem Wege kann, wie es ein Reporter der BBC einmal ausgedrückt hat, das Leben von Großeltern – die Luft, die sie geatmet, die Nahrung, die sie zu sich genommen, die Freuden, die sie genossen haben – sich direkt bei und in den Enkelkindern auswirken, auch wenn diese die Lebenswelt ihrer Großeltern oder die von ihnen gebrauchten Gegenstände nie mit eigenen Sinnen erfahren und wahrgenommen haben.

Der frühere Präsident der Max-Planck-Gesellschaft, Peter Gruss, hat vor Kurzem spekuliert, dass die »German Angst« epigenetisch erklärt werden kann, nämlich als Folge der Traumata, die Eltern und Kinder vor über siebzig Jahren in Deutschland erlitten haben. Wenn man diesen Gedanken weiterspinnt, könnte aus der Epigenetik so etwas wie das Verständnis einer ganzen Nation erwachsen, während die Genetik sich an einzelne Personen hält.

Der holländische Hunger

Zu den berühmtesten Beispielen für das, was Epigenetik bislang erforschen konnte, gehört der Einfluss auf die Gesundheit von Menschen, die einen bedrohlichen Hungerwinter durchstehen mussten – und zum Glück überlebt haben. Gemeint ist das Elend, unter dem die Niederlande beim Jahreswechsel 1944/45 zu leiden hatten. Die

Nationalsozialisten hatten im zu Ende gehenden Krieg Blockaden errichtet, die alle Lieferungen von Lebensmitteln Richtung Holland unterbanden, was zu extremen Hungersnöten führte. Viele Menschen griffen als letzte Möglichkeit, sich zu ernähren, zu Tulpenknospen und Zuckerrüben, aber mehr als zweiundzwanzigtausend holländische Bürger überlebten die brutale Blockade nicht. In den schrecklichen Tagen gab es zahlreiche Frauen, die Nachwuchs in sich trugen, wobei einige von ihnen am Ende und einige am Beginn ihrer Schwangerschaft sehr hungern mussten. Frauen, die kurz vor der Geburt ihrer Kinder kaum Nahrung bekamen, brachten leichtgewichtige Jungen und Mädchen zu Welt, was nicht überraschend ist. Was allerdings aufmerken ließ, war die Tatsache, dass eine Generation später die Kinder dieser mit reduziertem Gewicht Geborenen selbst ziemlich wenig auf die Waage brachten, obwohl deren Mütter in den Nachkriegsjahren ohne Entbehrungen hatten leben können.

Ein anderes Muster zeigte sich bei den Fällen, bei denen die Mütter nicht am Ende, sondern zu Beginn ihrer Schwangerschaft unter der Hungersnot von 1944/45 gelitten hatten. Zwar kamen deren Kinder normalgewichtig zur Welt, doch entwickelten sie im Lauf ihres Lebens eine erstaunliche Tendenz, übergewichtig zu werden, so als ob sie ihr Essen nachholen müssten. Und diese Neigung haben sie sogar an ihre Nachkommen, also die Enkel der Frauen aus dem Hungerwinter, weitergereicht.

Inzwischen haben die Epigenetiker genauer in Augenschein nehmen können, welche molekularen Folgen der niederländische Hungerwinter auf der Ebene der Gene hinterlassen hat. In diesem Zusammenhang sind sie auf einen Wachstumsfaktor mit der Bezeichnung IGF2 (für Insulin Growth Factor 2) gestoßen, den sie unter ihre analytische Lupe genommen haben. Das Hormon Insulin ist für seine Fähigkeit bekannt, den Blutzuckerspiegel zu steuern, was beim Auftreten sowohl von Appetit als auch von Hunger eine große Rolle spielt. Der vom Insulin beeinflusste Wachstumsfaktor IGF2 erwies sich als ein Protein, das beim Wachstum und bei der Entwicklung vor der Geburt seinen großen Auftritt bekommt. Die Genetiker sprechen gern von einem Schlüsselfaktor der embryonalen Entwicklung. An dem dazugehörigen Gen – dem IGF2-Gen – fanden sich bei den Kindern, die die Hungersnot innerhalb der ersten zehn Wochen im Mutterleib hatten ertragen müssen, deutlich weniger Methylgruppen. Die geringe Markierung führte zu einer vermehrten Aktivität des Gens und damit zu einer erhöhten Konzentration der Wachstumsfaktoren, was auf den ersten Blick als natürliche Reaktion auf Nahrungsknappheit verwundert, aber von der Grundidee des Lebens her, nämlich alles für das Überleben zu unternehmen, zu verstehen ist.

Wie immer dies auch einzuordnen ist: Wenn der Nachwuchs erst innerhalb der letzten zehn Wochen im Mutterleib unter der Hungersnot zu leiden hatte, änderte sich zwar, wie gesagt, das Gewicht bei der Geburt (es sank unter Normalwerte), nicht aber die Markierung bei den Genen. Das lässt erkennen, dass das Genom für weitere Überraschungen sorgen kann, selbst wenn man meint, alles so genau wie möglich vermessen und keinen Parameter mehr frei zu haben.

Weitere epigenetische Mechanismen

Wer von einer chemischen Markierung des genetischen Materials und seiner DNA-Moleküle liest, wird sich fragen, ob es im Erbgut nicht noch andere Bausteine gibt, die sich einem regulierenden Zugriff anbieten und wortwörtlich über die Gene hinausgehen, also epigenetisch sind, weil sie deren Information verpacken und umhüllen. Die als *Histone* bekannten Proteine, von denen es vier verschiedene gibt, erfüllen diese Eigenschaften. Die Namen verdanken sie der griechischen Vorsilbe *his-*, die man auch von der Histologie (Gewebekunde) her kennt. Die Histone umfangen die DNA mit dem Gewebe, das sich in den Lichtmikroskopen in Form von Chromosomen zeigt. Nicht nur die DNA-Bausteine, sondern auch die Histone können mit Methylgruppen markiert werden. Dabei stehen einer Zelle sogar die Mittel zur Verfügung, den Histonen auch ein größeres chemisches Gebilde anzuhängen, nämlich eine Acetyl-Gruppe, wie die Experten es nennen. Diese Gruppe besteht aus Kohlenstoff-,

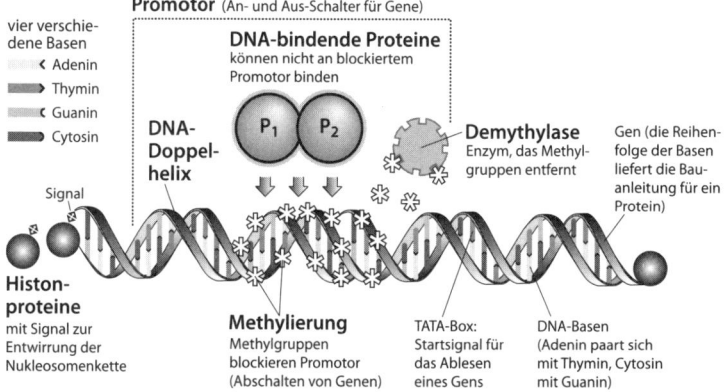

Promotor (An- und Aus-Schalter für Gene)

vier verschie-
dene Basen

❮ Adenin

➤ Thymin

❮ Guanin

➤ Cytosin

DNA-bindende Proteine
können nicht an blockiertem
Promotor binden

**DNA-
Doppel-
helix**

P₁ P₂

Demythylase
Enzym, das Methyl-
gruppen entfernt

Gen (die Reihen-
folge der Basen
liefert die Bau-
anleitung für ein
Protein)

Signal

**Histon-
proteine**
mit Signal zur
Entwirrung der
Nukleosomenkette

Methylierung
Methylgruppen
blockieren Promotor
(Abschalten von Genen)

TATA-Box:
Startsignal für
das Ablesen
eines Gens

DNA-Basen
(Adenin paart sich
mit Thymin, Cytosin
mit Guanin)

Die DNA einer Zelle darf man sich nicht als nacktes Molekül vorstellen. Die Doppelhelix wird vielmehr umwimmelt von allerlei Proteinen, die ihre Signale und damit genetische Spuren hinterlassen. Ein sehr lebendiges Geschehen.

Sauerstoff- und Wasserstoffatomen und wird als CH_3CO- geschrieben. Der Strich am Ende deutet an, dass die Gruppe nicht für sich bleibt und Anschluss sucht.

Mit der Markierung von DNA-Bausteinen und von Histonen mit Methylgruppen stehen der Natur also zwei molekulare Ansatzpunkte für epigenetische Mechanismen zur Verfügung. Die Methylierung der Histone wirkt sich zum Beispiel bei Patienten mit dem »Kabuki-Syndrom« aus, das seinen Namen einer japanischen Theaterpraxis verdankt, bei der die Schauspieler auf spezielle Weise geschminkt werden. Betroffene Patienten leiden unter Fehlbildungen im Gesicht und geistiger Behinderung. Das Syndrom wird offenbar ausgelöst, wenn ein einzelnes Gen mit der Bezeichnung MLL2 versagt und das dazugehörende Protein nicht in der Lage ist, ein Histon zu methylieren.

Anders als die Verzierung oder Bestückung der DNA ist die Modifikation der Histone sehr flexibel und nicht sehr stabil. Während DNA-Markierungen durch die Generationen geleitet werden, variieren Histon-Modifikationen sehr rasch und kommen leicht abhanden. In den Zellen des Gehirns zum Beispiel kann sich die Histon-Markierung – viele Genetiker sprechen an dieser Stelle gern vom Histon

Code, was ungeschickt erscheint und nicht zum Verständnis beiträgt – unter dem Einfluss von süchtig machenden Drogen wie Kokain ändern. Und in Zellen, die sich im Darm befinden, ändert sich die Histon-Modifizierung in Abhängigkeit von den Fettsäuren, die Bakterien in den menschlichen Innereien produzieren. Es scheint offenbar viele Möglichkeiten zu geben, die Nahrung mit der Natur zu verkuppeln und zu koppeln, also *Nurture and Nature* zu verbinden, wie die beiden agierenden Pole in der Sprache Shakespeares heißen.

Es gibt noch eine dritte Art von epigenetischen Einflüssen, die sich weder an den Genen direkt noch an den sie verpackenden Proteinen nachweisen lassen, die dafür aber bei der RNA zum Tragen kommen. Bei dem Versuch, die Blütenfarbe von Petunien leuchtender hervortreten zu lassen, hatten Biochemiker in den 1990er-Jahren die Pflanzen mit zusätzlichen Genen ausgestattet, mit deren Hilfe sie mehr Pigmente anfertigen lassen wollten. Zu ihrer Überraschung produzierten die veränderten Petunien nicht mehr, sondern fast überhaupt keine Farben mehr. Wie weiteres Nachforschen ergab, kommt die Möglichkeit einer Stilllegung von Genen durch eine besondere Form von RNA-Molekülen zustande, die wie das eigentliche Erbgut doppelsträngig (ds) vorliegen und auf eigentümliche Weise der Boten-RNA – also der mRNA – ins Gehege kommen, ohne die keine Herstellung von Proteinen stattfinden kann. Man spricht von *RNA-Interferenz* (abgekürzt RNAi) und findet die meisten Beispiele für diesen Mechanismus in Pflanzen wie den Petunien, deren Gene für die Blütenfarben stillgelegt wurden. Eine wichtige Rolle scheint die RNA-Interferenz bei den Abwehrmaßnahmen zu übernehmen, mit denen sich Pflanzen gegen Viren schützen, deren Erbmaterial aus RNA besteht.

Zwillinge

Seit man Epigenetik treibt, konnte genauer erkundet werden, ob eineiige Zwillinge tatsächlich als genetisch identisch anzusehen sind, wie oftmals leichtfertig gesagt und bereitwillig geglaubt wird. Unabhängig von diesem Zugang musste es einem rational orientierten und nachrechnenden Beobachter schon immer Mühe machen, bei den Riesenmengen an DNA, von denen in der Genomforschung die Rede ist – Milliarden Bausteine und Milliarden Zellen –, anzunehmen, dass sie in Menschen in identischer Weise vorliegen können, also Baustein für Baustein gleich. Und wer Zwillinge kennt, braucht nicht darüber belehrt zu werden, dass »identische Zwillinge« eines nicht sind, nämlich identisch, also ein und dasselbe, nur zweimal.

Dass es eine völlige Gleichheit nicht geben kann, zeigte sich auch unter den strengen Augen einer empirisch vorgehenden Medizin, die registrieren konnte, dass selbst Zwillinge, die aus einer einzigen befruchteten Eizelle (Zygote) hervorgegangen sind, sich als vielfach verschieden anfällig gegenüber Krankheiten erweisen. Mit dem Aufkommen der Epigenetik und der methodischen Möglichkeit, Markierungen der DNA zu analysieren, konnte man erkennen und zeigen, dass sich die unterschiedliche Anfälligkeit von scheinbar identischen Zwillingen auf einen epigenetischen Grund zurückführen lässt. Dabei verdient eine Merkwürdigkeit besondere Beachtung. Eine erstmals 2005 durchgeführte genaue Analyse ließ etwas höchst Unerwartetes erkennen, nämlich die Tatsache, dass eineiige Zwillinge zwar am Anfang ihres Lebens epigenetisch dicht beieinander liegen, diese Übereinstimmung aber im Lauf ihres Lebens verlieren. Das Muster der DNA-Methylierung ändert sich mit zunehmendem Alter, und es ändert sich unterschiedlich, nicht zuletzt in sich anfänglich ziemlich gleich zeigenden Zwillingen. Mit anderen Worten: Die verschiedenen (individuellen) Lebenserfahrungen wirken sich unterschiedlich auf das Genmaterial jedes Einzelnen aus, und identische Zwillinge werden im Lauf ihres Lebens, wie wir alle, immer individueller.

Galt dieser Nachweis schon als Überraschung, so schockierte die nächste Entdeckung geradezu. Bei der Untersuchung von Erwachsenen ohne jede Verwandtschaftsbeziehung stellte sich nämlich heraus, dass deren epigenetische Muster, umgekehrt wie bei den Zwillingen, unverändert bleiben. Anfänglich übereinstimmende Genome ändern sich im Lauf des Lebens, während anfänglich individuell unterschiedene Genome stabil und sich gleich bleiben. Wenn man beide Einsichten zusammennimmt (»Was gleich ist, wird anders, und was anders ist, bleibt gleich«) und auf einen Nenner bringen möchte, kann man sagen, dass die Abläufe der Natur konsequent das Anderssein anstreben. Die von Natur aus gegebenen Mechanismen erzeugen auf epigenetische Weise dort Unterschiede, wo sie nicht vorhanden waren, und die Natur bewahrt Differenzen, wenn es sie (genetisch) bereits gibt. Vielleicht zeigen eineiige Zwillinge zunächst annähernd so etwas wie eine genetische Identität. Die bleibt aber nicht so und wandelt sich. Auch Zwillinge werden im Lauf ihres Lebens, was alle Menschen sind – anders und einmalig. Schön zu wissen.

Epigenetik und das Gedächtnis der DNA

Warum Epigenetik nicht nur spannend, sondern auch lohnend ist, zeigen neben den genannten Experimenten auch einige merkwürdige Beobachtungen in Laborversuchen. Sie lassen erkennen, dass die den Genen aufgepfropften Muster der Methylierung bei Ratten mit der Zuwendung korreliert sind, die eine Mutter ihren Jungen entgegenbringt. Die Liebe einer Mutter zu einem Neugeborenen schlägt sich – vererbbar – in dessen Genen nieder. Das lässt erstens vermuten, dass sich, umgekehrt, die Vernachlässigung ebenfalls in diesen Molekülen bemerkbar macht, und legt zweitens den Gedanken nahe, dass solche Korrelation auch bei liebevoll oder abweisend behandelten Menschenkindern nachzuweisen ist.

Wie kürzlich im Rahmen genetischer Analysen berichtet wurde, verändert Gewalt gegenüber Schwangeren die Genmarkierungen ihres Nachwuchses – mit Spätfolgen. Die genetisch traumatisierten Kinder werden im Lauf ihres Lebens anfälliger für Stress, wie man beobachtete. Diese Entwicklung konnte man mit der Tatsache in Verbindung bringen, dass sich ihr Gen für den Rezeptor des Stresshormons Cortisol epigenetisch veränderte. Die betroffenen Kinder lernen auf diese biochemisch fixierte Weise, dass sie in einer bedrohlichen Umgebung aufwachsen, sie werden ängstlich und zeigen wenig Neugierde.

Tatsächlich bestätigt inzwischen eine Vielzahl von Analysen, dass Lebenserfahrungen in jungen Jahren nicht nur bei Nagetieren, sondern auch bei Affen – und daher höchstwahrscheinlich auch bei Menschen – epigenetische Spuren auf der DNA hinterlassen. Untersucht wurde der Umgang von Müttern mit ihrem Nachwuchs, und dabei genauer das Verhalten, das in der amerikanischen Sprache als »licking and grooming« bezeichnet wird, was man mit »Ablecken und Zausen« übersetzen könnte. Es geht also um einen engen und intimen Körperkontakt, bei dem einige Partien mit der Zunge bearbeitet werden und das Fell genau inspiziert und mit den Händen »durchforstet« wird. Im Versuch unterschied man zwischen solchen (glücklichen) Äffchen, die von liebevoll leckenden und zausenden Müttern versorgt wurden, und solchen (unglücklichen) Winzlingen, die von spröden Erwachsenen umgeben waren und kühl bis feindlich behandelt wurden. In der Folgezeit konnte man beobachten, dass die gut umsorgten Kleinen später im Leben viel gelassener und selbstbewusster waren; ausgewachsen zeigten sie weniger Furcht vor ungewohnten Situationen und reagierten offenherziger gegenüber Fremden, also Tieren, die sie vorher nie gesehen hatten und die nun in ihrem Umfeld auftauchten.

Die Wissenschaft kann dieser Spur der epigenetischen Erziehungsmuster inzwischen bis ins Gehirn und dessen Zellen folgen und auf diese Weise vorsichtig beginnen, das dabei angelegte Gedächtnis der Gene als das unbewusste Wissen zu verstehen, das Lebewesen im Lauf ihres Heran- oder Aufwachsens erworben haben und zuletzt in sich tragen. Wenn dies bei Mitgliedern der Spezies *Homo sapiens* ebenso funktioniert wie bei Mäusen, können Epigenetiker dabei möglicherweise so etwas wie die menschliche Seele finden, während sie eigentlich nach den Genen und ihren Verzierungen schauen. Offenbar tragen Menschen mit ihrer DNA und ihrem ausstaffierten Genom mehr mit sich herum, als beim Sequenzieren des Erbguts allein herauszufinden ist und verstanden werden kann. Was mit Befunden wie den eben geschilderten beginnen müsste, wäre ein

Gespräch über Gene, Genome und deren Träger, das solche disziplinären Grenzen aufhebt und hinter sich lässt, wie Forscher sie trotz aller gegenteiligen Beteuerungen um sich errichtet haben. Das wäre sowohl eine postmoderne als auch eine postdisziplinäre Debatte. Und sie könnte mit der Frage beginnen, wie weit der Einfluss der Gene im Einzelnen reicht und was mithilfe dieser Moleküle und dank der von ihnen in Gang gesetzten Mechanismen auf welche Weise bestimmt oder gar determiniert ist.

Was das in der öffentlichen Debatte vielfach demonstrierte Festhalten an einem offenbar beliebten genetischen Determinismus angeht, so wird gerade auch im Licht der epigenetischen Erkenntnisse offensichtlich, dass Gene – konkret die DNA-Sequenzen einer Zelle – niemals allein bestimmen, welche Charakteristiken einem Organismus letzten Endes zukommen. Erbanlagen gehen vielmehr mannigfaltige Kollaborationen mit der Umgebung und Wechselwirkungen mit vielen nicht-genetischen Faktoren ein, um mit ihnen zusammen und im Gleichklang das Erscheinungsbild zu zimmern, mit dem sich die Geschöpfe der Evolution in ihrer aktuellen Pracht präsentieren.

Mit den epigenetischen Erweiterungen der sich biologisch vollziehenden Entwicklung eines Menschen (oder anderer Organismen) werden auch einige der beliebten Metaphern unbrauchbar, mit denen man meint, das genetische Geschehen erfassen und unter das Volk bringen zu können. Zu den schon sehr früh verwendeten und eher unschuldig klingenden Metaphern gehört, die Gene eines Lebewesens als seine Blaupause anzusehen, also als den Plan, nach dem das, was kreucht und fleucht, gebaut und errichtet wird. Wenn überhaupt, dann kann mit dem Blueprint, wie es im Angelsächsischen heißt, nur ein vorläufiger Entwurf gemeint sein. Durch Reaktionen und Rückkopplungen lässt er sich beim Wachsen und Entwickeln auf real existierende Details ein und verfügt über die Fähigkeit, eine allmähliche Verfertigung der Planungen beim Umsetzen hinzubekommen.

Als eher noch unglücklicher erweist sich die Rede von einem »genetischen Programm«, die schon weiter oben moniert wurde und im Licht der Epigenetik erneut kritisiert werden muss. Denn das Programm kann offenbar erst geschrieben werden, während es bereits abläuft. Eben das ist der Grund dafür, dass das sich selbst schaffende Leben so anders ist als eine Maschine, an der sich Ingenieure und Handwerker abmühen.

Gesundheit und Krankheit

In den Medien taucht inzwischen nicht nur verstärkt der Begriff des *Epigenoms* auf, womit man die Gesamtheit aller Markierungen meint, die einem Genom hinzugefügt worden sind und sein Wirken beeinflussen. Es scheint sich auch die daran anknüpfende Wissenschaft der *Epigenomik* zu etablieren. Darunter kann man sich so etwas wie die systematische Analyse der epigenetisch regulierbaren Stellen im Genom vorstellen, die in unterschiedlichen Zelltypen vorgenommen wird.

»Das Epigenom ist die Sprache, in der das Genom mit der Umwelt kommuniziert«, wie der in Boston tätige deutsche Biochemiker Rudolf Jaenisch sich einmal hat zitieren lassen. Er bereitet damit den Gedanken vor, dass epigenetisch gespeicherte Einflüsse der Umwelt auf die Aktivität von Genen einen stärkeren Einfluss haben als die DNA-Sequenzen selbst. Und daran soll sich dann die Epigenomik anschließen, mit der sich auf der Basis gesammelter Daten vergleichend verstehen lässt, wie sich epigenetische Regulierungen des zellulären Geschehens auf Gesundheit und Krankheit auswirken.

Die Vertreter der Epigenomik haben 2008 mit der Anfertigung einer »Epigenome Roadmap« begonnen, die sieben Jahre später, im Februar 2015, als Spezialausgabe in der *Nature* vorgestellt wurde (*www.nature.com/epigenomeroadmap*). Bei der Präsentation der Ergebnisse – sie wurden mit Proben erzielt, die direkt menschlichem Gewebe und Zellen entnommen werden konnten – verkündete einer der daran beteiligten Wissenschaftler etwas vollmundig: »Unser Ziel ist es, das gesamte Epigenom von hundert oder mehr verschiedenen menschlichen Zelltypen zu entschlüsseln.«

Solche Sätze sind in letzter Zeit häufig zu hören. Und auch wenn sich Journalisten davon möglicherweise beeindrucken lassen und entsprechende Meldungen verbreiten oder sich auf diese Weise sogar Finanzmittel an Land ziehen lassen: Es ist und bleibt Unsinn, wenn davon geredet wird, man könne ein Epigenom »entschlüsseln«. Entschlüsseln kann man bestenfalls geheime Nachrichten, aber nur deshalb, weil jemand (etwa die Leute vom gegnerischen Geheimdienst) sie vorher verschlüsselt hat. Weder das Genom noch das Epigenom sind von irgendeiner Institution und deren Leuten verschlüsselt worden. Sie wollen niemanden in die Irre führen und nur den Organismen helfen, in deren Zellen sie zu finden sind. Hier liegen und wirken sie natürlich eher im Verborgenen, was sich im Lauf der Genomforschung und durch die Epigenomik verändert hat. Man hat nun Wege gefunden, offenzulegen, was bisher ohne Zuschauer ablief.

Mit dieser Kritik an der Sprechweise soll nicht ausgedrückt werden, dass die Epigenomik keine interessanten Ergebnisse vorweisen könnte. Beispielsweise hat die bereits erwähnte »Epigenome Roadmap« viele Markierungen in embryonalen Stammzellen erfassen können. Dabei wurde festgestellt, dass im Verlauf erster Schritte der Differenzierung – wenn Zellen ihren totipotenten Charakter (die Fähigkeit, einen vollständigen Organismus zu bilden) aufgeben, ihre spezifischen Ausprägungen bekommen und die dazugehörigen Aufgaben übernehmen – viele Umbauarbeiten am Genom vorgenommen werden. Zahlreiche bis zu diesem Zeitpunkt aktivierbare Teile des genetischen Materials werden nun in nicht weiter aktivierbare DNA-Bereiche verwandelt und umgekehrt.

Insgesamt gilt, was die *Nature* in einem Editorial der Herausgeber so formuliert hat: »Bei menschlichen Krankheiten wirken Genom und Epigenom zusammen. Der Versuch, Krankheiten allein mithilfe genomischer Information anzugreifen, war so, als hätte man eine Hand auf dem Rücken gefesselt. Der neue Schatz an epigenomischen Daten befreit diese Hand. Dies wird zwar nicht sämtliche Antworten liefern. Aber es könnte Forschern bei der Entscheidung helfen, welche Fragen sie in Zukunft stellen sollen.«

Viele Fragen stellen sich schon länger bei der Alzheimer-Krankheit, die in abgeschwächter Form auch bei Mäusen auftritt. Als man Zellen von betroffenen Tieren untersuchte, zeigte sich Folgendes: Die dort analysierten Gene unterschieden sich dadurch vom gesunden Normalfall, dass einige von ihnen darauf vorbereitet wurden, auf Attacken des Immunsystems zu reagieren. Das nährte den Verdacht, dass Alzheimer von einem fehlgeleiteten Immunsystem eingeleitet wird. Darüber hinaus wurden durch epigenetische Markierungen DNA-Abschnitte blockiert, die von den Zellen des Nervensystems benutzt und gebraucht werden, wenn sie sich daranmachen, neue Kontakte zu anderen Neuronen herzustellen, also Synapsen aufzubauen.

Ein weiteres Feld: Wie zahlreiche Nachweise belegen, scheinen manche Menschen dank einer epigenetischen Veränderung besser gegen Posttraumatische Belastungsstörungen gefeit zu sein, worunter psychische Reaktionen auf extrem bedrohliche und katastrophale Ereignisse wie Kriegshandlungen und Gewaltverbrechen verstanden werden. Entscheidend für die Stärke der Widerstandsfähigkeit scheint die Methylierung eines Gens mit der Bezeichnung SLC6A4 zu sein. Das wiederum sorgt für ein Protein, das die Beförderung eines bekannten Neurotransmitters sicherstellt und daher Serotonin-Transporter genannt wird. Merkwürdigerweise gibt es auch Gene, deren Markierung die Belastungsstörungen verstärken und somit das Gegenteil bewirken, ohne dass sich bislang ein klares Bild der Verbindung von Psyche und Genen zu erkennen gibt.[*]

Auch das Suchtverhalten scheint man inzwischen immer besser als ein epigenetisch gesteuertes Phänomen verstehen zu können. Die Modedroge Kokain sorgt zum Beispiel für Modifikationen in den Chromosomen, deren Zusammenhalt sich durch den Stoff lockert. Auf der Grundlage dieser Einsicht kann die nächste Frage in Angriff genommen werden: Welche Auswirkungen haben die epigenetischen

---

[*] Einige der Beispiele in diesem Abschnitt sind zitiert nach dem Newsletter des Wissenschaftsjournalisten Peter Spork, der in der »epigenetik« eines »der wichtigsten forschungsgebiete unserer zeit« sieht.

Veränderungen durch Suchtmittel, die auf der Ebene der DNA liegen, wenn man weiter in der Hierarchie des Körperlichen aufsteigt und sich im Netz der Gehirnzellen umsieht, die für das Verhalten einer Person sorgen?

Wenn sich die Umwelt im Genom über epigenetische Markierungen zu Wort melden kann, wäre es merkwürdig, wenn die als Stress bekannte Belastung von vielbeschäftigten – von zu viel beschäftigten – Personen keine Spuren im Erbgut hinterlassen würde. Die Konzeption Stress wird inzwischen in der Wissenschaft zwar auch benutzt, wenn man die Folgen besonders harter Bedingungen im biologischen Dasein (wie etwa Kälte oder Trockenheit), denen sich Zellen vielfach ausgesetzt sehen, genauer verstehen will. An dieser Stelle ist jedoch der psychische Stress gemeint, der Menschen im turbulenten und termingeplagten Alltag oft bis an den Rand der Verzweiflung treibt. Er kann sogar zu Depressionen führen, wenn zum einen der Druck zu groß wird und sich zum anderen die Angst vor dem Versagen meldet und den Menschen lähmt. Tatsächlich unterscheiden sich die epigenetischen Markierungen in Hirnzellen von solchen Menschen, die eher selbstmordgefährdet sind, von den Hirnzellen anderer Menschen, die ihre Gelassenheit in Stresssituationen bewahren können.

Vernachlässigte oder gar missbrauchte Kinder, die als Erwachsene vermehrt zur Depression neigen, lassen ebenfalls ungewöhnliche Muster bei der Methylierung ihrer Gene erkennen, wobei für die Forschung noch im Einzelnen zu erkunden ist, über welche Signalketten die Verbindung zwischen den inneren Reaktionen und den äußeren Reizungen hergestellt wird. Die Beobachtung, dass frühkindlich erfahrener Stress epigenetische Spuren im Erbgut von Betroffenen hinterlässt, die sogar an die nachfolgende Generation weitergegeben werden, hat nicht nur nebenbei die Frage nach dem evolutionären Vorteil dieses Erbmechanismus aufkommen lassen. Warum ist es unter den genannten Aspekten sinnvoll, die negativen Erfahrungen von Personen und das damit verbundene Leiden weiter zu vererben?

In jüngster Zeit hat sich bei historisch motivierten Untersuchungen in dieser Richtung sogar gezeigt, dass Überlebende des

Holocaust ihre Traumatisierung epigenetisch an ihre Kinder weitergereicht haben. Als Folge davon hat sich deren Anfälligkeit für die mit Stress verbundenen Krankheiten oder Beschwerden erhöht. Konkret wurden zweiunddreißig jüdische Personen untersucht, die Konzentrationslager überlebt oder sich hatten verstecken müssen. Bei ihnen konnte ein Gen mit der Bezeichnung FKBP5 identifiziert werden, das generell der Stressregulation dient und bei den Betroffenen auffällig stark methyliert war, was sich bei den Kindern wiederholte. Eine statistische Analyse der Daten zeigte, dass deren epigenetische Veränderungen nicht durch Erfahrungen aus der Zeit ihres Heranwachsens stammten, sondern durch das Holocaust-Erleben der Eltern angelegt worden waren. Das wirft erneut die oben gestellte Frage auf, warum die Evolution das Leben so eingerichtet und die Vererbung von schrecklichen Erfahrungen ermöglicht und vorgesehen hat.

Ein Hinweis auf eine Antwort schien immer schon in der auch ohne Wissenschaft bekannten Tatsache zu stecken, dass Stress in einer bestimmten Phase der Jugend nicht nur Nachteile, sondern in manchen Fällen auch Vorteile bringen kann, nämlich dann, wenn sich die Betroffenen dadurch als Erwachsene resistenter gegenüber Belastungssituationen erweisen. Dass epigenetisch an Stress gewohnte Gene den Nachfahren tatsächlich nutzen können, dass schlechte Erfahrungen vererbte Gene verbessern, hat vor Kurzem eine in Zürich durchgeführte Studie zeigen können, und zwar durch Experimente mit Nagern. Während Mäusemütter durch Stressbedingungen – enge Räume, hoher Lärmpegel, Trennung vom Nachwuchs – nervös wurden und ihre Kinder Antriebs- und Emotionsstörungen erkennen ließen, fielen deren Nachkommen durch ein deutlich mehr zielgerichtetes Verhalten in einem gelassenen Modus auf. Diese Qualität ging mit einer epigenetischen Modifikation von Genen einher, als deren Folge ein Protein namens MR hergestellt werden konnte. Es dient als Rezeptor von sogenannten Mineralkortikoiden, die als Steroidhormone aus der Nebennierenrinde stammen, und verhilft mit dieser Aktivität zu einer oftmals vorteilhaften Änderung im Verhaltensrepertoire.

Hier ist zu beachten, dass wir im letzten Satz einen Riesen-schritt von genetischen Molekülen zum agierenden Lebewesen ge-macht haben, der zudem die Zwischenstufen von Zellen und Gewe-ben ausgelassen hat. Es darf verwundern, dass dieser Schritt zulässig ist, und es kann versichert werden, dass unsere Behauptung stimmt. Unabhängig davon fällt auf und überrascht, dass die beschriebenen positiven Auswirkungen von Stress von Genetikern bislang weitge-hend übersehen worden sind. In der psychologischen und neurolo-gischen Forschung ist dieses Phänomen als »Resilienz« bekannt und in den letzten Jahren genauer untersucht worden. Urs Widmann etwa schildert in seinem Buch *Stress. Ein Lebensmittel* ausführlich das Positive an Stressreaktionen für das Leben eines Menschen bzw. seine Überlebensfähigkeit.

Krebs

Letztlich spricht nichts dagegen, das erwähnte Rezeptorprotein na-mens MR als Ziel von künftigen Medikamenten ins Auge zu fassen, um mit ihrer Hilfe etwas gegen die Folgen von chronischem Stress unternehmen zu können. Dies wäre aus vielen Gründen wünschens-wert. Wer ständig unter Stress steht und sich mehr oder weniger per-manent überfordert fühlt, kann häufig krank werden, wie umfangrei-che Erfahrungen mit Bluthochdruck und Herzinfarkten zeigen. Es ist vielfach belegt, dass unter dem täglichen Druck von außen vor allem das Immunsystem innen leidet und an Kraft verliert. Als direkte Folge dieser Schwächung schwinden die Abwehrkräfte des Körpers und leidet die Qualität des Schlafs, und beides wirkt sich anschließend indirekt auf die von vielen Menschen am meisten gefürchtete Störung der Körperfunktionen aus, die seit der Antike Krebs heißt.

Krebs gibt es offenbar, seit es Menschen gibt, und entsprechend lange hat man sich – leider zumeist vergeblich – um Heilung be-müht. Trotz allen Fleißes ist die Wissenschaft nur ganz langsam vor-angekommen, was auch damit zu tun hat, dass man erst seit den späten 1960er-Jahren ernsthaft an genetische Beiträge zum Krebs denken und sie untersuchen konnte. Seit 1969 zirkuliert der Begriff eines Onkogens, also eines Gens, das in Körperzellen sitzt und dort Krebs auslösen kann. In den 1970er-Jahren konnte diesem Genfaktor ein kompensierendes Gegenstück an die Seite gestellt werden. Man fand Gene, die Proteine in einer Zelle tätig werden lassen, als Tumorsuppressoren das Genom behüten und durch ihre Wachfunktion dafür sorgen, dass kein unkontrolliertes Wachsen und Wuchern einsetzt. Man spricht von Tumorsuppressor-Genen und nimmt an, dass sie Zellen vor der bösartigen Umwandlung in ein Karzinom oder Sarkom bewahren, wie zwei Krebsarten heißen.

Mit diesen Vorgaben ist eigentlich zu erwarten, dass deren DNA einer epigenetischen Regulierung offensteht. 2015 haben Zellbiologen aus den USA diese Vermutung dingfest machen und eine epigenetische Signatur von Tumorsuppressor-Genen ermitteln können, die dafür sorgt, dass die den Krebs verhindernden Gene aktiv oder aktivierbar bleiben. Die Markierung erfolgt durch das Anbinden einer Methylgruppe an eines der Histonproteine (in diesem Fall Typ 3), mit denen die DNA verpackt ist. In den modifizierten Chromosomen wird das Tumorsuppressor-Gen verstärkt in Anspruch genommen und seine molekularbiologische Tätigkeit bei der Transkription der DNA erleichtert.

In diesem Signalnetzwerk wird man jedenfalls noch viele Entdeckungen machen müssen, bevor ein einigermaßen klares Bild über den Krebs auf dieser Ebene sichtbar wird – falls dies jemals möglich sein wird. Doch immerhin konnte in jüngster Zeit ermittelt werden, dass das RB-Tumorsuppressor-Gen in krebskranken Zellen dafür sorgt, dass keine epigenetische Veränderung an den Histonen vorgenommen werden kann. Das heißt, die gefährliche Mutation im RB-Gen unterdrückt die Markierung, bei der Methylgruppen auf die Verpackungsproteine übertragen werden. Deshalb stellt sich nun die Aufgabe, Substanzen zu finden, die den epigenetischen Prozess in Gang halten – was leichter sein sollte, als in den genetischen Gang der Dinge einzugreifen.

In diesem Zusammenhang greifen wir noch einmal auf Zwillingsstudien zurück, die in diesem Fall bei Patientinnen mit Brustkrebs durchgeführt wurden. Es gibt Paare aus eineiigen Zwillingen, bei denen sich völlig unterschiedliche Krankheitsverläufe in Hinblick auf Brustkrebs feststellen lassen. Wie eine Detailanalyse ergab, fanden sich bei der Zwillingsfrau, bei der sich der Tumor entwickelt hatte, auf der DNA chemische Veränderungen, durch die bestimmte Gene deaktiviert wurden. Konkret waren Tumorsuppressor-Gene stillgelegt, die im Normalfall das Zustandekommen von unkontrolliertem Zellwachstum blockieren. Damit kann die Suche nach Medikamenten beginnen, die mit dem Attribut epigenetisch versehen werden und von denen einige in Europa schon zugelassen sind, Wirkstoffe, die gegen Leukämie und bei Lymphdrüsenkrebs eingesetzt werden können. Es sollte tatsächlich leichter sein, das Epigenom durch die Entfernung einer Modifikation zu verändern als durch die Reparatur einer Mutation.

Soweit es, konkreter, die Frage nach einer Entfernung oder Rücknahme der Methylierung von DNA betrifft, so haben sich einige Biochemiker auf die Tatsache konzentriert, dass die Methylgruppen nur an einen der vier DNA-Bausteine angehängt werden, und zwar an die Base namens Cytosin. Mit der epigenetischen Markierung entsteht ein Methyl-Cytosin, was die Experten immer genauer vermessen konnten. Zudem konnten sie im Lauf der Jahre auch die leicht abweichende Molekülstruktur Hydroxymethyl-Cytosin aufspüren. Diese modifizierte Base wurde ebenfalls in der DNA von embryonalen Stammzellen gefunden, und damit nicht genug. Selbst eine mit einer Formylgruppe (gemeint ist die Dreierkombination CHO) bestückte Base, also Formyl-Cytosin, zeigte sich in den Genen embryonaler Stammzellen. Allerdings gibt dieser Befund mehr Rätsel auf, als einem lieb sein kann. Denn die aufgezählten Sonderformen von Cytosin reduzierten sich wieder, als die Stammzellen damit begannen, sich zu differenzieren, um dem Körpergewebe dienen zu können.

Homosexualität

Immer wieder und in großem Detail wird im Rahmen epigenetischer Analysen die sexuelle Orientierung von Menschen untersucht. Dabei wurde kürzlich auch die Hypothese, dass Homosexualität mit epigenetischen Mechanismen verknüpft und vielleicht sogar durch sie bedingt ist, in einer genetischen Untersuchung getestet. Eine Gruppe von Humangenetikern hat zu diesem Zweck die Methylierungsmuster der DNA von eineiigen Zwillingen untersucht und dabei auf siebenunddreißig Paare zurückgreifen können, die eine unterschiedliche sexuelle Neigung zeigten. Eine oder einer von ihnen lebte homosexuell, der oder die andere nicht. Als Kontrollgruppe des Experiments standen den Wissenschaftlern zehn eineiige Zwillingspaare zur Verfügung, bei denen sich beide Personen zur ihrer Homosexualität bekannten und sie auch lebten.

Mit kniffligen statistischen Analysen (ausführliche Details und Angaben sind zu finden unter *www.ashg.org/20150-sexual-orientation. html*) konnten nicht nur epigenetische Unterschiede zwischen den Zwillingen mit verschiedener sexueller Orientierung gefunden werden. Die ermittelten Differenzen in der Markierung des jeweiligen Erbguts erlaubten es sogar, die homosexuelle Neigung einer Testperson mit einer Wahrscheinlichkeit von siebzig Prozent vorherzusagen. Wie die biochemischen Details erkennen lassen, spielen epigenetische Signale eine Rolle, wenn in der Entwicklung eines Menschen festgelegt wird, wie die Reaktion eines Heranwachsenden auf männliche Geschlechtshormone aussieht. Dabei gilt es nach den berichteten Ergebnissen bei den Markierungen des genetischen Materials einer Person zu unterscheiden, ob die chemischen Muster der DNA von der Mutter herrühren oder vom Vater übernommen werden. Das Resultat ist dabei trickreich, denn wenn ein Mann die epigenetischen Markierungen seiner Mutter oder eine Frau die epigenetischen Markierungen ihres Vaters übernimmt, dann wächst die Wahrscheinlichkeit einer homosexuellen Orientierung des oder der Betroffenen, was einen ins Grübeln bringen kann. Unabhängig davon erlauben es die angeführten Daten auf jeden Fall, den seit Langem bekannten Befund besser zu verstehen, dem zufolge Homosexualität in einigen Familien gehäuft vorkommt, ohne dass sich dafür bislang eine genetische Ursache – also so etwas wie ein »Schwulen-Gen« – hat aufspüren lassen.

Mit diesen epigenetischen Befunden bestätigt sich erneut, was vernünftigen Menschen längst Gewissheit ist, wenn es auch Kulturen und Glaubensrichtungen gibt, in denen anders und sehr viel inhumaner und menschenunfreundlicher gedacht wird. Gemeint ist die Einsicht, dass die Neigung zur Homosexualität eine natürliche Variante des menschlichen Verhaltens ist – sie kann nicht nur nebenbei und nicht zu knapp im Reich der Tier beobachtet werden –, die im Verlauf des evolutionären Werdens aufgetaucht ist und sich vielfältig im Rahmen des gesellschaftlichen Seins bewährt. Krank sind nicht die Homosexuellen unter den Menschen. Krank im Kopf sind vielmehr die dummen Kerle, die Homosexualität immer noch als Krankheit bezeichnen, wie es Stammtischpolitiker, Kirchenvertreter und Nazis gern gemacht haben und wie es von beschränkten politischen und geistlichen Führern immer noch und immer wieder zu hören ist, während sie ihre eigenen Hände in Unschuld waschen.

Die epigenetische Aussicht

Wie bereits erwähnt, besteht die grundlegende Aufgabe der Biologie im Allgemeinen und der Genetik im Besonderen darin, das Verständnis für das Leben von Organismen auf eine wissenschaftliche Basis zu stellen. Es geht also darum, die Entwicklung von Lebensformen zu verstehen und zu erfassen, wie daraus das Verhalten von Fliegen, Mäusen, Menschen und anderen Hervorbringungen des evolutionären Gesamtprozesses abzuleiten ist.

In den USA ist viel von einer *Verhaltensepigenetik* (»Behavioral Epigenetics«) die Rede. Im Rahmen dieser neuen Wissenschaft hat man es längst aufgegeben, einen deterministischen Ansatz zu verfolgen, also nach irgendwelchen Genen Ausschau zu halten, die alles bedingen und bewirken. Wie auch? Bei dem epigenetischen

Paradigma wird vielmehr gefragt, wie Eigenschaften (Phänotypen) und Verhaltensweisen im Lauf der Entwicklung auftreten. Immer mehr setzt sich dabei die Überzeugung durch, dass es zu einem verwobenen Wechselspiel zwischen Erbfaktoren oder Erbanlagen und Einflüssen der Umwelt kommt. Mit Umwelteinflüssen können sowohl innere Milieus als auch äußere Gegebenheiten gemeint sein, sozusagen »alles«, von der biochemischen Umgebung der DNA bis zum familiären und gesamtgesellschaftlichen Umfeld der sich heranbildenden Person. Es geht dabei auch längst nicht mehr um Korrelationen zwischen Genen und Erscheinungsformen (zwischen dem Genotyp und seinem zugehörigen Phänotyp, wie man zu Beginn des 20. Jahrhunderts noch gesagt hätte), sondern um die Frage, wie die flexiblen Vorgänge der Entwicklung konkret den soliden Phänotyp eines Organismus ausbilden und hervorbringen. Es gibt nicht die *eine Ebene* – die der genetischen Moleküle –, die eine andere Ebene ursächlich hervorbringt. Vielmehr stellt sich ein Wechselspiel ein, bei dem das, was gemacht ist, das beeinflusst, was sich mit dem Machen befasst. Wie in der Kunst und bei der Anfertigung eines Kunstwerks gilt es, den Künstler und sein Werk oder die Künstlerin und ihr Werk im Zusammenhang zu sehen und die dazugehörige Verschränkung im Kopf zu behalten.

KAPITEL 6
Arbeit am Erbgut

Seit es Menschen gibt, verrichten sie Arbeit am Erbgut. Die ersten Mitglieder der Art *Homo sapiens*, die vor Jahrtausenden damit anfingen, Tiere und Pflanzen erst zu domestizieren und später zu züchten, um sie immer besser ihren Zwecken zu unterwerfen (womit die Menschen bis heute nicht aufgehört haben), konnten selbstverständlich nicht wissen, dass sie bei ihrem Tun Erbanlagen oder gar Gene bearbeiten und verändern würden. Diese beiden Substantive, die heute jeder locker versteht und lässig gebraucht, kennt die deutsche Sprache erst seit etwa einem Jahrhundert.

Als diese Begriffe aufkamen, hatte die seit Urzeiten wirkende Idee der Züchtung bereits eine besondere Erweiterung erfahren und ihre globalen Möglichkeiten offenbart. Sie finden sich in dem wirkungsmächtigen Buch, das der Engländer Charles Darwin im Jahr 1859 publizierte. Darin schrieb er über die Anpassung oder den »Ursprung der Arten« (*On the Origin of Species* lautet der Titel des englischen Originals) und stellte damit die Idee einer natürlichen Herkunft des Lebens auf eine solide Grundlage. Der Inhalt von Darwins Buch gehört heute als Theorie der Evolution zum Schul- und Bildungsstoff, und seit ihrem Erscheinen erfahren die darin enthaltenen Einsichten immer weitere Verfeinerungen und Ausweitungen.

In dem einige Hundert Seiten umfassenden Klassiker der Wissenschaft führt Darwin den einfach klingenden, aber weitreichenden Gedanken ein, der vielfach als »natürliche Zuchtwahl« bezeichnet wird und im englischen Original »natural selection« heißt. Mit dieser evolutionären Grundeinsicht und durch diesen einleuchtenden Begriff drückte Darwin aus, dass er etwas, was viele Menschen schon länger unternahmen, nämlich Tier- und Pflanzenzüchtung, in der großen Natur selbst wie eine Art Gesetz am Werk sah. Er hatte verstanden, dass es vor der menschlichen schon längst eine natürliche Zuchtwahl gegeben hatte. Da der Ausdruck »Zuchtwahl« recht martialisch klingt, wird er in der öffentlichen und schulischen Rede lieber durch die beiden Wörter »natürliche Selektion« ersetzt.

Unabhängig davon enthält Darwins Konzept offensichtlich zweierlei, das sich zu merken lohnt: Zum einen hat Darwin keineswegs zuerst die Natur verstanden und mit dieser Einsicht dann das Verhalten von Menschen erklärt. Vielmehr hat er sich, umgekehrt, an dem auswählenden Vorgehen von Menschen orientiert, um mit deren züchterischen Eingriffen die Evolution in der Natur zu erklären (nämlich das Hervorbringen von immer besser an ihre Umwelt angepassten Organismen), und zwar ohne etwas von den genetischen Grundlagen dieses Wandlungsprozesses zu wissen. Noch hatte Mendel seine Erbsen nicht gekreuzt und dabei Erbelemente beobachtet; erst ein halbes Jahrhundert nach dem Erscheinen von Darwins Hauptwerk tauchte das Wort »Gen« unter Biologen auf.

Zum anderen hatte Darwin bei dieser entscheidenden Umkehrung der Gedankenführung die Einsicht, dass es die selektive Arbeit am Erbgut nicht erst seit dem Erscheinen des Menschen gibt, sondern dass sie seit dem Beginn des Lebens überhaupt vorgenommen wird. Was lebt, wird verändert oder ändert sich, weil es in einer sich permanent wandelnden Umwelt sonst nicht überleben kann. In der Sprache der modernen Genetik ausgedrückt: Leben ist Arbeit am Erbgut – immer und überall, immer wieder anders und zuletzt auch immer genauer. Die Menschen setzen mit ihren Züchtungen fort, was die Natur mit der Evolution vormacht. Darwin machte sich dabei auch Gedanken darüber, wie weit man – etwa bei Tauben – mit solchen Auswahlverfahren kommen kann.

Die ersten Züchter

Die natürliche Selektion als Mechanismus der biologischen Evolution bis hin zum Erscheinen des Menschen und seinen Anpassungen ist eine erstaunliche Erfolgsgeschichte. Und in jüngster Zeit gewinnt man dazu immer wieder neue lohnende Einsichten – zum Beispiel über die Genome der Inuit, die in Grönland leben. Sie weisen spezielle Gene auf, deren Produkte (Proteine) einigen Fettsäuren eine solche biologisch aktive Form verleihen, dass sie den oxidativen Stress abmildern können, der mit der fettreichen Nahrung von Grönländern einhergeht. Die Inuit tragen sogar eine Mutation in sich, mit der braune Fettzellen möglich werden, die den Menschen Wärme spenden, und zwar seit zwanzigtausend Jahren, wie eine Datierung der Variante ergab.

Bei diesem Werden des Lebens kommt es zwar zu einer Zuchtwahl, aber ohne dass ein planender und wählender Züchter dahintersteckt (auch wenn dessen Abwesenheit manchen Gläubigen gegen den Strich geht oder ihrem Verstand nicht einleuchtet). In diesem Kapitel geht es jedoch vor allem um das zielgerichtete Eingreifen eines *menschlichen* Züchters – oder sehr vieler von ihnen –, das offenbar vor weit mehr als zehntausend Jahren begonnen hat. Das lässt sich im wissenschaftlichen Rahmen deshalb behaupten, weil aus dieser Frühzeit der menschlichen Geschichte erste Spuren von Ackerbau und Viehzucht erhalten sind. Der Begriff Viehzucht meint genauer die Haltung und Anpassung von Haustieren, also deren Domestizierung. Der Hund allerdings soll bereits vor sehr viel längerer Zeit zum Freund des Menschen geworden sein. Vermutlich hat sich das erste Zusammentreffen zwischen den Spezies in freier Wildbahn abgespielt, wo Menschen dem Wolf (*Canis lupus*) begegneten und ihn später zähmten und züchtigten. Menschen sorgten also für eine kontrollierte Fortpflanzung der Wölfe und ließen dabei gezielt Tiere mit Eigenschaften, die ihnen gefielen, zur Paarung kommen.

Der russische Genetiker Dmitri Konstantinowitsch Beljajew (1917–1984) hat versucht, das historische Zähmen von Wölfen mit heimischen Silberfüchsen zu wiederholen, indem er und seine

Mitarbeiter diese in Pelztierzuchten gehaltenen Tiere auf Zahmheit selektionierten, und zwar etwa vierzig Jahre lang. Wie sich bei dieser künstlichen Selektion zeigte, kam es überraschend schnell – schon von der vierten Generation an – zur Ausbildung von harmlosen Haustiermerkmalen wie zum Beispiel hängenden Ohren und kurzen Beinen, die ursprünglich überhaupt nicht ausgewählt werden sollten und in keinem Kriterienkatalog aufgeführt waren. Sie tauchten unbeabsichtigt im Rahmen des Züchtungsexperiments auf und blieben als Eigenschaften der gezüchteten Füchse erhalten.

Was auf der Ebene der Erbanlagen genau abläuft, wenn aus Wölfen Hunde – Doggen ebenso wie Schoßhündchen – werden, können nur Molekulargenetiker erforschen. Und sie haben in jüngster Zeit viele Millionen Genvarianten untersucht, die bei Wölfen und Hunden verschieden sind. Dabei konnten sechsunddreißig Regionen im Erbgut identifiziert werden, mit deren Hilfe die Eigenschaften hervorgebracht werden können, die den Hund nach Ansicht der Wissenschaftler zum geschätzten, liebevoll gepflegten und umsorgten Partner des Menschen machen.

Und selbstverständlich wird dieser Partner auch mit Namen angesprochen oder gerufen. Knapp zwanzig der ins Auge gefassten DNA-Abschnitte sorgen dafür, dass die Gehirnentwicklung der Hunde den gewünschten Weg geht. Das bedeutet, dass Hundewelpen von Anfang an für eine Kommunikation mit ihrem Herrn oder ihrer Herrin offen sind, dass sie hören, wenn man sie ruft, und dass sie kaum Aggressivität und wenig Angst zeigen. Während Wolfsjunge schon früh und umherstreunend ihre Umgebung erkunden und sich dabei auf ihren Geruchssinn verlassen (sodass sie später erschrecken, wenn sie eine menschliche Stimme wahrnehmen), beginnen Welpen erst dann durch die Gegend zu streifen, wenn ihre Sinne ausgereift sind und sie die Worte und Gesten von Menschen registrieren und verarbeiten können.

So schön solche Ergebnisse klingen, lassen sie leider nicht erkennen, wie und warum Wölfe zu Hunden wurden. Um dies zu verstehen, lohnt es, sich gedanklich in die Zeit zurückzuversetzen, in der Menschen sesshaft wurden. Vermutlich führte dieser Schritt dazu, dass Wölfe damit anfingen, um die frühen Wohnstätten herumzulungern. Um besser an Nahrungsmittel – zunächst die Abfälle der Menschen – heranzukommen, passten sich die Wölfe ihren »Wohltätern« an, um schließlich zahm zu werden.

Es scheint plausibel, dass die Menschen im Lauf der Domestikation der wild lebenden Wölfe solche Tiere ausgesucht haben, die weniger aggressiv und ängstlich als andere ihrer Art waren. Gut möglich, dass sich ein solches Verhalten später bei den Hunden deshalb ausgeprägt hat, weil sie auf diese Weise leichter an Nahrung kamen. Seinerzeit mussten sie sich natürlich mit den Essensresten der Menschen begnügen, die mit der Sesshaftigkeit angefangen hatten, Landwirtschaft zu betreiben und pflanzliche Kost zu sich nahmen. Von nun an standen Gerichte mit einem hohen Stärkeanteil auf der frühmenschlichen Speisekarte. Die Abfälle umfassten dadurch sicher eher stärkereiche Stücke als fleischhaltige Brocken. Tatsächlich scheint bei der Entwicklung vom Wolf zum Hund ein Gen eine wichtige Rolle gespielt zu haben, das seine Träger in die Lage versetzte, eine frühe Form der heute beliebten Nudeln zu verdauen. So waren diese Tiere nicht mehr unbedingt auf Frischfleisch angewiesen – ohne dass sie dieses verachtet hätten.

Die Genetiker der Gegenwart, die vor rund zehn Jahren das komplette Genom des Hundes sequenziert haben, vermuten, dass die durch ein Genprodukt gegebene Fähigkeit, Stärke zu verdauen, den Hundevorfahren den Weg zum heutigen Dasein geebnet hat. Und wenn es erst einmal einige zahme Wölfe gab, die diesen Trend zu Körner- und Gemüsekost nutzen konnten, lag der selektive Weg zum Haushund offen.

Neben dem Haushund kennen Menschen auch die Hauskatze. Selbst Menschen, die sich von beiden fernhalten, fällt sofort auf, dass diese Zuchtexemplare nicht so viele Größenunterschiede aufweisen wie die Hunde, die zudem insgesamt zahmer sind. Warum verhalten sich seit knapp zehntausend Jahren domestizierte Katzen etwas wilder als die länger von Menschen gehaltenen und nach wie vor knurrenden Hunde? Das wollten Genetiker der Washington University in St. Louis wissen, die 2014 Katzengenome sequenzierten und die

Ergebnisse mit entsprechenden Daten von Kühen, Tigern und Hunden verglichen. Die Wissenschaft spricht dabei von *Komparativer Genomik*. Im Rahmen dieser neuen Disziplin konnten dreizehn Gene ausfindig gemacht werden, mit deren Hilfe aus wilden Katzen die zahmen Kätzchen werden konnten, die sich so schön streicheln lassen. Die Genforscher entdeckten DNA-Sequenzen mit der beschriebenen Folge und rätseln seitdem an der Frage herum, was diese Gene tun. Ihre Produkte fördern die kognitiven Fähigkeiten, wie zu lesen ist, reduzieren Angstreaktionen und helfen beim Lernen von neuen Verhaltensweisen als Antwort auf Versorgung mit Nahrung. Fünf Gene beeinflussen die Wanderungsbewegungen von Stammzellen der Neuralleiste im sich entwickelnden Embryo, die sich auf vieles auswirken, von der Schädelform bis zur Fellfarbe. Offenbar kommt man so den »Mastergenes« der Domestizierung auf die molekulare Spur, mit denen man das Auftreten von Eigenschaften, die alle domestizierten Tiere aufweisen (etwa kleinere Gehirne und bestimmte Muster bei der Pigmentierung), verstehen könnte.

Frühe Getreidearten: Weizen

Es stellt sich nun die Frage nach der Herkunft dieser ersten Getreidenahrung, die dem Menschen zum Hund verhalf. Von diesen Lebensmitteln weiß man, dass erste Sorten vor über zehntausend Jahren in der Region angebaut wurden, die damals Mesopotamien oder Zweistromland hieß und heute zum Gebiet des Irak gehört. In Mitteleuropa kennt man Getreidearten wie Hirse, Gerste, Weizen, Roggen und Hafer seit etwa siebentausend Jahren, wobei sich diese Kulturpflanzen wahrscheinlich aus vorderasiatischen Wildpflanzen entwickelt haben oder von ihnen abgeleitet wurden.

Der heute gebräuchliche Saatweizen ist aus den Kreuzungen von Wildgrasarten hervorgegangen, die in den Lehrbüchern als Einkorn und Emmer geführt werden. Sie lassen sich auf die Zeit zwischen den Jahren 7800 und 5200 v. Chr. datieren. Wie die frühen Züchter von Weizen vorgegangen sind, bleibt der Wissenschaft im Detail verborgen. Bekannt ist jedoch, dass die moderne Weizenzüchtung der systematischen Art am Ende des 19. Jahrhunderts begonnen hat – also nach Darwins erster Einsicht in die Evolution des Lebens und Mendels anfänglichem Hinweis auf Erbelemente, deren Weitergabe sich verfolgen lässt.

Offenbar wurden zunächst langhalmige Weizensorten selektioniert, weil man das bei ihnen anfallende Stroh sowohl für die Tierfütterung als auch als Isoliermaterial, etwa für den Schutz gegen Kälte, nutzen konnte. Heutzutage stehen andere Qualitäten im Vordergrund: neben der Ertragsleistung und der Erntesicherheit auch die gleichmäßige Wachstumshöhe der Halme, die in Anbetracht der Mengen, die ernährt werden sollen, einer längst maschinell durchgeführten Ernte angepasst sein müssen.

Natürlich hat sich die moderne Genomforschung bereits dem Erbmaterial des Weizens zugewandt – gemeint ist dabei vor allem die DNA des Brotweizens – und dabei erleben müssen, dass seine genetische Organisation ein paar Überraschungen für die Wissenschaft bereithielt. Das Genom der am häufigsten angebauten Getreideart setzt sich nämlich nicht aus zwei Chromosomensätzen zusammen, wie dies beim Menschen der Fall ist und wofür die Experten den Ausdruck diploid verwenden, sondern aus sechs Chromosomensätzen, weshalb es als hexaploid bezeichnet wird. Die dazugehörige DNA umfasst siebzehn Milliarden Bausteine und weist damit die fünffache Menge an Basenpaaren auf, die sich im menschlichen Genom finden.

Noch konnte die komplette Sequenz der Weizen-DNA nicht vollständig angegeben werden. Die Mitarbeiter des Leibniz-Instituts für Pflanzengenetik und Kulturpflanzenforschung in Gatersleben, die sich damit befassen, rechnen jedoch damit, 2017 so weit zu sein. Schon jetzt wächst die Hoffnung, spezielle Gene einzelnen Weizenchromosomen zuweisen und dort lokalisieren zu können, um mit dieser Kenntnis gezielt weitere Züchtungen vorzunehmen. Ziel ist es, »zukunftsfähige« Weizensorten zu bekommen, die ausreichen, eine wachsende Erdbevölkerung bei einem unwägbaren Klimawandel und eher trockener werdenden Anbaugebieten zu ernähren.

Bislang – so die Ansicht der Pflanzengenetiker – haben die Züchter und Landwirte vor allem auf große und zahlreiche Körner im Weizenhalm geachtet. Zukünftig gehe es mehr um Parasitenabwehr, Bruchfestigkeit und Klimabeständigkeit, wie zu lesen ist. Dabei kann man von Glück sagen, dass noch ziemlich umfangreiche Sammlungen von Wildweizenarten existieren, sodass man künftig deren Gene in den Gesamtpool des benötigten Getreides einbringen und mit den Eigenschaften von derzeit angebauten Elitearten kombinieren kann.

Eine Gefahr bei der über die Jahrhunderte durchgeführten Hochzüchtung besteht darin, dass das Erbgut der wachsenden und geernteten Pflanzen weitgehend homogen geworden ist und sich zwischen den einheitlichen Exemplaren kaum noch Unterschiede finden. Das mag beim ersten Hören wie ein Vorteil klingen und den Händlern erlauben, Ertragsberechnungen auszuführen, lässt aber sogleich seine Schattenseite erkennen. Man muss sich nur einen Parasiten vorstellen, der das verbreitete Getreide bevorzugt und dem das massenhaft angebotene gleichartige Weizengenom wie ein Schlaraffenland erscheinen muss, in dem man sich ungemein gut versorgen kann, um sich danach hemmungslos zu verbreiten, ohne dass einem die Nahrung ausgeht. Keine gute Aussicht, wenn man bedenkt, dass Weizen neben Reis und Mais das wichtigste Nahrungsmittel für eine nach wie vor wachsende Weltbevölkerung ist, also der ständigen Zuwendung bedarf.

Frühe Getreidearten: Reis

Noch vor der Offenlegung des Weizengenoms konnte die des Reisgenoms gemeldet werden. Erste Berichte stammen aus dem Jahr 2002, wobei es zwei Reissorten waren, die zuerst sequenziert worden war: die *japonica*-Sorte, die in Japan und in einigen anderen klimatisch gemäßigten Regionen angebaut wird, und die *indica*-Sorte, die vor allem in China, aber auch in anderen asiatischen Ländern verbreitet ist. Die *indica*-Sorte ist vornehmlich in Beijing am dortigen

Zentrum für Genomik und Bioinformatik und ausschließlich von chinesischen Forschern bearbeitet worden, während sich mit der *japonica*-Sorte eine für den Schweizer Agrarkonzern Syngenta arbeitende Gruppe von Wissenschaftlern befasst hat.

Was das Genom von *Oryza sativa L. ssp. indica* angeht (wie der chinesische Reis wissenschaftlich korrekt heißt), so steht die öffentlich erarbeitete Sequenz im Netz unter *http://btn.genomics.org.rice.cn/rice*. Für die privat entzifferte Sequenz von *Oryza sativa L. ssp. japonica* gibt es ebenfalls eine Adresse: *www.tmri.org*. Allerdings muss man sich erst mit allen möglichen Richtlinien vertraut machen (online unter *www.sciencemag.org/cgi/content/full/296/5565/92/DC1*), bevor man Zugang zu den genetischen Buchstaben bekommt. Dabei ist daran zu erinnern, dass die ersten Publikationen ausdrücklich von »draft sequences« sprachen, also von Arbeitssequenzen, die noch ihre Zeit zur Fertigstellung brauchten.

Die Größe der Reisgenome umfasst mehrere Hundert Millionen Basenpaare, und man schätzt die Zahl der dort befindlichen Gene auf über dreißigtausend Stück. *Oryza sativa* trägt unter den »Gräsern« bei Weitem die kleinste Menge an genetischem Material (der genetische Text von Mais ist rund sechsmal und der von Weizen sogar fast vierzigmal umfangreicher, was der Wissenschaft noch Rätsel aufgibt). Die zwölf Chromosomen von Reis zeigen dabei eine ziemlich gleichmäßige Dichte ihrer Gene. Interessant ist nicht so sehr die Tatsache, dass es beim Reis offenbar mehr Gene als beim Menschen gibt. Für den evolutionären Blick scheint es spannender zu sein, dass die meisten Gene dabei vermutlich durch den Mechanismus der Verdopplung entstanden sind, wie hohe Prozentzahlen an duplizierten Sequenzen zeigen.

Natürlich hängt das große Interesse an Reis damit zusammen, dass diese ursprünglich in China domestizierte Pflanze seit vielen Tausend Jahren wesentlich zur Ernährung der Menschen beiträgt. Es gibt fossilierte Reiskörner, die rund siebentausend Jahre alt sind. Heute werden etwa elf Prozent der landwirtschaftlich nutzbaren Fläche der Erde mit Reis bepflanzt, wobei die verwendeten Sorten über lange Zeiträume hin für den Gebrauch des Menschen selektioniert worden sind. Mit den neuen Kenntnissen wird man nun versuchen, noch weitere Verbesserungen zu erreichen und zum Beispiel Reissorten zu produzieren, die in der Lage sind, mehr als eine Woche vollständig unter Wasser durchzuhalten. Auf diese Weise sollen Reisernten vor Überschwemmungen geschützt werden.

Seit den 1990er-Jahren gab es Anstrengungen, Reissorten zu züchten, die entweder von sich aus möglichen Schädlingen gegenüber resistent sind oder die geeigneten Vorläufer von Vitamin A herstellen. Ohne diesen chemischen Stoff können Menschen nicht die Bausteine anfertigen, die sie in ihren Augen brauchen, um sehen zu können, was bedeutet, dass sie ohne das Vitamin A erblinden. Tatsächlich gibt es diese Sorte mit dem Namen »Goldener Reis«, doch dazu später, wenn es um die Gentechnik als neue Möglichkeit der Züchtung geht.

In jüngster Zeit konnte im Reisgenom ein Qualitäts-Gen entdeckt werden. Damit ist ein DNA-Abschnitt gemeint, der sowohl auf die Form als auch auf die Textur der Körner Einfluss nimmt. Je mehr Kopien dieses Gens mit dem Namen GL7 oder GW7 in den Pflanzen zu finden sind, desto länger werden ihre Körner. Zum Glück wirkt sich die Variante, mit der man den Reis gut kochen kann, nicht auf den Ertrag der Ernte aus. In der Vergangenheit traten oft unerwünschte Kombinationen auf, bei denen eine Steigerung der Qualität eine Minderung der Quantität zur Folge hatte.

Frühe Getreidearten: Mais

So wichtig andere Getreidearten auch sind: Was in Deutschland derzeit tatsächlich boomt, ist der Maisanbau, für den im Jahr 2000 eineinhalb Millionen Hektar Anbaufläche zur Verfügung standen, 2011 dann schon zweieinhalb Millionen Hektar. Die amerikanische Getreideart stammt nach Ansicht der Genetiker von einem einfachen Wildgras in Mexiko ab, die Teosinte heißt und bis heute dort zu finden ist. Es genügte offenbar die Veränderung eines einzigen Basenpaares im Genom der Teosinte-Pflanze, um dafür zu sorgen, dass die harte Schale um die einzelnen Körner verschwand und nur noch

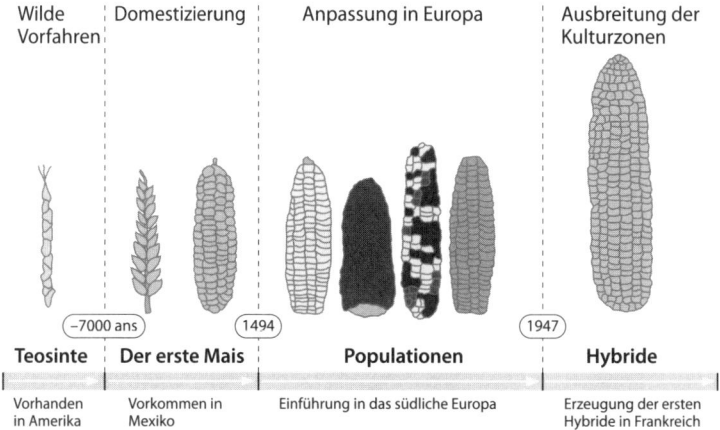

Wilde Vorfahren	Domestizierung	Anpassung in Europa	Ausbreitung der Kulturzonen
−7000 ans	1494		1947
Teosinte	**Der erste Mais**	**Populationen**	**Hybride**
Vorhanden in Amerika	Vorkommen in Mexiko	Einführung in das südliche Europa	Erzeugung der ersten Hybride in Frankreich

Seit vielen Tausend Jahren kennt man kleine Maisgewächse – Teosinte –, die durch Domestizierung und andere Anpassungen immer größer, süßer und nahrhafter gemacht werden konnten und mit deren Körnern auch moderne Genetik möglich wurde.

eine gold-gelbe Haut den nahrhaften Inhalt schützte. Nach Europa ist der Mais mit seinen dicken Kolben und Körnern erst gekommen, nachdem die Einwohner der Alten Welt eine neue entdeckt hatten, die sie Amerika nannten.

Die Maispflanze gehört zur Familie der Süßgräser. Männliche und weibliche Blütenstände wachsen getrennt, wobei sich die männlichen Blüten an der Sprossspitze befinden, während die weiblichen Blüten aus dicken Kolben mit vielen Körnern bestehen und letztlich auf den Tisch kommen und verzehrt werden. Ein Kolben kann viele Hundert Körner tragen. Deren unterschiedliche Färbung hat es der Genetikerin Barbara McClintock erlaubt, auf die Existenz springender Gene zu schließen – was ihr 1983 den Nobelpreis für Medizin eingebracht hat.

Indigene Völker Südamerikas kannten bereits vor siebentausend Jahren Mais mit kleinen Kolben, die etwa zweieinhalb Zentimeter lang waren. Als die Europäer nach Amerika kamen, hatten die Indios bereits Maispflanzen gezüchtet, deren Kolben über das fünfzigfache Volumen des ursprünglichen Getreides verfügten. Zwar stellt Mais nur geringe Ansprüche an den Boden, er mag es aber warm und feucht, und wer ihn in kühleren Regionen wie etwa in Deutschland anbauen möchte, benötigt dafür spezielle Züchtungen. Neben der Kältetoleranz ging es dabei – wie immer – auch um höhere Erträge. In den 1930er-Jahren stellte sich Erfolg bei sogenannten Hybridsorten ein. Sie kamen durch das Zusammenbringen von zwei Linien zustande, die beide durch Inzucht gewonnen worden waren.

Das klingt alles ein wenig nach Hexerei, und der Eindruck entstand erst recht, als die beiden schwachen Inzuchtlinien, die nur geringe Erträgen erbrachten, miteinander gekreuzt wurden und sich als Ergebnis eine besonders kräftige und ertragreiche Maissorte zeigte. Diesem genetischen Wunder gaben die Fachleute den Namen *Heterosis*. Er ist von dem griechischen Wort *heteros* abgeleitet, das für das Abweichende steht. Mit den Hybriden und ihrer überraschenden Heterosis boomte der Maisanbau, was zudem durch Sorten gefördert wurde, die mit kühlerem Wetter zurechtkamen. Bald blieb den Züchtern vor allem das Problem, die Resistenz ihres Getreides gegen Schädlinge zu erhöhen.

Beim Mais ist damit vorwiegend ein Kleinschmetterling namens Maiszündler gemeint, dem sich der Maiswurzelbohrer oder ein Drahtwurm an die Seite stellt. Zuerst setzten die Anbauer der dicken Kolben auf Sprühmittel, inzwischen konnten die Genforscher jedoch Verfahren ersinnen und anbieten, mit deren Hilfe der Mais selbst gegen die genannten Schädlinge resistent gemacht werden kann. Den Pflanzen werden mit gentechnischer Hilfe Gene eines im Boden lebenden Bakteriums namens *Bacillus thuringensis* in ihr Genom einverleibt, das ein Insektengift herzustellen erlaubt, mit dem die Raupen des Maiszündlers abgetötet werden. Man spricht im Allgemeinen vom Genmais und im Besonderen vom Bt-Mais, der längst großzügig angebaut wird, und zwar in den USA, in Kanada und Argentinien.

In der EU liegen Zulassungen für fast vierzig transgene Maislinien als Futter- und Lebensmittel vor. Seit 1998 sind zwei Maislinien der Firma Monsanto für den Anbau zugelassen; beide Genehmigungen sind 2007 abgelaufen, wurden aber erneut beantragt. 2009 setzte die damalige Landwirtschaftsministerin Ilse Aigner die

Anbaugenehmigung für eine der beiden Maislinien (MON810) aus. Die Ministerin begründete ihre Entscheidung mit dem Hinweis, dass der genetisch veränderte Mais eine Gefahr für die Umwelt darstelle. Die Anordnung der Landwirtschaftsministerin wurde nach einer Klage der Firma Monsanto vom niedersächsischen Oberverwaltungsgericht bestätigt.

Die Entscheidung wurde und wird in Deutschland kontrovers diskutiert. Zur Kontroverse über die transgenen Maislinien hat zudem die weit verbreitete Kritik an der offensiven Aufkaufpolitik des Unternehmens Monsanto beigetragen, die ihm eine Monopolstellung bei Produktion und Verkauf genveränderten Saatguts verliehen hat.

Die Angst vor zu wenig Nahrungsmitteln ist die eine, die Sorgen um zu viel Gentechnik ist die andere Seite. Bei den Verbrauchern hierzulande stößt der Genmais jedenfalls nicht auf Gegenliebe, sondern eher auf scharfe Abneigung und eine hartnäckige Abwehrhaltung. Wie sehr manche deutschen Medien geradezu auf schlechte Nachrichten zum Genmais warten, um sie mit Trompetenstößen zu vermelden, zeigt die Reaktion auf einige Experimente, die ein Wissenschaftlerteam aus Frankreich unter Leitung von Gilles-Éric Séralini durchgeführt hat. Hierbei wurden Ratten eine Zeitlang mit genmodifiziertem Mais gefüttert. Untersucht werden sollte, ob dadurch die Chancen steigen, an Krebs zu erkranken oder gar zu sterben. Die ermittelten Daten schienen auf solche Folgen tatsächlich hinzuweisen, und wie zu erwarten entstand eine große Aufregung. Allerdings waren die Schwankungen bei den beobachteten Krebsfällen zum einen zu groß, um wissenschaftlich zuverlässige Aussagen treffen zu können. Zum anderen lag die Anzahl der nicht mit Genmais gefütterten Tiere so niedrig, dass die Statistiker nicht umhin kamen festzustellen, dass alle angegebenen Zahlen auch zufällig zustande gekommen sein könnten. Die fehlende Aussagekraft hat die sich informiert gebenden Moderatoren der Fernsehnachrichten leider nicht daran gehindert, mit sonorer Stimme von »alarmierenden« Ergebnissen zu sprechen, was vermutlich die Quoten erhöhen soll. Dazu passt, dass im Januar 2016 die Ergebnisse von Studien, die die Gefahr von gentechnisch verändertem Soja nachweisen wollten, unter den Tisch der Nachrichtenredaktionen fielen, nachdem sich herausgestellt hatte, dass die dazu verbreiteten Daten gefälscht worden waren. Natürlich kann jetzt niemand behaupten, die Sicherheit genveränderter Lebensmittel stünde außer Frage. Aber im Lager der Gentechnikgegner agieren auf jeden Fall einige gewissenlose Betrüger, was in den Nachrichten jedoch kaum thematisiert wird.

Ein Fiasko unter Stalin

Bevor der Schritt von der Gegenwart zurück in die Zeit nach den 1970er-Jahren unternommen wird, in der den Züchtern und anderen Menschen nun die Gentechnik zur Arbeit am Erbgut zur Verfügung stand, soll noch ein Blick auf die Katastrophe geworfen werden, die sich durch ein unsinniges Wissenschaftsverständnis und durch ideologische Vorgaben in der Sowjetunion unter Stalin ereignet hat. Sie ist mit dem Namen Trofim Dennissowitsch Lyssenko (1898–1976) verbunden. Als sowjetischer Agronom kam er im stalinistischen Russland zwar zu Ehren, sorgte aber vor allem für Missernten mit nachfolgenden Hungersnöten. Dass viele seiner Forschungsergebnisse gefälscht waren, konnte erst festgestellt werden, als das russische Tauwetter unter Nikita Chruschtschow begann und die Entstalinisierung der UdSSR eingeleitet wurde.

Zunächst konnte Lyssenko 1948 auf einer Tagung in Moskau unter dem Titel »Über die Situation der Biologie« Thesen vortragen, die seinen politischen Herren sehr zusagten. Denn zum einen behauptete er, die westliche Genetik sei Unsinn (Lyssenko sprach ausdrücklich von der Mendel-Weismann-Morgan-Genetik, die er willkürlich und unwissenschaftlich nannte), und zum anderen ließ er verlauten, ohne jede Arbeit am Genom könne man Getreidesorten so züchten, wie Stalin es durch Umsiedlungen und Indoktrination mit den Menschen machen wollte, also allein durch Veränderung der Umwelt- und Lebensbedingungen. Lyssenko beteuerte, es gebe so etwas wie diskrete Gene oder Erbanlagen überhaupt nicht.* In Nachfolge Lamarcks versicherte er, erbliche Neuerungen könnten durch geeignete äußere Umstände herbeigeführt und induziert werden.

Mit seinen Ausführungen versprach der Agronom seinen Landsleuten, ertragreichere Nutzpflanzen zu züchten und mit ihnen die Ernährungsprobleme des riesigen Landes zu lösen. Doch als er Weizen unter ungünstigen klimatischen Bedingungen aussäte, kam es nicht zu den erwarteten Umbildungen. Vielmehr stellten sich Missernten ein, und mit ihnen nahm die Hungersnot in der Sowjetunion zu. Dasselbe wiederholte sich übrigens etwas später in der Volksrepublik China, als Mao Zedong für den angekündigten Großen Sprung nach vorn den chinesischen Bauern befahl, die Methoden Lyssenkos zu übernehmen. Zum Glück blieb die Landwirtschaft in der DDR von dem genetischen Unsinn der sozialistischen Brüder verschont, wobei dies dem mutigen Einsatz des Agrarwissenschaftlers und Züchtungsforschers Hans Stubbe (1902–1989) anzurechnen ist. Stubbe ist zudem die Gründung des oben erwähnten Instituts für Kulturpflanzenforschung in Gatersleben zu verdanken.

Das politisch geförderte Treiben von Lyssenko hat nicht nur vielen Menschen den Hungertod gebracht, sondern auch der Entwicklung der biologischen Wissenschaften in der Sowjetunion großen Schaden hinzugefügt. Was den »Lamarckismus« betrifft, so haben die neueren Einsichten der Epigenetik mittlerweile zu einer Ehrenrettung von Lamarck beigetragen und berücksichtigen die Bedeutung der Umwelt für Leben und seine Vererbung in angemessenem Rah-

---

* An dieser Stelle muss angemerkt werden, dass Lyssenkos Leugnung der Existenz von materiellen Einheiten namens Genen nichts mit der in diesem Buch vertretenen Idee zu tun hat, dass Gene eher Prozesse als auffindbare »Dinge« darstellen. Den russischen Ideologen unter Stalin kam es gemäß des philosophischen Mottos des Marxismus »Das Sein bestimmt das Bewusstsein« vor allem darauf an, den Einfluss der Umwelt auf das Leben und die Eigenschaften lebendiger Organismen (nicht zuletzt auf diejenigen von Menschen) hervorzuheben, und da konnten tief im Zellinneren verborgene Gene nur stören.

men. Hätte Lyssenko seine Idee von Umwelteinflüssen verfolgt, ohne ein Dogma daraus zu machen, und sein politisches Umfeld nicht sofort eine Ideologie daraus gebastelt, wären das Leben in der Sowjetunion und dieser Staat selbst möglicherweise weiter gekommen.

Von Gentechnik und Gentherapie

Mit der Gentechnik wurde den traditionellen Wegen zur Veränderung oder Verbesserung des genetischen Materials eine völlig neue, gezielt vorgehende Methode an die Seite gestellt. Mit ihr wird der Versuch unternommen, ein ganz bestimmtes Gen direkt in das Genmaterial einer Pflanze oder eines Tieres einzufügen, aber eben nur einen einzelnen DNA-Abschnitt, auf den man sein Tun gezielt gerichtet hat und bei dessen Umsetzung man ein als sinnvoll erachtetes Ergebnis erwartet. Bei der traditionellen Züchtung konnte man die anvisierten Organismen nur miteinander kreuzen und anschließend darauf hoffen, dass sich dabei mehr oder weniger zufällig geeignete Kombinationen von DNA-Abschnitten zusammenfanden (die sicher nicht für sich geblieben sind und von allen möglichen Umbauten der gekreuzten Genome und ihrer DNA begleitet waren). Bei diesem geplanten Durcheinander hätten auch Monster entstehen können – und wahrscheinlich sind auch einige von ihnen entstanden, ohne dass darüber ausführlich Meldung gemacht wurde.

Während die Öffentlichkeit jahrhundertelang kaum Interesse an der Arbeit der fleißigen Züchter nahm – wohl aber deren Ergebnisse mit Freuden goutierte und mit Behagen konsumierte –, reagierten die Medien und das Publikum nervös, als sie Mitte der 1970er-Jahre von der Grundoperation der Gentechnik hörten. Um zu verhindern, dass sich eines Tages schädliche Bakterien aus ihren Reagenzgläsern im Labor verabschieden und unter der Bevölkerung verbreiten würden, wurden auf einer Folge von Konferenzen mit wissenschaftlicher, juristischer und politischer Beteiligung dringende Sicherheitsmaßnahmen erörtert, beschlossen und umgesetzt – und in den folgenden Jahren auch eingehalten.

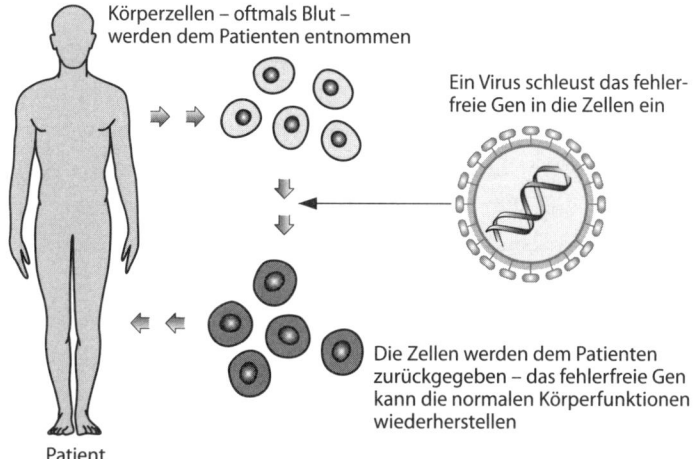

Körperzellen – oftmals Blut – werden dem Patienten entnommen

Ein Virus schleust das fehlerfreie Gen in die Zellen ein

Die Zellen werden dem Patienten zurückgegeben – das fehlerfreie Gen kann die normalen Körperfunktionen wiederherstellen

Patient

Die Grafik erklärt die Funktionsweise der Gentherapie. Die dem Patienten entnommenen Zellen werden in Kulturen gehalten und sodann mit Viren zusammengebracht.

Als die Grundoperation der Gentechnik aufkam, flammte aber zugleich auch die Hoffnung auf, Erbkrankheiten, die die Menschen schon länger plagten, direkt heilen zu können, nämlich einfach dadurch, dass man im kranken Körper das krankmachende Gen durch ein besser oder gut funktionierendes ersetzte. Die anvisierten Verfahren erwiesen sich jedoch als unzuverlässiger und riskanter, als man vorhergesehen hatte. Erst 1990 kam es zu einem ersten erfolgreichen gentherapeutischen Eingriff, als einem Mädchen, dem ein Gen namens Adenosindeaminase (ADA) fehlte und dessen Immunsystem deswegen defekt war, das fehlende Stück DNA eingesetzt werden konnte.

Die Gentherapie muss mit Zellen des Immunsystems – konkret mit Leukozyten – durchgeführt werden, und zu dem Verfahren gehört, dass es mehrmals im Jahr wiederholt werden muss, weil die Leukozyten nur eine begrenzte Lebensdauer haben.

Im Oktober 2012 erfolgte die erste Zulassung einer Gentherapie namens Glybera. Mithilfe eines besonders präparierten Virus kann sie Erbinformationen in Zellen von Patienten einführen, bei denen das Fehlen eines einzigen Gens – für ein Protein namens Lipoproteinlipase – von Geburt an zu einer Krankheit des Fettstoffwechsels führt. Der Vorteil der Methode besteht darin, dass eine Spritze in den Oberschenkel genügt. Der Nachteil kommt dadurch zustande, dass dieser einfache Eingriff eine Million Euro kostet. Die Krankenkassen haben die Übernahme jedoch zugesichert. Die Hoffnung lautet, dass nach Glybera weitere Genkuren gegen seltene und tückische Krankheiten auf den Markt kommen.

Die Zahl der klinischen Studien steigt seit 2011 stark an. So erfreulich das auch klingt – Experten der Humangenetik erinnern daran, dass die meisten Erbkrankheiten auf einem noch weitgehend unverstandenen Zusammenwirken vieler verschiedener Gene beruhen und sich deshalb einer Gentherapie entziehen. Aber das musste die Fachwelt erst einmal lernen, und nun gilt es, der Öffentlichkeit diese Einschränkung offen und ehrlich zu erläutern. Die allgemeine Abneigung gegen die Gentechnik blieb und bleibt jedoch bestehen. Während Menschen früher stolz auf ihrer Hände Arbeit waren, galt die Manipulation von Genmaterial auf einmal als Teufelswerk, und die sich dabei ausdrückende Angst vor der Gentechnik schaffte es mehr und mehr, sich zu verselbstständigen. »Lebensmittel ohne Gentechnik« – das wird werbewirksam eingesetzt und klingt so, als ob die Nahrung ohne die Hilfe der Wissenschaft aus einem Garten Eden kommt, in dem lächelnde Bauern liebevoll Karotten und Kartoffeln anpflanzen, und zwar ohne Pestizide, ohne Pilzgifte, ohne die Wasserverschwendung für die Ware aus dem Treibhaus und ohne manch andere Hilfsmittel mehr.

Natürlich darf man den Sinn mancher Eingriffe bezweifeln – etwa wenn Fischgene in Tomaten gebracht werden, ohne dass das Gemüse schwimmen lernen müsste, oder wenn Apfelbäume mit Schmetterlingsgenen ausgestattet werden, ohne danach fliegen oder flattern zu können. Aber unverständlich muss die Ablehnung gentechnischer Eingriffe bleiben, wenn, wie wir gesehen haben, mit gentechnischer Hilfe eine Reissorte – sie trägt den Namen Goldener Reis und stellt erhöhte Mengen eines Moleküle namens Beta-Karotin her, was den Körnern die goldgelbe Farbe gibt – produziert werden kann, mit der sich der Mangel an Vitamin A bekämpfen lässt. Unter diesem Mangel leiden vor allem viele Kinder in Entwicklungs- und Schwellenländern, und zwar so sehr, dass sie erblinden. Zwei Millionen Menschen sterben und erblinden in jedem Jahr wegen des genannten Mangels. Dabei könnte eine halbe Tasse Goldener Reis täglich dieses Leiden verhindern. Aber in den wohlhabenden Industrieländern sitzen einige wohlgenährte Kritiker in wohlgeheizten Räumen, die den Anbau dieser Reissorte verhindern, weil sie darin das Einfallstor für eine Kultur sehen, die der Gentechnik mit Wohlwollen begegnet und auf deren Qualitäten hofft. Die Gegner der Gentechnik interessiert offenbar auch nicht der Hinweis, dass die wachsende Menschheit künftig auf kreative Pflanzenzüchter angewiesen ist, und die wachsen nicht auf einem Bauernhof, sondern müssen in den Laboratorien der Lebenswissenschaften gesucht werden.

Gene Editing mit CRISPR-Cas9

Wenn heute von der Gentechnik gesprochen wird, denkt kaum noch jemand daran, dass es sich bei den benutzten molekularen Werkzeugen um Proteine handelt, die in der Natur gefunden worden sind und dort schon ihre naturgemäßen Aufgaben erfüllt haben, als es noch gar keine Menschen gab, die davon wissen konnten und die sie eines Tages übernehmen und für ihre Zwecke nutzen würden. Die Scheren, mit denen sich die längeren DNA-Stränge aus der Natur in die kleinen Abschnitte zerlegen lassen, die anschließend in Petrischalen kloniert und dann in Reagenzgläsern sogar sequenziert werden können, stammen aus gewöhnlichen Bakterien, wie sie sich auch im menschlichen Darm tummeln, vor allem zu seinem Vorteil und dem seines Trägers. Die quicklebendigen Einzeller setzen eine Fülle von höchst präzisen Schneideproteinen ein, die im Fachjargon Restriktionsendonukleasen heißen. Die letzten Silben »Nuklease« sollte man sich merken, da sie andeuten, dass eine Nukleinsäure wie die DNA durchtrennt wird, was in diesem Abschnitt noch mehrfach zur Sprache kommt.

Mit ihren spezifisch wirkenden molekularen Scheren, die als Proteine natürlich ein Gen brauchen, gelingt es den Bakterien, sich gegen gefährliche Feinde zu wehren. Gemeint sind bakterielle Viren – oder Bakteriophagen, also Bakterienfresser –, die in der Lage sind, ihr genetisches Material so in ein Opfer hineinzuschleusen, wie es bei einer Spritze mit dem Wirkstoff geschieht, der etwa einem Muskel zugeführt werden soll. Wenn die von den Viren oder Phagen injizierte DNA in dem Bakterium angekommen ist, übernehmen die Eindringlinge die Maschinerie dieser Zelle, die Proteine anfertigt, und auf diese Weise lassen sich die Phagen von ihrem Opfer teilen und vermehren. Sie tun dies so lange, bis ausreichende Mengen vorhanden sind, um in dem eroberten Bakterium erst Nachwuchs zu bilden und dann auszuschwärmen, nachdem sie zuvor allein durch ihre Menge die bakterielle Hülle zerrupfen und loswerden konnten.

Bakterien können solchen für sie tödlichen Angriffen entkommen, wenn es ihnen gelingt, sich das eingedrungene Erbmaterial möglichst schnell zu schnappen und es zu zerschneiden. Genau dabei kommen die inzwischen als Schneidewerkzeuge der Gentechnik in großer Vielfalt kommerziell verfügbaren Proteine zum Zuge, die natürlich vor der Durchtrennung der DNA-Stränge eines Virus dessen genetische Moleküle erst einmal finden und besetzen müssen. Diese Aufgabe gelingt den Restriktionsenzymen, den Nukleasen des Bakteriums, mithilfe einer Sequenz auf der DNA der Viren, die vier bis acht Basenpaare lang ist und eine hübsche Symmetrie aufweist. Das Durchtrennen der feindlichen Gene wird von den Bakterien nämlich an DNA-Sequenzen eingeleitet, die als *Palindrom* gebaut sind.

Das von Linguisten ausgeliehene Wort leitet sich von dem griechischen Wort *palindromos* ab, das »rückwärts laufend« meint. Unter der Bezeichnung Palindrom ist eine DNA-Sequenz zu verstehen, deren Reihenfolge vorwärts wie rückwärts gelesen werden kann (in der Sprache des Alltags kennt man Wörter wie »Otto« oder »Rentner«, die solch eine Qualität besitzen und von vorn und hinten gesprochen gleich klingen und daher ebenfalls palindromisch sind).

Zunächst interessierten sich die Biotechnologen vor allem für das Zerlegen der DNA selbst, mit dem sich im Lauf der Zeit das

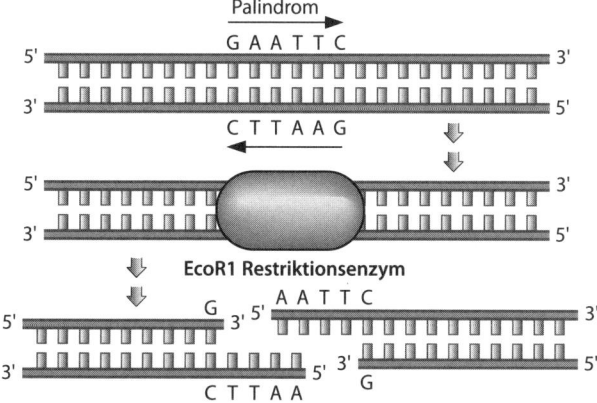

Ein Palindrom stellt eine DNA-Sequenz dar, die von vorn und von hinten gelesen werden kann. Es gibt Restriktionsenzyme, die genau solche Passagen erkennen und die genetischen Moleküle an diesen Positionen durchtrennen und zerlegen können.

betreiben ließ, was in den Medien als »genetic engineering« bezeichnet wurde. (Die deutsche Sprache verwendete dafür den Ausdruck »gentechnische Eingriffe«, die – negativ besetzt – auch gern »Manipulationen« genannt wurden und werden.) Als die Kunst des Zerlegens klappte und es immer leichter wurde, die Sequenzen von dabei ausgeschnittenen und dadurch ausgewählten DNA-Abschnitten zu erfassen, merkten die Molekularbiologen, dass viele Genbereiche in dem berühmten Darmbakterium *E. coli* als kurze Palindrome gebaut waren. Diese symmetrischen Sequenzen wiederholten sich zum einen ziemlich häufig und regelmäßig, und zwischen ihnen fanden sich zum anderen regelmäßig DNA-Sequenzen, die die Palindrome auf Abstand hielten. Sie wurden im Englischen *Spacer* genannt.

Gegen Ende der 1980er-Jahre konnten die Genetiker folgendes Bild von bakteriellen Genen zeichnen: Die DNA von Bakterien setzte sich zu einem großen Teil, wie eben beschrieben, aus »Clustered Regularly Interspersed Short Palindromic Repeats« zusammen, was etwas umständlich mit CRISPR abgekürzt wurde und zunächst wenig Aufmerksamkeit fand. Eine CRISPR, also eine wiederholte bakterielle DNA-Sequenz mit den erläuterten palindromischen Eigenschaften, umfasst etwa vierzig Basenpaare, und die

Abstände zwischen diesen Grundmotiven variieren in ihrer Länge zwischen zwanzig und siebzig Basenpaaren. Das konnten Molekularbiologen im ausgehenden 20. Jahrhundert nett und interessant finden, aber aufregend fand das zunächst niemand, vor allem nicht außerhalb der Laboratorien.

Diese Situation änderte sich, als im Jahr 2005 mehreren Arbeitsgruppen auffiel, dass die DNA-Sequenzen in den bakteriellen Abstandshaltern, den Spacern, höchst präzise mit DNA-Abschnitten übereinstimmten, die unter anderem in attackierenden Bakteriophagen zu finden waren. Die Meinung verbreitete sich, dass die Spacer-Sequenzen in den Bakterien und ihren Feinden identisch sind und möglichweise einer Zelle dabei helfen, sich gegen eindringende Fremd-DNA zu verteidigen. Im Jahr 2007 wies dann eine amerikanische Forschergruppe nach, dass »CRISPR in Bakterien zum erworbenen Widerstand gegen Viren befähigt«, wie man den Titel der Arbeit aus dem Magazin *Science* übersetzen kann, der im Original »CRISPR Provides Acquired Resistance Against Viruses in Prokaroytes« lautet. Mit anderen Worten: Bakterien, die von Phagen infiziert werden, fügen Teile der eindringenden Fremd-DNA als Abstandshalter in ihre CRISPR-Regionen ein, wobei niemand sagen konnte, wie sie dabei im molekularen Detail vorgehen. Sie erweitern ihr eigenes Genmaterial mit Sequenzen der Viren offenbar deshalb, weil es ihnen auf diese Weise gelingt, weiteren Angriffen von Phagen Widerstand zu leisten, also resistent oder immun zu werden. Der Einbau der fremden DNA in das eigene Genom war zunächst natürlich nur eine Beobachtung, die es noch mit biochemischen Einzelheiten auszufüllen galt, um sie wenigstens in ihrem Ablauf verstehen zu können.

Tatsächlich zeigten weitere und gezielte Experimente, dass Bakterien von vornherein vor Infektionen mit Phagen geschützt waren, wenn man ihren CRISPR-Regionen auf gentechnischem Wege einige virale Spacer-Sequenzen hinzugefügt hatte. Und während die Molekularbiologen das alles nach und nach ermittelten und in Experimenten nachstellten und prüften, stießen sie auf einige Proteine, deren Gene mit den CRISPR-Regionen verbunden – mit ihnen assoziiert – waren und die DNA so zerlegen konnten, wie es die oben beschriebenen molekularen Scheren der Gentechniker vermochten.

Diese neuen Schneideenzyme beziehungsweise Nukleasen bekamen den gemeinsamen Namen Cas. Die drei Buchstaben sollten für CRISPR-associated stehen, und sie wurden einzeln nummeriert, hießen also zum Beispiel Cas1 oder Cas7, wobei sich das Hauptinteresse der Wissenschaft bald dem Protein Cas9 zuwandte. Denn es stellte sich heraus, dass Cas9 mehr als ein Komplex und weniger als ein einzelnes Molekül vorlag. Konkret heißt das, dass an dem schneidefähigen Protein ein RNA-Molekül sitzen kann. Deshalb ist unter Fachleuten von einem Ribonukleinprotein die Rede, also einem Protein, zu dem ein genetisches Molekül, eine Ribonukleinsäure (RNA), gehört.

Die von der molekularen Schere Cas9 mitgebrachte und festgehaltene RNA hilft mit ihrer Sequenz der mit CRISPR assoziierten Nuklease, sich gezielt an DNA-Abschnitte anzulagern und das besetzte Genmaterial in der Nähe der auf diese Weise definierten und besetzten Bindestelle zu durchtrennen und somit zu zerlegen. Die entstehenden DNA-Stücke werden anschließend, wie oben erwähnt, in die eigenen CRISPR-Regionen eingebaut. Das gelingt erstaunlich zuverlässig, ohne einfach zu sein. Denn dazu wird eine eigene zelluläre Maschinerie in Betrieb gesetzt. Dieser Schritt wird hier nur erwähnt, ohne dass wir ihn in Einzelheiten darstellen.

Vielleicht sollte man an dieser Stelle kurz innehalten, um zum einen darüber zu staunen, wie verwoben und verwickelt auf dieser Ebene des kleinen Lebens alles abläuft, und sich zum anderen darüber zu wundern, dass emsige und pfiffige Forscher in ihren Experimenten trotzdem immer wieder einen Strohhalm finden, mit dem sie weiterarbeiten können – um ihn anschließend sogar in den Gesamtablauf einzufügen.

Als die Biochemiker dem ganzen – ziemlich kompliziert und höchst trickreich ablaufenden – Vorgang auf die Schliche kamen, verstanden sie das sich darin zeigende genetische Geschehen durch die Annahme, dass sich die Bakterien auf diesem genetischen Wege Immunität gegen weitere Virenattacken verschaffen. Dieser Ablauf erlaubte auf der theoretischen Seite einen interessanten Gedanken, und er führte nach einigen weiteren Analysen auf der praktischen Ebene zu ganz neuen Dimensionen bei der Arbeit am Genom. Mit deren Hilfe kam anschließend eine mehr oder weniger erstaunliche Revolution in der genetischen Praxis in Gang, die allmählich an Schwung aufnimmt und in Zukunft noch viele Überraschungen erwarten lässt.

Zunächst zu dem weitreichenden theoretischen Gedanken: Er besteht darin, dass sich die Bakterien mit dem beschriebenen Verfahren im Lauf ihrer Existenz nicht nur die gewünschte Immunität verschaffen können. Darüber hinaus sind sie auch in der Lage, die erworbene und genetisch fixierte Eigenschaft an ihre Nachkommen weiterzugeben, also zu vererben. Dies klingt – wie bei der Epigenetik – ganz nach einem Lamarck'schen Mechanismus der Vererbung, der mehr auf die eigenen Fähigkeiten als auf den Zufall setzt, und lässt erneut die nie zu unterschätzende Flexibilität von Leben und Lebewesen erkennen, so klein sie auch sein mögen. An dieser Stelle ist noch darauf hinzuweisen, dass bei dieser Vererbung mehr als ein Gen mitmachen muss und es eher um ein Gennetzwerk geht. Damit ist nicht das »Genethische Netzwerk« gemeint, das sich kritisch – also ablehnend – mit der Genforschung befasst, seit man dort CRISPR kennt. Gennetzwerk bedeutet, dass der einfach zu benennende Vorgang – es geht um das Erkennen einer DNA-Sequenz, ihr Ausschneiden, ihre Ersetzung und ähnliche Schritte – neben den zu bearbeitenden CRISPR-Stücken eine Fülle von Proteinen mit den dazugehörigen Genen benötigt, die wiederum ihre eigene genetische Regulation erfordern. Und das alles muss im wirbelnden Takt und mit höchster Präzision erfolgen.

Und damit nimmt das Wundern nur seinen Anfang, denn jetzt kommt die oben erwähnte Revolution an die Reihe, die durch zwei Beobachtungen ins Rollen kam: Wie sich zum einen zeigte, kann man statt der natürlich vorgefundenen RNA-Sequenz dem Cas9-Protein auch ein anderes Stück Ribonukleinsäure anhängen, sogar eines, dessen Bausteine im Reagenzglas – also künstlich – aneinandergereiht wurden. Die entsprechende Folge war dabei so ausge-

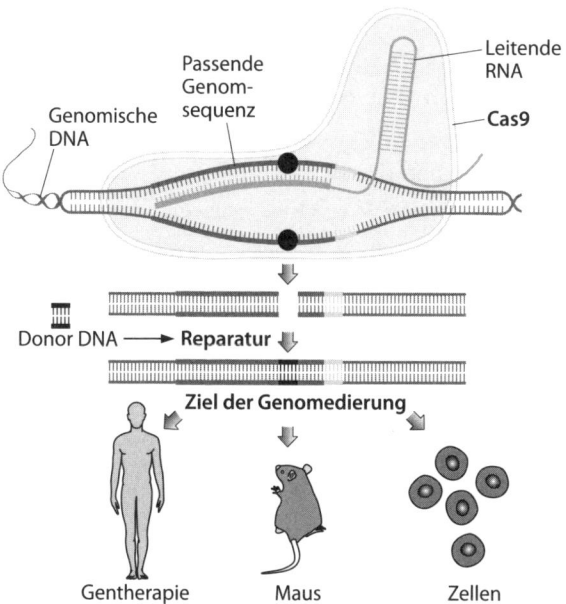

Genomische DNA

Passende Genomsequenz

Leitende RNA

Cas9

Donor DNA ⟶ Reparatur

Ziel der Genomedierung

Gentherapie   Maus   Zellen

Mit einer leitenden RNA-Sequenz kann das DNA-Stück erreicht werden, das mithilfe von Cas9 ausgetauscht und repariert werden soll. Das Genom von Zellen kann ediert werden und Gentherapie bei Menschen und Mäusen ermöglichen.

wählt, dass die RNA den von ihr geführten Cas9-Komplex gezielt an einen DNA-Abschnitt lenken konnte, für den man sich aus welchen Gründen auch immer, wissenschaftlich oder nicht, interessierte.

Man spricht dabei von einer Zielsequenz auf der DNA und sorgt dafür, dass Cas9 ganz in der Nähe landet und den gewünschten Schnitt anbringt. Neben dieser ersten Erweiterung des bakteriellen Systems zeigte sich noch eine zweite. Sie bestand darin, dass das CRISPR-Cas9-System auf jedes DNA-Molekül losgelassen werden konnte, also nicht nur auf solche von Viren oder Phagen, wie es naturgemäß passiert, sondern auf Genmaterial, das aus allen möglichen Quellen oder Zellen stammte – von der Bäckerhefe oder auch von Fliegen, Mäusen und Menschen. Die längst vielfach preisgekrönte Arbeit mit dem sachlich orientierten Titel »A programmable dual-RNA-guided DNA endonuclease in adaptive bacterial immunity« erschien im August 2012 in *Science* und nennt insgesamt sechs

Autoren, wobei die beiden Hauptautoren, Jennifer Dodna und Emmanuelle Charpentier, zuletzt genannt werden, wie es in wissenschaftlichen Kreisen üblich ist. Doudna stammt aus den USA und arbeitet derzeit im amerikanischen Berkeley, während ihre Partnerin in Frankreich geboren ist und derzeit eine Professur in Berlin innehat. Emmanuelle Charpentiers Weg zu wissenschaftlichem Ruhm begann übrigens mit einer banal wirkenden und bestenfalls für Joghurthersteller interessanten Frage: Wie kann man ein virusresistentes Bakterium generieren, mit dessen Hilfe die Milchwirtschaft in die Lage versetzt wird, mit besser haltbaren Kulturen länger konsumfähige Joghurts herzustellen und in den Supermärkten anzubieten? Raum ist in der kleinsten Hütte, wie der Dichter Friedrich Schiller einmal behauptet hat. Und Ruhm steckt in der kleinsten Frage, wie sich mit dem geschilderten Beispiel beweisen lässt.

Die wissenschaftliche Gemeinde brauchte nicht lange, um zu merken, was für ein unglaublich präzises und dabei doch einfach handhabbares Werkzeug ihr nun zur Verfügung stand. In kürzester Zeit übertraf die Anzahl der zu dieser völlig neuartigen Gentechnik verfassten Arbeiten die Menge an Publikationen, die sich anderer Methoden bedienten, um an der DNA herumzuwerkeln. Die alten Verfahren liefen unter den fachlichen Bezeichnungen TALEN (Abkürzung für den komplizierten Ausdruck *Transcriptor Activator like Endonuclease*) und *Zinkfingernuklease*, wobei in beiden Fällen nur auf die Tatsache hingewiesen werden soll, die in den letzten Silben ihren Ausdruck findet: Es geht wie bei CRISPR-Ca9 um Nukleasen, also um Proteine, die DNA zerschneiden, nur dass Cas9 mit höchster Präzision und fast ohne fehleranfälligen Schritt eingesetzt werden konnte. Das hatte zur Folge, dass bald überall von der »größten Revolution in der Biologie« die Rede war, da CRISPR »einfach alles auf den Kopf« stellen würde.

Erst in der Fachwelt und bald auch in der Publikumspresse tauchte der Begriff »Gene Editing« auf, der über das alte und oben erwähnte »genetic engineering« hinausging. Man wollte damit ausdrücken, dass man den genetischen Text des Lebens nicht nur so lesen kann wie ein gedrucktes Manuskript. Vielmehr kann man an ihm auch die Art von Korrekturen vornehmen, für die bei literarischen und anderen Texten Herausgeber oder Lektoren zuständig sind. Gene Editing mit CRISPR-Cas9 versprach Möglichkeiten, Stammzellen nach Gefallen zu manipulieren, Erkrankungen wie Sichelzellenanämie zu therapieren, ohne einen Virus einsetzen zu müssen, Orangen mit Vitaminen anzureichern, Weizen und Reis resistent gegenüber Schädlingen zu machen, die Widerstandsfähigkeit von Weideröschen gegenüber Herbiziden zu erhöhen, und vieles mehr.

2016 hat Jennifer Doudna in einem TED-Beitrag über CRISPR gesprochen. Darin hat sie dringend von unüberlegten Eingriffen in die Gene mit ihrer Methode abgeraten und empfohlen, auf Geschäfte damit zu verzichten. Während ihrer Präsentation warf sie das Bild eines Babys an die Wand und erklärte an dessen Körperteilen, an welchen Stellen sich das Gene Editing optimierend einsetzen lässt. Man kann ein geringeres Risiko für die Alzheimer-Demenz, den Brustkrebs und einen Schlaganfall anstreben, man kann ein perfektes Sehvermögen, das absolute Gehör und hohe Intelligenz auf die genetische Wunschliste setzen, man kann die Körperlänge beeinflussen, und manches mehr. Jennifer Doudna forderte aber die Biotechniker auf, mit diesen Anwendungen zurückhaltend zu sein, bis zum einen die Technik ausreichend erforscht ist und sich zum anderen ein Konsens in ethischen Fragen abzeichnet.

Es wäre tatsächlich schön, wenn die Ethiker praktikable Vorschläge unterbreiten könnten, wie man beim Edieren der Gene klug und vorausschauend handeln kann, anstatt immer alles zu kritisieren. Die Entwicklung des aufrechten Gangs konnte auch nur unter Risiken gelingen. Und wie stünde die Menschheit heute da, wenn sich die Evolution von einer Ethikkommission hätte aufhalten lassen. Also: Um Vorschläge für einen angemessenen Einsatz der CRISPR-Technik wird gebeten. Den Kopf in den Sand zu stecken ist keine Lösung.

Gene Drive

Die Arbeit am Genom konnte und kann also mit CRISPR-Cas9 so richtig loslegen. Was dabei vor allem im Hinblick auf den Menschen und seine zukünftige Gestaltung möglich wird, ist Gegenstand des folgenden Kapitels. An dieser Stelle soll noch die Idee vorgestellt werden, die inzwischen »Gene Drive« genannt wird. Das so bezeichnete Verfahren kann dafür sorgen, dass sich Gene nicht nur in einzelnen Organismen, sondern in ganzen Populationen ändern lassen. Ein Gene-Drive-System schneidet in einem Chromosom eines anvisierten Organismus ein Stück DNA aus, was von den Zellen nicht unbemerkt bleibt. Daraufhin aktivieren sie ihr Reparatursystem für die Genmoleküle und veranlassen es, die Veränderung des ersten Chromosoms auf das zweite zu übertragen. Damit verbreiten sich die veränderten Gene ziemlich rasch und auf nahezu natürliche Weise in der sich vermehrenden Population, etwa in der von Fliegen. Dieses Ausfahren oder diesen Vertrieb nennt man im Englischen »Drive«.

Konkret kann man sich ein bestimmtes Gen vorstellen, das sich zum Beispiel in den Moskitos befindet, die Malaria übertragen (und somit über den zweifelhaften Ruhm verfügen, zu den tödlichsten Wesen der Erde zu gehören). Das Genom der Mücke mit dem wissenschaftlichen Namen *Anopheles* ist bekannt, was den Wunsch mit sich bringt, ihre DNA so zu ändern, dass die Malaria besser kontrolliert und eingedämmt werden kann.

Man kennt ein Gen, das die Mücken resistent gegenüber Infektionen von sonst für sie vernichtenden Parasiten in den Regionen der Erde macht, in denen sie ihre tödliche Wirkung auf Menschen entfalten. Mithilfe von CRISPR-Cas9 möchte man nun das Mückengenom so edieren, dass den Moskitos die Abwehrreaktion unmöglich gemacht wird. Und man möchte danach dafür sorgen, dass sich die edierte Version des Gens so rasch und weit wie möglich unter den Mücken verbreitet.

Normalerweise – bei normalem Erbgang – besteht für ein bestimmtes Gen eine Chance von fünfzig Prozent, im Nachwuchs vertreten zu sein, was an den zwei Exemplaren liegt, die von jedem

Chromosom in einer Zelle vorliegen. Auf natürliche Weise konnte nur ein einziges Gen eines Chromosoms ediert werden, bei dem Verfahren »Gene Drive« passiert dann Folgendes: Man schneidet den Partner des edierten Gens auf dem zweiten Chromosom aus und lässt dann – Wunder gibt es immer wieder – die Reparaturmechanismen der Zelle dafür sorgen, dass die entstandene Lücke mit dem edierten Gen geschlossen wird. Wenn die so behandelten Mücken zur Vermehrung schreiten, finden sich beim Nachwuchs jetzt zwei Ausgaben des edierten Gens – und zusätzlich das CRISPR-Cas9-System. Die derart sinnvoll und üppig ausgestatteten Mücken werden sich mit anderen Moskitos paaren, in denen sich dann derselbe wundersame und naturgemäße Vorgang wiederholt, der normale Gene in edierte umwandelt. Und schwuppdiwupp: Nach einigen Generationen wird dank CRISPR das edierte Gen in der gesamten Population verbreitet sein, und zwar selbst dann, wenn das Gen sich hemmend auf die Bereitschaft auswirkt, mit der sich die Mücken vermehren wollen. Mit CRISPR und dem »Gene Drive« scheint man nahezu jede genomische Variante in Populationen von Organismen verbreiten zu können, die sich sexuell fortpflanzen. Das bedeutet, dass der Gesellschaft die Zeit eines solchen Gen-Triebs, also des »Gene Drive«, bevorsteht und man sich dafür wappnen sollte.

Inzwischen haben Bioforscher mithilfe von CRISPR-Cas9 sogar eine »mutagene Kettenreaktion« auslösen können. Damit ist gemeint, dass sie eine Mutation, die auf einem Chromosom eines Paares saß, in die Lage versetzten, sich auf das Partnerchromosom zu übertragen. Solche Möglichkeiten lösen nicht nur Freude aus, sie bringen auch die Sorge vor unabsehbaren ökologischen Folgen mit sich. Natürlich wird man es begrüßen, wenn Insekten, die Krankheiten auf Menschen übertragen, sich nicht weiter vermehren. Aber es ist nicht auszuschließen, dass der Nahrungskette oder dem Nahrungsnetz der Natur dadurch ein Glied oder ein Knoten fehlt, über den sich andere Lebensformen Zugang zu den Lebensräumen verschaffen können. Es wird Mühe machen, den »Gene Drive« zu erkunden, ohne die Kontrolle zu verlieren. Wenn man nichts tut, passiert vieles, was man nicht will. Wenn man zu viel tut, passiert auch vieles, was man nicht will. »Catch-22« nennt man eine solche Lage. In dem gleichnamigen Kriegsroman konnte man einer lebensgefährlichen Lage nur entkommen, wenn man geisteskrank war. Wenn sich jemand geisteskrank meldete, wurde dies als Beweis dafür angesehen, dass er nicht geisteskrank war. Es gab keinen sicheren Ausweg und nur die Hoffnung, dass alles gut ausgeht. Diese Hoffnung besteht nach wie vor, auch im Zeitalter des Gene Editing, in dem langsam der Mensch ins Visier gerät – was und wer auch sonst?

KAPITEL 7

Die Verbesserung des Menschen

In seinem Buch *Eine kurze Geschichte der Menschheit*, das im Englischen den kürzeren Titel *Sapiens* trägt, erzählt der an der Universität Jerusalem als Historiker tätige Yuval Harari, wie er sich »Das Ende des *Homo sapiens*« vorstellt. Er weist darauf hin, dass Menschen schon vor rund zehntausend Jahren begonnen haben, an der Herrschaft der Natur zu kratzen. Zum Beispiel kreuzten sie fette Hennen und träge Hähne, um das Geflügel zu bekommen, das sie verzehren wollten. Seit dieser langen Zeit gibt es Arten, »die ihre Existenz dem intelligenten Design menschlicher Züchter« verdanken, wie Harari notiert. Sie sind also nicht mehr nur aus einer natürlichen Selektion hervorgegangen, so wie Charles Darwin es gesehen und beschrieben hat.

Der Historiker will mit dieser Bemerkung auf den erstaunlichen Tatbestand hinweisen, dass in den biotechnologischen Laboratorien mittlerweile weltweit »die Gesetze der natürlichen Auslese gebrochen« werden. Als Beispiel führt er grün fluoreszierende Kaninchen an, die methodisch trickreich und ziemlich unnatürlich geschaffen wurden, und zwar dadurch, dass den Mümmelmännern im Embryonalzustand Gene einer grün fluoreszierenden Qualle eingesetzt wurden.

Mittlerweile setzen die Gentechnik und künftig auch das (dem Historiker Harari in seinem 2011 verfassten Buch noch unbekannte) Edieren von Genen den Eingriffsmöglichkeiten noch etwas obendrauf. Denn die seit Kurzem vorliegenden Werkzeugkästen bieten den Menschen nicht nur die Möglichkeit, stark veränderte oder gar völlig neue Lebewesen mit verstärkten Eigenschaften zu erschaffen. Die neue Methode erlaubt, solch ein Enhancement auch Menschen zukommen zu lassen und damit den Übermenschen zu erschaffen. Dieser stellt eigentlich eher ein Thema von philosophischen Schriften dar, bei deren Lektüre allerdings nicht unbemerkt bleiben dürfte, wie die großen Denker bei dem Begriff herumeiern und kaum Vorstellungen der konkreten Art entwickeln.

»Kein Nachdenken ist so wichtig wie das über die Erblichkeit der Eigenschaften«, schrieb Friedrich Nietzsche im 19. Jahrhundert, und diesem Gedanken wird man gerade heute gerne zustimmen. Der viel zitierte Philosoph hat bei seinen postevolutionären Bemühungen um *Menschliches, Allzumenschliches* von 1878 den häufig überstrapazierten »Übermenschen« kreiert. Diesen dachte er sich jedoch weniger als einen »Superman« und Weltenretter à la Hollywood. Vielmehr sollte er einen »Typus höchster Wohlgeratenheit« darstellen, wie es bei ihm heißt. Der gottlose Philosoph wollte sein Geschöpf dem »guten Menschen« entgegenstellen, womit er in einer eigenwilligen kulturellen Vermischung Christen, Buddhisten und andere »Nihilisten« meinte. »Nihilistisch« ist hier in dem Sinne zu verstehen, dass solche Menschen nach Ansicht von Nietzsche in ihren Geisteshaltungen der sinnlich wahrnehmbaren Welt den Wert absprechen, das heißt deren Wert negieren.

Es passt vieles nicht zueinander bei Nietzsche. Er wollte »die Erblichkeiten der Eigenschaften« zu dem Zweck erkunden, »*freiere* Menschen, als wir es sind, in die Welt zu setzen«. Und dabei vermengten sich bei ihm philosophische und biologistische Ansätze zu dem Gedanken einer »Höherzüchtung« des Menschen zu einem schöpferischen, selbstdisziplinierten Wesen, das hart, ohne Mitleid mit anderen und sich selbst und ohne die Rückversicherung durch eine Religion in einer zerfallenden christlichen Zivilisation nach Vollkommenheit strebt. Aber von einer Erfüllung der selbst gestellten »wichtigen« Aufgabe, »über die Erblichkeit der Eigenschaften« konkret nachzudenken, kann bei ihm (und seinen späteren Adepten) keine Rede sein.

Auch heute überlassen Philosophen dieses verminte Feld gern den Genetikern, die sich aber nicht ausreichend darum kümmern können, da sie alle Hände voll mit den Experimenten selbst zu tun haben und zum Nachdenken oft nur am Ende ihrer Versuchsreihen kommen. Und das auch nur dann, wenn ihnen die zahlreichen Ethikkommissionen, die von ihnen Rechenschaft verlangen, Zeit dafür lassen.

Es hat in den Augen des Autors keinen Zweck, wenn sich Nietzsches heutige Nachfolger damit profilieren, die Naturwissenschaftler ethisch an die Kandare zu nehmen, da ihre Zunft doch entweder noch probiert oder schon längst exerziert, was Nietzsche wollte, nämlich »die Erblichkeit der Eigenschaften« zu erforschen, um »*freiere* Menschen, als wir es sind, in die Welt zu setzen«. Wer sollte etwas gegen solche Supermenschen haben?

Oder stimmt doch, was Albert Schweitzer geschrieben hat, als er auch dem philosophischen Übermenschen eine »verhängnisvolle geistige Unvollkommenheit« attestierte (»Er bringt die übermenschliche Vernünftigkeit, die dem Besitz übermenschlicher Macht entsprechen sollte, nicht auf«)? Das Konzept des Übermenschen kritisierte er scharf in seiner Nobelpreisrede von 1954. Und seinen Zeitgenossen empfahl Schweitzer, dem moralischen Gedanken ins Auge zu blicken, »dass wir als Übermenschen Unmenschen geworden sind«.

Auch Naturforschern kommen bei dem Thema des besseren Menschen oftmals seltsame Ideen, wie nicht verschwiegen und kurz skizziert werden soll. So hat beispielsweise der amerikanische Anthropologe Melvin Konner 2015 ein Buch mit dem Titel *Women after all* vorgelegt, in dem er »das Ende der männlichen Dominanz« verkündet und seinen Artgenossen empfiehlt, die »weibliche Überlegenheit« anzuerkennen. Konner weist dabei zunächst auf die bekannten Tatsachen hin, dass Männer (Menschen mit einem X- und einem Y-Chromosom) mehr Verbrechen begehen als Frauen (Menschen mit zwei X-Chromosomen) und dass Frauen mehr (Jahre) vom Leben haben. Überhaupt seien Frauen Männern in fast allen Belangen überlegen, ob Fairness, Sexualität, Vertrauenswürdigkeit, sozialem Engagement und manchem mehr. Der Anthropologe stellt des Weiteren heraus, dass es die Frauen sind, die in doppelter Hinsicht für den Nachwuchs sorgen, indem sie Kinder erst zur Welt bringen und dann auch noch erziehen. Während Frauen auf Kooperation achteten und dabei die Welt und das Leben bereicherten, so Konner, gefielen sich Männer darin, Macht auszuüben, Gegner ausfindig zu machen und deren Heimat in Kriegen zu zerstören, wie der abendliche Blick in die Nachrichtensendungen zeigt.

Mit anderen Worten: Konner hält Frauen für die besseren Menschen. Also lautet die Frage, ob man den Menschen nicht einfach dadurch verbessern kann, dass man entweder mehr Frauen auf diesem Planeten leben lässt oder den Frauen mehr Spielraum bei der Gestaltung der Welt einräumt. Wer die Welt – auch für Männer – verbessern will, muss den Status der Frau verbessern, meint der Anthropologe. Wenn nicht alle Zeichen täuschen, arbeiten einige Gesellschaften an dieser Aufgabe. Aber es gibt Glaubensgemeinschaften, die dafür noch viel Zeit benötigen.

Insgesamt scheint bei der Gentechnik vieles aus dem Blick zu geraten, gerade wenn man den Menschen ins Visier nimmt. Dabei lässt sich das Thema höchst anschaulich formulieren: »Wenn wir mithilfe der Gentechnik Einsteinmäuse züchten können [sie finden sich in kniffligen Situationen schneller zurecht als ihre Mitmäuse], warum dann nicht gleich Einsteins?«, fragt Yuval Harari, der weiter bei den Nagetieren bleibt und zusätzlich wissen will: »Wenn wir im Reagenzglas monogame Wühlmäuse herstellen können, warum dann nicht auch treue menschliche Partner?«

Wer sich diese technisch planbaren und vielleicht bald auch realisierbaren Fantasien anschaut, dem fällt auf, dass man den philosophischen Übermenschen durch den theologischen Gott oder durch kulturelle Götter ersetzen kann. Tatsächlich – so kann man Hararis *Kurze Geschichte der Menschheit* verdichten – hat die Evolution dafür gesorgt, dass sich ein anfangs eher harmlos agierendes Wesen, das sich heute stolz *Homo sapiens* nennt, von einer abgelegenen Ecke Afrikas aus auf den Weg machte, um so etwas wie der Besitzer des Planeten und heute sogar revolutionärer Umgestalter der Welt zu werden. Denn seit Kurzem scheint er fähig, mit seinem Energieumsatz und dem dazugehörigen Schadstoffausstoß einen Wandel des Klimas herbeizuführen und damit ein neues Erdzeitalter – das

Anthropozän – einzuleiten. Mit anderen Worten, auch wenn sie melodramatisch klingen: Menschen haben sich »von Tieren zu Göttern« gewandelt oder entwickelt. Und so ermutigend und verwegen dieser kühne Schritt klingt, irgendwo lauert ein Haken, und darum geht es in der Gegenwart und in diesem Kapitel.

So schreibt Harari beispielsweise, dass Menschen zwar erst Dampfschiffe und dann Raumschiffe gebaut haben, aber nach wie vor nicht wissen, »wohin die Reise gehen soll«. Offenbar wächst das menschliche Vermögen, die Dinge so zu formen, wie *Homo sapiens*, der angeblich weise Mensch, es mit seinem technischen Verstand will, ohne dass sich dabei zugleich mittels der leitenden Vernunft eine Orientierung einstellt, wie damit umgegangen werden soll. Die praktizierte Macht wärmt kein Herz, und so hält sich eine eher glücklose Unzufriedenheit unter den Bewohnern des Planeten Erde, was für das Kommende nichts Gutes bedeutet. Oder, in der fragenden Formulierung des jungen Historikers aus dem alten Jerusalem: »Gibt es etwas Gefährlicheres als unzufriedene und verantwortungslose Götter, die nicht wissen, was sie wollen?«

Die Alchemie, die Menschen als Biotechnologie betreiben

Wenn es um den Wunsch geht, den Menschen zu verbessern, lohnt wieder einmal der Blick in die Geschichte. Denn die Gentechnik fiel nicht vom Himmel und kam auch nicht aus der Hölle (wie viele ihrer Gegner meinten), sondern reihte sich in den Kreis von biotechnologischen Bemühungen ein, die zur Natur des Menschen gehören. Das zeigte sich schon früh in den Theorien und Versuchen, die als »Alchemie« bekannt sind.

Als die Menschen vor rund vierhundert Jahren in Europa die moderne Wissenschaft mit ihren Experimenten und Messungen erfunden haben, wollten sie damit vor allem die eigenen Lebensbedingungen – und somit auch ihre Gesundheit – verbessern. So wurde zum Beispiel das Fieberthermometer entwickelt und der Schmerz zum ersten Mal nicht mehr mythisch, sondern als Warnsystems des menschlichen Körpers gedeutet, und damit konnte man endlich auch etwas anfangen. Die Forschungen, mit denen zum einen der Lebensstandard verbessert und zum anderen das zuverlässige Wissen vermehrt werden konnte, kamen jedoch nicht aus dem Nichts. Ihnen vorangegangen waren jahrhundertlange menschliche Bemühungen, die sich durch den Begriff der Alchemie kennzeichnen lassen.

So hat zum Beispiel Isaac Newton mehr Alchemie als Physik getrieben, und auch sein Gegenspieler Goethe war für solche Ideen sehr offen. Zwar gibt sich – zumindest auf den ersten Blick und nach außen hin – kein moderner Forscher mehr eine derartige Blöße, auch hat sich die Alchemie niemals an den Universitäten etablieren können. Doch wer daraus den Schluss zieht, es lohne sich nicht, deren Ansätze kennenzulernen, der irrt. Ihr Gedankengut kann vielleicht sogar der modernen Wissenschaft zur Orientierung dienen, und zwar da, wo sich Parallelen zwischen der Alchemie und der Biochemie und der daraus hervorgegangenen Biotechnologie zeigen, zu denen nicht zuletzt die Gentechnik gehört.

Wer ein Anhänger streng rationaler Wissenschaftlichkeit ist, wird alles, was mit dem Namen der Alchemie in Verbindung gebracht wird, bestenfalls als harmlosen Aberglauben und schlimmstenfalls als groben Unfug betrachten. Tatsächlich setzen viele Wissenschaftler (und andere gebildete Menschen) bis heute die Alchemie mit mühsamer und vergeblicher Goldmacherei in dunklen Laboratorien gleich, ohne zu beachten, worum es ihren Vertretern eigentlich ging: »Die Alchemie stellt den Menschen die Möglichkeit vor Augen, über die Zeit zu triumphieren, sie ist die Suche nach dem Absoluten. Der Weg dazu ist die Vervollkommnung dessen, was vor dem Menschen geschaffen, aber von der Natur unvollkommen gelassen wurde«, heißt es zum Beispiel in der französischen *Encyclopedia universalis* aus dem Jahr 1968.

»Die Vervollkommnung dessen, was von der Natur unvollkommen gelassen wurde« – das bezieht sich nicht nur auf Baumrinden oder Bauchspeicheldrüsen, die von ihrer »Schlacke« befreit werden müssen, wie die Alchemisten sagen würden, um ihnen Heilmittel wie Chinin oder Insulin in reiner Form zu entnehmen. Das bezieht sich auch auf den Menschen selbst, den die Alchemisten ohne eine natürliche Mutter zur Welt bringen wollten. Dabei sollte versucht werden, »einen Menschen herzustellen, wie es ihn noch nie gab ... besser als der Herr den Menschen geschaffen hat«, wie der Philosoph Ernst Bloch das alchemistische Bemühen um den neuen, perfekten Menschen in seinem Werk *Zwischenwelten in der Philosophiegeschichte* (1977) einmal beschrieben hat.

Vor dem Hintergrund der aktuellen Biowissenschaften wird deutlich, dass die Alchemie keinesfalls ein Relikt aus der Mottenkiste der Wissenschaftsgeschichte ist. Vielmehr lohnt es sich, deren Pläne beim Menschenmachen einmal genauer anzuschauen. An prominenter Stelle sind sie etwa in Goethes Tragödie *Faust* zu finden, die man auch als alchemistisches Drama deuten kann, wie vor allem der Psychologe Carl Gustav Jung empfohlen hat. Im ersten Teil des Stücks geht es unter anderem um die Verwandlung von Faust durch den Hexentrank – mit der für den Verlauf des Dramas nötigen Wiederherstellung der gelehrten Manneskraft –, und im zweiten Teil taucht ein für die Moderne besonders relevantes alchemistisches Meisterstück auf, und zwar im zweiten Akt, wenn »ein Mensch gemacht« wird. So nennt ein Dr. Wagner das, was er in seinem Laboratorium versucht, als zufällig Mephisto und Faust des Weges kommen und ihm zuschauen. Der Wissenschaftler Wagner verwendet die damals traditionellen Methoden der Alchemie, wenn er auf Nachfrage erläutert, wie er im technischen Detail vorgeht: »Den Menschenstoff gemächlich komponieren./ In seinen Kolben verlutieren,/ Und ihn gehörig kohobieren,/ So ist das Werk im Stillen abgetan.«

Niemand braucht die längst überholten Verfahren der Alchemisten zu kennen (die im Übrigen nicht immer danebenlagen und uns zum Beispiel die Destillation beschert haben). Was damals »verlutieren« und »kohobieren« hieß, nennt man heute vielleicht »rekombinieren« und »restringieren«, und keiner kann sagen, wann diese Wörter und die damit bezeichneten technischen Vorgehensweisen im Rahmen einer künftigen Wissenschaft in Vergessenheit geraten und abgelöst werden.

Sehr verbreitet bis zur Goethezeit war der Arbeitsgang der »Putrefactio«. Die so bezeichnete Scheidung oder Läuterung steht im Zentrum einer Anweisung zur Herstellung von »chymischen Menschen«, die auf Paracelsus zurückgeht und in einer Schrift von 1666 ausgeführt wird, die Goethe vorlag. Der Autor, ein gewisser J. Praetorius, gibt ganz allgemein für die Umwandlung folgende einfache Anweisung: »Stete feuchte werme bringet putrefacionem und transmutiert alle natürliche ding«, unter anderem den Menschen.

Merkwürdigerweise hat Goethe lange den Gedanken in sich getragen, das alchemistische Experiment gelingen und ein »chemisch Menschlein« konkret auf die Bühne treten zu lassen. Es soll dies »als wohlbewegliches Zwerglein« tun, nachdem es den Glaskolben zersprengt hat, in dem es erzeugt worden ist. An diesem Plan hat Goethe mindestens bis 1826 festgehalten, und erst in der endgültigen Textfassung von 1829 bleibt das künstliche Wesen, der Homunculus, in der Phiole stecken.

Goethes Sinneswandel hängt mit einem Fortschritt der Chemie zusammen, der ihn möglicherweise erschreckt hat. 1828 war es nämlich gelungen, einen Stoff im Reagenzglas zu synthetisieren, der bislang nur in lebendigen Körpern gefunden worden war. Der deutsche Chemiker Friedrich Wöhler (1800–1882) konnte Harnstoff ohne eine Niere herstellen, und sosehr ihn dieses Ergebnis freute, so klar war ihm und seinen Kollegen, dass damit der erste Schritt auf dem Weg getan war, an dessen Ende vielleicht wahrlich »ein Mensch gemacht« werden kann.

Während Goethe oder sein Dr. Wagner nur ein erstes Ziel anvisieren, nämlich den Zufall zu überwinden, der – wie wir heute sagen – die Würfel der genetischen Lotterie oft ungeschickt fallen lässt und bekanntermaßen Züchtungserfolge erschwert, meint man heute, einen Schritt weitergehen und über konkrete Verbesserungen des entstehenden Menschen nachdenken zu können. Wer allerdings mehr als diese allgemeine Aussage treffen und konkret sagen will, wie »die Vervollkommnung dessen, was von der Natur unvollkommen gelassen wurde«, aussieht, merkt bald, wie wenig ihm dazu einfällt. Der *New Scientist* hat im Sommer 1997 seine Leser aufgefordert, sich auszudenken, was sie bestellen würden, könnte die Gentechnik alle Manipulationen ausführen, die man von dieser Technik erwartet (wobei es weder Risiken noch einen unbezahlbaren Preis geben sollte). Man wünschte sich unter anderem Ameisen, die den Rasen mähen können, man wollte Blumen, die schreien, wenn sie Wasser brauchen, und hatte auch nichts gegen Pflanzen, die Fleisch produzieren. Was die Tierwelt angeht, so erbat man sich Schnecken, die Autowachs ausscheiden, Füchse, die sich nicht durch Geruch zu erkennen geben (damit die Fuchsjagd unmöglich wird), oder Katzen, die nur im Garten des Nachbarn wildern. Beim Menschen selbst hielt man Ohren für wichtig, die sich schließen lassen, man wollte wasserdichte Haut (um unter Wasser leben zu können), man wollte einen Magen, der Papier verdauen kann (um Zeitungen nach der Lektüre essen zu können), und man wollte ein Gen, das die geistige Entwicklung in dem Augenblick anhält, in dem man meint, alles zu wissen. Männer wollten einen Stecker im Kopf, mit dem der Anschluss an die Computer der Welt gelingt, und Frauen wollten einen Reißverschluss, um Geburten zu erleichtern, wobei die Kinder zusätzlich in einer besonderen Verpackung zur Welt kommen sollten, aus der sie erst heraus können, wenn sie sich selbst die Schuhe zubinden können.

Ein Problem bei solchen Wünschen besteht darin, dass jeder Einzelne von uns sehr wohl und sehr schnell weiß, was er an sich oder in seiner Umgebung verbessern möchte; aber die Frage nach einer Änderung der Gattung Mensch oder der gesamten Natur – also die Verbesserung von allen und allem – ist von einem ganz anderen Kaliber. Sie sollte auf keinen Fall von Leuten beantwortet werden, die nicht verstanden haben, was der Philosoph Isaiah Berlin einmal so formuliert hat: »Die Ansicht, die richtige und objektiv gültige Lösung der Frage, wie der Mensch leben soll, lasse sich grundsätzlich entdecken, ist selbst grundsätzlich falsch.«

Die Alchemie zielte bei ihrem transformierenden Tun nicht darauf ab, etwas neu zu schaffen. Sie war vielmehr damit beschäftigt, etwas zu befreien, das in den Stoffen und Formen vorgegeben war. Die Alchemisten folgten der Natur, um sie zu vollenden und dadurch zu befreien. (Wer hierin den Grundgedanken einer Pädagogik entdeckt, die in Kindern wachrufen will, was in ihnen schläft, könnte recht haben.)

Die moderne Form der Naturwissenschaft geht anders vor. Ihr Wahlspruch lautet: Wissen ist Macht, und das bedeutet, dass man die Gesetze der Natur mit dem Ziel ihrer Unterwerfung ergründen soll. Seit ihren Anfängen versucht die westliche Wissenschaft, die Natur zu verstehen, um sie zu beherrschen. Und genau an dieser Stelle steckt auch der Unterschied zwischen der Alchemie aus alter Zeit und der Biotechnologie aus unseren Tagen, die den Wandel durch genetische Eingriffe anstrebt. Denn während die Alchemie das Innere befreien wollte, bemüht sich die Biotechnologie, das Innere (genetisch verstanden) zu beherrschen. Für den Alchemisten befindet sich im Inneren des Menschen ein Geist, der darauf wartet, entschlackt und perfekt zu werden. Für den Biotechnologen befindet sich im Inneren des Menschen ein Genom, das darauf wartet, verbessert zu werden.

Lässt sich sagen, welches die für den Menschen angemessenere Methode ist? Hierauf eine Antwort zu geben gelingt am besten, wenn wir voraussetzen, dass Menschen primär ästhetische Wesen sind. Sie wissen erst, was schön ist, bevor sie lernen, was gut ist. Mit anderen Worten, Menschen streben nach Schönheit, und das heißt – frei nach Schiller – nach Vollkommenheit in Freiheit. Und damit erkennt man ein Problem der Biotechnologie, das die Alchemie nicht hatte. Denn mit genetischen Manipulationen wird Vollkommenheit in Unfreiheit geschaffen. Existierende Organismen sollen verbessert und auf einen Nutzen hin perfektioniert werden, und zwar durch Vorgaben von außen. Bei solchen Vorgängen wird nichts befreit, aber alles bestimmt. Der perfekte Mensch kann nicht mehr selbst entscheiden, was er will. Er ist somit vollkommen unfrei – und was immer er erreicht, er kann sich nicht darüber freuen. Und so wird er finden, dass sich sein Leben nicht lohnt. Dabei weiß man doch, dass das genaue Gegenteil der Fall ist, gerade weil es eine funktionierende Wissenschaft gibt, die das Leben im Allgemeinen und im Besonderen erforscht und erkundet und mehr kann als jede Alchemie.

Was Biomediziner wollen

Die oben aufgestellte Behauptung, Menschen wüssten nicht, was sie mit den gentechnischen Editionsfähigkeiten anfangen und in welche Richtung sie das Leben lenken wollen, sie rätselten und stritten bloß hoffnungslos herum, ist gewissermaßen stark übertrieben. Zumindest die ärztliche Zunft der Heilkundigen, in diesem Kontext die wachsende Gruppe der genetisch orientierten Biomediziner, weiß sehr wohl, was sie will, nämlich ihren Mitmenschen die Gesundheit schenken und erhalten, die zwar nicht alles, aber ohne die bekanntlich alles nichts ist. Solch ein Vorhaben und einige der dazu angebotenen Wege klingen tatsächlich überzeugend, wie wir gleich genauer betrachten werden, ohne den kniffligen Punkt zu übergehen, dass Gesundheit nicht allein ein Thema der molekularen und messenden Biowissenschaften ist.

Konkret fassen viele Virusexperten zum Beispiel ins Auge, sich mit dem Gene Editing der weltweiten Aids-Epidemie und dem dazugehörigen HIV zuzuwenden, also dem Humanen Immunodefizienz-Virus, wie er seit den 1980er-Jahren untersucht und bezeichnet wird. Damals wurde die Ausbreitung der Immunschwäche in den zuständigen medizinischen Institutionen bemerkt und geriet in die internationalen Schlagzeilen, um dort lange zu bleiben. Nach ein paar Jahren konnte die Pharmabranche – in einer erstaunlich kooperativen Gesamtanstrengung vieler Firmen – einige Medikamente entwickeln, die anfänglich vor allem gegen die Symptome gerichtet waren (Symptome, die infolge des schwächer werdenden Immunsystems auftreten und zu denen Hautausschlag, geschwollene Lymphknoten und eine allgemeine Müdigkeit gehören, was alles ziemlich unspezifisch klingt). Heute werden neue therapeutische Wege gesucht, und zwar solche, die auf der genetischen Ebene höchst spezifisch vorgehen und die Gene von HIV-positiven – also infizierten – Erwachsenen dahingehend verändern und edieren, dass die dazugehörigen Zellen des Immunsystems wie etwa Makrophagen ihre Fähigkeit verlieren, das Virus erst zu binden und dann einzulassen. Die empfänglichen Zellen weisen an ihrer Oberfläche ein

Rezeptorprotein mit dem Namen CCR5 auf, wobei das R für Rezeptor, ein C für Cell (also Zelle) und das andere C für Chemokine steht, womit Signalproteine gemeint sind, die Wanderbewegungen von Zellen auslösen; die Zahl 5 kommt durch das Nummerieren von verbreiteten Rezeptortypen zustande.

Es gibt viele Menschen, deren CCR5-Rezeptor verkrüppelt ist, weil dem dazugehörigen Gen etwa dreißig Bausteine fehlen. In dem Fall, dass beide Exemplare dieses Gens in einem Individuum verkürzt vorliegen, führt dies zu dem glücklichen Umstand, dass sich diese Person mehr oder weniger resistent gegenüber einer Aids-Infektion zeigt. Kürzer ist also besser für die Gesundheit.

Bereits 2008 – also vor dem Aufkommen von CRISPR-Cas9 – wurde versucht, mit damals verfügbaren DNA-Scheren (Nukleasen) dem CCR5-Gen ein Stück wegzuschneiden. Tatsächlich konnte eine Gruppe von Immunzellen mit einem edierten DNA-Abschnitt geschaffen werden. Das half den Patienten jedoch nur vorübergehend, da sich in ihnen immer noch genügend andere Immunzellen fanden, an denen sich das Virus weiter gütlich tun konnte. Die Hoffnung besteht derzeit darin, den Schutz mithilfe der CRISPR-Trickkiste dauerhafter zu machen, man traut sich hier zu, die Immunzellen nicht nur *in vitro* zu edieren, bevor sie einem Patienten gegeben werden, sondern ihren genetischen Text unmittelbar *in vivo*, also in einem lebenden Organismus selbst, zu korrigieren und neu herauszugeben. Daneben wollen die Biomediziner endlich den alten Traum einer Gentherapie wahr werden lassen ohne die Risiken, die in den bisher verfügbaren Methoden steckten.

Zu den ersten Erkrankungen, bei denen solche therapeutischen Maßnahmen erprobt wurden, gehört die Mukoviszidose, bei der die Betroffenen eine zähen, klebrigen Schleim absondern, der die Lungen und andere Organe angreift und nach und nach arbeitsunfähig macht. Die zur Krankheit führende Genvariante ist seit mehr als einem Vierteljahrhundert bekannt, und so konnten zahlreiche Forscher viele Jahre lang versuchen, intakte Kopien des auslösenden Gens in die geschädigten Lungenzellen zu schleusen. Allmählich scheint ihr Vorhaben zu gelingen.

Inzwischen ist noch ein weiterer Ansatz zur Gentherapie von Mukoviszidose entwickelt worden. 2013 gelang es dem in Utrecht tätigen Molekulargenetiker Hans Clevers, Stammzellen des Darmgewebes zu isolieren und mit ihnen als Ausgangspunkt in Kulturschalen die Gebilde wachsen zu lassen, die er »Miniguts« nennt, also Minidärme. Mithilfe von CRISPR-Cas9 konnte Clevers nun das Genom dieser Laborgebilde edieren und ihnen eine korrekte Form des Gens einverleiben, das bei den Patienten, die an der »cystic fibrosis« (wie die Krankheit im Englischen heißt) leiden, nur verkrüppelt vorliegt und funktionsunfähig ist.

Mit diesem Erfolg, mit dem der Weg zur Heilung von Betroffenen vorbereitet ist (wenn er derzeit auch noch vor den Biomedizinern und ihren Patienten liegt), konnte zum ersten Mal gezeigt werden, dass CRISPR-Cas9 nicht bloß ein editorisches Werkzeug für die biologisch-genetische Grundlagenforschung ist, sondern als Quelle für künftige medizinische Neuerungen dienen kann. Es gibt bereits erste Bemühungen, damit auch die seit Langem bekannte Blutkrankheit namens Sichelzellenanämie zu behandeln. Diese Störung im menschlichen Betriebsablauf geht von einer Genvariante aus, deren Produkte letztlich dazu führen, dass rote Blutzellen nicht mehr fließen, weil sie statt ihrer runden und glatten Form das Aussehen einer Sichel annehmen und dabei verklumpen. Für die Betroffenen zieht das schmerzhafte Symptome nach sich. Die Verformung kommt durch eine Genmutation zustande, die das zentrale, weil Sauerstoff tragende Protein der Blutkörperchen mit Namen Hämoglobin so verändert, dass sie längliche Aggregate bilden, statt in den Zellen frei umherzuschwimmen.

Als Zielgen für eine editorische Korrektur dieser Misere dient ein Gen namens BCL11A. Es sorgt in den roten Blutkörperchen, die im Lauf eines Menschenlebens verschiedene Formen des Hämoglobins hervorbringen können, für das Auftreten der Sorte, die dazu neigt, molekulare Klumpen zu bilden. Die Korrektur wird darin bestehen, einige der zahlreichen Kontrollregionen zu ändern, die BCL11A aktiv werden lassen, damit nur die passende Form des Hämoglobins in den Zellen auftaucht, die nicht zu Sichelzellen führt.

An dieser Stelle darf ein Einschub nicht fehlen, der etwas Wasser in den gentherapeutischen Wein gießt und auf die Frage reagiert, wie es überhaupt sein kann, dass es derart genetisch bedingte Krankheiten gibt. Sind Menschen nicht Geschöpfe der Evolution, die alle Gene einer strengen – natürlichen – Selektion unterzieht und nur die besten durchhalten lässt? Wie können unter diesen Vorgaben DNA-Abschnitte durch das Raster schlüpfen, die Leid mit sich bringen und das Leben und Überleben erschweren?

Die Antwort steckt in der Existenz von zwei Exemplaren eines Gens in menschlichen Zellen. Die Sichelzellenanämie kommt erst zustande, wenn beide Kopien mutiert sind. Wer dagegen nur eines der beiden Gene für die zur Krankheit führende Variante in seinen Zellen trägt, bekommt nicht nur keine Anämie, sondern hat sogar einen Überlebensvorteil, und zwar den, resistent gegenüber der lebensbedrohlichen Malaria zu sein. Wie dieser Schutz zustande kommt und warum die Natur gerade diesen Mechanismus gewählt hat, kann und braucht hier nicht im Detail erörtert zu werden – es geht dabei, molekular gesehen, auf jeden Fall ziemlich trickreich zu. Warum die Evolution auf keine andere Lösung gestoßen ist, soll in diesem Zusammenhang ebenfalls außen vor bleiben. Folgenreicher für den Gesamtblick ist die Frage, was aus den Menschen geworden wäre, wenn sie das Gene Editing schon zu Urzeiten gekannt und eingesetzt hätten, als die Sichelzellenanämie zum ersten Mal auftrat. Dann hätten die frühen Genchirurgen den Resistenzmechanismus der Natur gegen die Malaria aus dem Erbgut herausgeschnitten und verworfen und dabei so etwas wie den teuflischen Mephistopheles gespielt, der in Goethes *Faust* stets das Böse will und stets das Gute schafft, in diesem Fall nur umgekehrt.

Ein ähnliches Vorsichtsgebot scheint auch bei dem oben skizzierten Zugriff auf das CCR5-Rezeptorgen zu gelten, mit dem die Verbreitung von HIV und damit die Ausbreitung von Aids gestoppt oder zumindest behindert werden sollen. Möglicherweise verschwindet zwar die Bindefähigkeit des betrachteten Virus, aber zugleich und vielleicht gerade durch die Edition des Gens nimmt die Anfälligkeit für andere Erreger zu, unter anderem für das West-Nil-Virus, wie in Fachkreisen vermutet wird. Bei der Erwähnung dieses Erregers liegt es nahe, auf den Verdacht von Historikern hinzuweisen, dass Alexander der Große bei seinen über Griechenland hinausgehenden Eroberungszügen in Kleinasien dem West-Nil-Virus zum Opfer gefallen ist, vielleicht sogar in der Gegend um das heutige Alexandria und bekanntlich schon in sehr jungen Jahren.

Zu den weiteren Beispielen für den Wunsch der Biomediziner, verbessernd einzugreifen und zu helfen, gehört eine Krankheit – eine Degeneration oder Dystrophie –, bei der in der Hornhaut von Augen verschiedene Zysten entstehen, die dann Sehstörungen bedingen und zu einer verschwommenen Wahrnehmung führen. Die Molekularbiologin Tara Moore, die an der Ulster University im irischen Belfast arbeitet und deren Ehemann die Cathedral Eye Clinic in derselben Stadt leitet, konnte mithilfe von CRISPR-Cas9 Genvarianten finden und entwaffnen, die der Hornhaut die genannten Schäden zuführen. Sie griff dabei in den genetischen Text von Stammzellen ein, aus denen die Cornea im menschlichen Auge hervorgeht. Eine Schwierigkeit bei diesem erfolgreichen editorischen Einsatz besteht darin, dass den Biomedizinern mehr als siebzig Mutationen, verteilt auf vier Gene, bekannt sind, die die sogenannte Meesmann-Hornhautdystrophie auslösen können. Doch die Belfaster Forscherin ist optimistisch, langfristig Heilungserfolge präsentieren zu können.

Wenn jemand Tara Moore mit dem allgemeinen Argument Einhalt gebieten würde, dass sie durch ihre Eingriffe angefangen habe, dem humanen Genom eine neue Gestalt zu geben, dann könnte sie mit dem Hinweis kontern, dass die Menschen das schon lange machen, und zwar auch ohne Gentechnik und gerade beim Sehen. Heutzutage leiden Millionen von Artgenossen unter Kurzsichtigkeit, und sie alle tragen eine Brille. Hätte es diese technische und kulturell weitreichende Erfindung, die eine existenzielle Bedrohung für unzählige Menschen in ein bloß lästiges Ärgernis verwandelt hat, nicht gegeben, dann sähe der menschliche Genpool heute völlig anders aus, wie man sich leicht vorstellen kann. Und das gleiche Argument lässt sich bei vielen, heute therapierbaren Infektionskrankheiten oder auch bei Diabetes anführen, um nur zwei Beispiele zu nennen.

Was Herr Church will

Während dieses Kapitel entsteht, melden die Wissenschafts-
medien – etwa *Nature* in der Ausgabe vom 4. Februar 2016 –, dass
man in England grünes Licht für Versuche gegeben hat, die Gene
von menschlichen Embryonen mithilfe von CRISPR-Cas9 zu edieren. Genauer wird berichtet, dass die Human Fertilisation and Em-
bryology Authority des Vereinigten Königreichs einem Forscherteam in London die Erlaubnis erteilt hat, in gesunden Embryonen
kurz nach der Befruchtung Gene zu korrigieren. Es geht dabei um
DNA-Abschnitte, von denen man wissen will, ob sie etwas mit der
Unfruchtbarkeit zu tun haben, unter der viele Paare mit einem un-
erfüllten Kinderwunsch leiden. Das langfristige Ziel des Experiments und der dabei durchgeführten genetischen Modifikationen
besteht darin, über die angestrebten genetischen Kenntnisse eine
Therapie für die Unfruchtbarkeit zu finden. Zunächst geht es
darum, die relevanten Gene ausfindig zu machen. Der jetzt zugelas-
sene Versuch muss nach sieben Tagen abgebrochen werden, wie in
der Genehmigung ausdrücklich betont wird, und zwar durch die
Vernichtung der Embryonen, aus denen vielleicht eine Erkenntnis,
aber kein Leben hervorgehen wird.

Die Erlaubnis für dieses Edieren von Genen wurde durch die
Entwicklungsbiologin Kathy Niakan beantragt, die an dem 2015 er-
öffneten Londoner Francis-Crick-Institut für interdisziplinäre medizinische Forschung arbeitet. Sie ist in einem Land tätig, in dem,
anders als zum Beispiel in Deutschland, Experimente an menschlichen Embryonen zulässig sind – mit der wichtigen Ausnahme, dass
die wachsenden Zellen nicht in der Absicht entstanden sein dürfen,
mit ihnen ein Kind zu zeugen. Wer hier eine moralisch-ethische
Grauzone vermutet, könnte recht haben.

Wenn im letzten Kapitel von zwei Damen die Rede war, die in
erfolgreicher Kooperation die CRISPR-Cas9-Trickkiste gefunden
und weit für das Leben geöffnet haben, so waren es zwei Herren,
beide aus Boston, die im Januar 2013 zum ersten Mal zeigen konnten,
dass sich damit tatsächlich menschliche Zellen und humane Gene

edieren lassen. Die Rede ist von Feng Zhang, der am Broad Institute der Harvard University arbeitet, und George Church, der an der Harvard Medical School gern die molekularbiologische Welt aufmischt. Der Professor mit dem schönen Namen – passend zu der säkularen Welt seiner Wissenschaft – ist ein äußerst umtriebiger Forscher. Neben seinem Job als Hochschullehrer an einer Eliteuniversität amtiert er auch als Direktor einer Organisation, die sich PersonalGenomes.org nennt und es sich schon seit Längerem in den Kopf gesetzt hat, die Genomsequenzen von tausend Personen zu erfassen und daraus zu lernen. Church ist damit aber immer noch nicht ausgelastet, denn er leitet darüber hinaus das Center for Causal Consequenzes of Variation, was man etwas flapsig mit »Zentrum für die Konsequenzen von Sequenzen« übersetzen könnte. Welche Folgen bringen Genvarianten für einzelne Menschen mit sich?, lautet hier die Kernfrage. Church konzentriert sich auf kausal bedingte Konsequenzen, weil er hoffen kann, im Falle ihrer Kenntnis etwas an den variierten Sequenzen ändern und damit gegen die Folgen einschreiten zu können, falls sie unerfreulich sind. Church hat deshalb keine Bedenken, »helpful DNA«, also als hilfreich eingestufte Gene, zu verbreiten, weil er der Ansicht ist, dass Menschen zum einen nie etwas anderes getan haben, als ihren Genpool zu ändern, und weil sie zum anderen auch heute noch damit beschäftigt sind – ohne es zu merken. Wenn jemand zum Beispiel in einem Flugzeug in großer Höhe unterwegs ist, dann erhöht sich bei ihr oder ihm die Rate an zufälligen Mutationen in den Eizellen beziehungsweise in den sich entwickelnden Samenzellen.

In Experimenten aus jüngster Zeit haben Church und seine Mitarbeiter sich weniger um ihre Artgenossen und mehr um Schweine gekümmert. Dabei ist es ihnen gelungen, in einer Zelle dieser Tiere zweiundsechzig Gene gleichzeitig zu edieren, was zunächst verwirrend klingt, bis man mehr über den Hintergrund dieser aberwitzig anmutenden Korrekturen erfährt. Er besteht darin, dass in den USA – und sicher nicht nur dort – generell zu wenig Menschen bereit sind, ihre Organe zu spenden und für Personen zur Verfügung zu stellen, denen ohne eine Transplantation wenig

Lebensaussichten bleiben. Zwar wird schon seit Längerem überlegt, den Kranken die Organe von Schweinen als Ersatz anzubieten – das erste Insulin für Diabetiker stammte auch aus der Bauchspeicheldrüse der rosigen Paarhufer –, doch wie dank der Genomforschung bekannt geworden ist, steckt das genetische Material einer Art voller DNA-Abschnitte von Retroviren, und wenn sie zu einem Schwein gehören, können die dazugehörigen Partikel menschliche Zellen infizieren – mit unabsehbaren Folgen.

Church und seine Mitarbeiter konnten nun ermitteln, dass die vielen Virengene in den Paarhufern eine Sequenz gemeinsam haben, und an ihr greift sein Team mit der Editionsmaschinerie an und schneidet die DNA Stück für Stück aus dem Genom der Zellen aus. Insgesamt handelt es sich dabei um die erwähnten zweiundsechzig Abschnitte. Als Church diese an den vielen Stellen edierten Zellen von Schweinen mit denen von Menschen vermischte, trat dabei keine der befürchteten Infektionen auf, was den Blick auf die Organtransplantationen öffnet und für die Zukunft der auf eine Transplantation wartenden Patienten hoffen lässt.

In Minnesota, USA, gibt es übrigens eine Firma namens Recombinetics, die anbietet, Viehzucht mit Gene Editing zu unternehmen. Ihre Mitarbeiter sind in der Lage, Rinder ohne die lästigen Hörner zu züchten, und zwar ohne dass irgendeine andere Qualität der Tiere beeinträchtigt wird. Die Farmer haben ihrem Vieh schon immer die Hörner abgeschnitten, weil es den Tieren danach besser ging, wie Erfahrungen zeigen, und weil es dadurch bei Mensch und Tier weniger Verletzungen gab. Jetzt kommen die Rinder gleich ohne die lästigen Auswüchse zur Welt. Die Forscher von Recombinetics denken auch an andere Eingriffe, mit denen sie Schweine hervorbringen können, die gegen das Afrikanische Schweinefieber resistent sind, oder Geflügel, das sich als gripperesistent erweist. Niemand weiß, was den kommerziellen Genetikern noch alles einfallen wird. Aber auf eine Kuh, wie sie Douglas Adams in seinem Buch *Das Restaurant am Ende des Universums* auftreten lässt, wird man sicher noch länger warten. Die Kuh kommt bekanntlich in ein Restaurant, geht zu einem Tisch und bittet darum, verspeist zu werden.

Bei so viel mit Erfolg gepaarter Umtriebigkeit hat Church auch keine Scheu gezeigt, sich dazu zu äußern, wie er sich allgemein eine Verbesserung des Menschen vorstellt, nämlich durch wünschenswerte genetische Varianten, die man den eigenen Zellen dank der CRISPR-Technik mit auf den Lebensweg geben könnte. Hier kommt die sicher vorläufige Church-Liste mit zehn Vorschlägen (und einigen Anmerkungen) für gesündere Menschen und ein besseres Leben. Dazu braucht man:

– Eine Genvariante, die besonders starke Knochen ermöglicht
– Eine Genvariante, die zu mageren Muskeln führt (»lean muscles«)
– Eine Genvariante, die Menschen weniger schmerzempfindlich macht (wobei Church natürlich bekannt ist, dass dies gefährlich und weitreichend ist. Schließlich stellt Schmerz ein körperliches Warnsignal dar)
– Eine Genvariante, die den Körpergeruch reduziert
– Eine Genvariante, die Menschen mehr Abwehrkräfte gegen Viren verleiht (etwa gegen HIV mit den oben geschilderten Risiken und Nebenwirkungen)
– Eine Genvariante, die das Risiko von koronaren Herzerkrankungen senkt
– Eine Genvariante, die das Risiko mindert, an der Alzheimer-Demenz zu erkranken (mit der weiter unten im Text beschriebenen Warnung)
– Eine Genvariante, die das Risiko mindert, Krebs zu bekommen (was leicht klingt, aber vermutlich grundlegend scheitert, wie weiter unten zu lesen ist)
– Eine Genvariante, mit der nur ein geringes Risiko für Typ-2-Diabetes besteht
– Eine Genvariante, mit der nur ein geringes Risiko für Typ-1-Diabetes besteht

Die Aufzählung lässt auf jeden Fall erkennen, dass man sich nicht nur negativ auswirkende Genveränderungen vorstellen, sondern sich auch positiv wirkende Mutationen ausdenken kann. Eine über das

Medizinische hinausgehende Frage lautet, ob sich die Menschen auf solche Angebote einlassen, wenn sie eines Tages tatsächlich auf den Markt kommen, woran Church keinen Augenblick zweifelt. Optimismus gehört zur Grundausstattung eines Wissenschaftlers, und viele der oben angeführten Vorschläge könnten einem gefallen, meldete sich da im Hinterkopf nicht immer wieder der Teufel oder gefallene Engel, der stets das Gute will und stets das Böse schafft.

Als Beispiel für die Risiken, die hinter der genetischen Abschaffung von Risiken lauern, kann man die Alzheimer-Krankheit nehmen, zu der einige Genvarianten beitragen, die bekannt sind. Wie schon angesprochen, stellt sich bei solchen genetisch bedingten Leiden die Frage, was die Evolution daran gehindert hat, diese DNA-Abschnitte durch natürliche Selektion loszuwerden. Die Antwort steckt in dem Alter, in dem die Alzheimer-Demenz sich bemerkbar macht. Sie tritt lange nach der Zeit auf, in der sich Menschen fortpflanzen, und nur bis zu diesem Moment der Weitergabe von Genen kann die Evolution auf diese Elemente wirken. Sie kann nur Eigenschaften von Menschen auswählen, die ihnen bis zur Vermehrung helfen, aber damit sind die allermeisten Damen und Herren im fortgeschrittenen Alter nicht mehr beschäftigt. Die natürliche Selektion wirkt sich nur auf Gene aus, die in der frühen Phase des Lebens eine Rolle spielen. Insofern müsste man erst einmal wissen, was die Alzheimer-Sequenzen hier beitragen, bevor man seine editorischen Fähigkeiten an ihnen probiert. Die im Alter als Demenz-DNA in Erscheinung tretenden Genbereiche sind vielleicht ausgewählt worden, weil das junge Nervensystem bei seiner Entwicklung und Vernetzung die von ihnen ausgehenden Proteine und Hormone braucht. Und es könnte zu einer kognitiven Katastrophe führen, wenn an dieser empfindlichen Stelle und zu diesem sensiblen Zeitpunkt etwas schiefgehen oder unterbleiben würde.

Als eher noch kniffliger stellt sich die Frage nach den Genen heraus, die zum Krebs beitragen. Natürlich würde die Menschheit diese Geißel gern loswerden, aber leicht wird ihr dieses Vorhaben nicht gemacht. Zu den wichtigen Fortschritten in der Krebsforschung seit den Jahren der Gentechnik gehört das Auffinden von sogenannten zellulären Onkogenen, die zur Tumorbildung führen und das Wuchern von Gewebe auslösen. Daneben kennen die Biomediziner eine Gruppe von Genen, die mehr oder weniger das Gegenteil tun und sich darum kümmern, dass Zellen sich brav verhalten und ihren Teilungsdrang beherrschen. Die Fachwelt spricht von Tumorsuppressor-Genen. Eines dieser Gene sorgt für das Protein p53, das wir bereits in einem früheren Kapitel ausführlich vorgestellt haben. Die unter Krebsexperten verbreitete Ansicht lautet, dass es zu keiner Krebswucherung kommt, solange p53 seine Wächterrolle spielen kann. Aber wie lässt sich erreichen, dass p53 unter allen Umständen und auf jeden Fall funktioniert?

Eine einfache Antwort scheint zu lauten: indem man menschliche Zellen statt mit nur zweien mit ein paar mehr Kopien des dazugehörigen Gens ausstattet. Tatsächlich konnte gezeigt werden, dass Elefanten, die kaum oder gar keinen Krebs bekommen, mehr als vierzig Exemplare des Gens für p53 in sich tragen. Diese Einsicht scheint es geradezu zwingend zu machen, im Rahmen einer Edition des Humangenoms den menschlichen Zellen entsprechend viele DNA-Abschnitte für den Tumorsuppressor einzufügen.

Was hübsch einfach und gradlinig klingt, könnte aber auf dieselben Hindernisse stoßen, auf die Genetiker gestoßen sind, als sie, wie bereits in einem früheren Kapitel erwähnt, die Farbe von Petunien verstärken und Gewächse mit besonders violetten Blüten zeigen wollten. Man sollte also nicht zu sicher sein, die molekularen Möglichkeiten von Zellen bereits durchschauen zu können. Vielmehr sollte man stets auf Unerwartetes und Neues gefasst sein. Niemand kann genau wissen, was mit menschlichen Zellen passiert, denen man massenhaft Gene für p53 vermacht. Wahrscheinlich werden die Träger dieser Zellen nicht sofort zu Elefanten, ihnen wird kein Rüssel wachsen und ihre Haut wird auch nicht so faltig wie die der Dickhäuter. Aber ganz ohne Nebenwirkungen wird es nicht abgehen, wenn Zellen mit mehr Genen vollgestopft werden.

Ein zweiter Aspekt des Vorschlags von Church besteht darin, dass Krebszellen möglicherweise nur das machen, was allen Zellen von Natur aus gegeben ist, nämlich sich zu teilen. Vielleicht trägt es zum besseren Verständnis von Krebs bei, wenn wir an dieser Stelle zu einer Metapher greifen.

Leben beginnt mit Einzellern, die sich unbegrenzt und immer teilen können, wenn Energie und Nahrung verfügbar sind. In der Evolution sind aus dem ersten Einzeller viele Mehrzeller geworden, in denen Stammzellen zu Spezialzellen werden. Das Teilen der Einzelnen wird immer mehr eingeschränkt und einem Ganzen (dem Organismus) unterworfen. Die genetischen Elemente werden dadurch nicht nur eingeengt und fest verschnürt (als Chromosomen in einem Zellkern). Sie werden zudem Gefangene, die Gefangenen eines Körpers, die nur noch eingeschränkt operieren können und sich nur selten teilen dürfen. Um dies zu garantieren, werden gründliche und effektive Wächter des Genoms installiert, die Tumorsuppressor-Gene. Die Zellen verlieren dabei ihren Freiraum und in vielen Fällen auch ihr Leben. Der Tod tritt in Erscheinung, sowohl bei den Teilen eines Ganzen (den Zellen) als auch im Organismus selbst (im Vielzeller).

Leben muss überleben, also immer neues Leben hervorbringen. Die evolutionäre Anlage der Zellen, ihr »Traum vom Teilen«, bleibt in der körperlichen Gefangenschaft erhalten und sucht einen Weg, wieder den ursprünglichen Zustand einzunehmen, nämlich endlos teilfähig, unsterblich und keiner höheren Anordnung – der Form eines Organismus – unterworfen zu sein. Zellen leben gern frei und nicht als Gefangene, und so werden sie Krebszellen, die wie die Einzeller am Anfang über eine unbegrenzte Fähigkeit zur Teilung verfügen und unsterblich erscheinen. Krebs stellt die Befreiung aus der Gefangenschaft des Körpers und eine rücksichtslose Rückkehr zum freien Anfang des Lebens dar. Die Wächter werden von außen angegriffen (zum Beispiel durch karzinogene Stoffe, mit Strahlen und von Viren) oder im Inneren durch Instabilitäten von Chromosomen entwaffnet. Mit dem Krebswachstum nutzen die Zellen die ihnen ursprünglich verliehenen Möglichkeiten, und Energie finden sie reichlich. Krebszellen haben sich aus den Fesseln der Form befreit, und sie nutzen die genetischen Möglichkeiten, mit denen das Leben begonnen hat.

Das lässt die einfach klingende Idee, den Menschen mit Genvarianten zu verbessern, die das Krebsrisiko verringern, ins Leere laufen. Wer evolutionär denkt, muss zur Kenntnis nehmen, dass die Anfälligkeit für Krebs mit dem Auftreten der ersten Mehrzeller zusammenfällt, also mehr als eine Milliarde Jahre zurückreicht. Und so muss er sich vielleicht mit dem Gedanken anfreunden, dass wir uns bemühen müssen, mit dem Krebs zu leben, anstatt zu versprechen, ihn zu besiegen. Im Rahmen einer solchen »adaptiven« Therapie würde man nicht versuchen, die Krebszellen auszurotten, sondern sie stabil zu halten. Der Krebs würde sich dann vermutlich nicht so wehren wie gegen die bisher eingesetzten Chemotherapeutika, gegen die Tumorzellen – mit vielen wirksamen genetischen Tricks – resistent werden konnten.

P4-Medizin

Ärzte werden gern als »Halbgötter in Weiß« bezeichnet. Allerdings wissen sie, anders als die von dem Historiker Harari beschworenen Ganzgötter, was sie wollen, nämlich Gesundheit. Und einige von den Halbgöttern wissen auch den Weg zu diesem Ziel, selbst wenn sie nicht in weißen Arztkitteln umherlaufen und mehr mit Maschinen als mit Menschen zu tun haben. Besonders exponiert tritt dabei der amerikanische Mediziner und Systembiologe Leroy Hood auf. Im Januar 2016 sprach er an der Universität in Frankfurt am Main im Rahmen der Vortragsreihe »Du, Deine Gene, Deine Therapie« und stellte dabei seine Vision von einem möglichen Leben in völliger Gesundheit vor. Hood nimmt dabei zum Glück (noch) nicht an, dass Menschen ewig leben. Er möchte nur erreichen, dass sie hundert Jahre alt werden, dabei ihr langes Leben hindurch gesund bleiben und dann ruckzuck sterben, wobei der Tod vor allem deshalb eintritt, weil er und seine Mitstreiter die Menschen von diesem Moment an »mit sich allein lassen«.

Wer das für eine Satire hält, liegt falsch, denn so hat sich Hood wörtlich in einem Interview mit der *Frankfurter Allgemeinen Zeitung* im Februar 2016 geäußert, in dem er weiter und unermüdlich erläutert hat, was in seinen Augen möglich ist und kommen wird. Hood will die moderne Biomedizin noch enger mit der Datenverarbeitung verknüpfen und die Versorgung der Patienten digitalisieren. Dadurch soll dann die personalisierte Medizin entstehen, von der in letzter Zeit viel die Rede ist. Da es manchmal bei der Durchsetzung von Ideen auf Schlagworte ankommt, hat Hood auch eines mitgebracht, die sogenannte P4-Medizin, die er entwickeln und mit der er den Menschen Gesundheit bringen möchte. P4 – das hat nichts mit dem Tumorsuppressor p53 zu tun, sondern erinnert an die vier Attribute, die eine Medizin der Zukunft Hood zufolge ausweisen muss und die alle mit dem Buchstaben p beginnen. Sie lauten *prognostisch*, *personalisiert*, *präventiv* und *partizipatorisch*. Wenn hier auch nicht der Platz ist, sie einzeln zu beleuchten, so kann man doch das große Ziel benennen, dass Hood vor Augen hat. Es besteht darin, »von einer reaktiven zu einer proaktiven Medizin« zu gelangen, bei der die Krankheit in den Hintergrund und das Wohlbefinden in den Vordergrund rückt, wo es eigentlich auch hingehört.

Hood versucht, von dem reduktionistischen Denken der erfolgreichen Molekularbiologie wegzukommen und einen systemischen Ansatz in die Medizin einzuführen, der einen Organismus als Ganzheit in Betracht zieht. Dies hat man zwar schon im 19. Jahrhundert und davor unternommen, aber unter anderen Namen und ohne die Masse an Daten, die Hood erheben möchte und die zusammengenommen für ihn das Ganze ausmachen, das gesund sein soll. Menschen werden demnach künftig von Datenwolken umgeben sein, in denen zum Beispiel mithilfe der Nanotechnik in fünfzig Organen jeweils fünfzig spezifische Proteine vermessen werden können, um aus dem gesammelten Datenbestand den Gesundheitszustand berechnen zu können. Dies stellt nur den Anfang dar, denn Hood experimentiert bereits mit Systemen, in denen zum Beispiel tausend Zellen eines Hirntumors auf ihre Gentranskription hin untersucht werden. Auf diese Weise spinnt er die digitalen Möglichkeiten immer weiter, dem finalen Ziel einer Patientenakte entgegen, in der mehrere Milliarden Datenpunkte aufgezeichnet sind, in denen sich die menschliche Gesundheit offenbart.

Hood nennt seine Vision zwar »eine faszinierende Aussicht«, aber nicht alle teilen diese Ansicht, und manchen kommt dieser Ansatz sogar höchst unsinnig und fehlgeleitet vor. Bei allem Respekt vor dem technischen Leistungsvermögen der Apparatemedizin mit oder ohne genetische Analysen, mit oder ohne Computer, und bei aller Bewunderung für den ansteckenden Enthusiasmus des systemisch denkenden Biomediziners Hood: Das Problem der Gesundheit besteht nicht in einer bislang fehlenden Berechenbarkeit des damit einhergehenden Wohlbefindens – der »Wellness« in Hoods Sprache –, sondern in dem, was man unter »persönlich« und »partizipatorisch« versteht. Für Hood heißt »personalisiert«, dass man die Berechnungen einem persönlichen genetischen Profil anpasst und den individuellen Messungen dadurch ihre Bedeutung gibt. Und »partizipatorisch« heißt bei ihm, dass Menschen das alles mitmachen und sich am Sammeln der Daten beteiligen. Ihm kommt nicht in den Sinn, dass die Patienten dabei das bleiben, was die von ihm vertretene Medizin aus den Menschen gemacht hat, nämlich Objekte einer sich exakt gebärenden Wissenschaft. Menschen sind aber keine Objekte, sondern Subjekte, und wenn sie zu ihrer Gesundheit beitragen – partizipatorisch mitwirken – sollen, dann muss mehr geschehen als das Sammeln von Daten. Dann wird es nötig, den Patienten so zu bilden, dass er den Daten etwas entnehmen kann. Und jede persönliche Bildung bringt bekanntlich gesellschaftliche Risiken und Nebenwirkungen mit sich.

Das Geheimnis der Gesundheit

Worauf ist zu achten, wenn man die Gesundheit und damit das Leben von Menschen verbessern will? Und was überhaupt ist Gesundheit?

Die Überschrift dieses Abschnitts ist einer Schrift von Hans-Georg Gadamer entnommen, die der 2002 in Heidelberg verstorbene

Philosoph gegen Ende seines langen Lebens verfasst hat. Berühmt wurde er durch sein Werk *Wahrheit und Methode* (1960), in dem er die Methode der Hermeneutik einführt. Menschen und ihr Gehirn kennen nur die Botschaften der Götter, die ihnen durch den Götterboten Hermes vermittelt werden, nicht aber die Götter selbst. Menschen kennen analog dazu nur die Signale des Körpers, nicht aber die Gesundheit selbst. Daher spricht Gadamer »Über die Verborgenheit der Gesundheit«, die ihm das Geheimnis der Gesundheit zu sein scheint, wobei sich bei ihm die schöne Formulierung findet: »in der Verborgenheit der Gesundheit erkennen wir unsere Lebendigkeit«.

Bei Gadamer ist Gesundheit ein »geheimnisvolles Etwas, das wir alle kennen und irgendwie gerade nicht kennen, weil es so wunderbar ist, gesund zu sein«. Konkret bietet der Philosoph an, dass man sagen kann, gesund zu sein, wenn man »vor lauter Wohlgefühl unternehmensfreudig, erkenntnisoffen und selbstvergessen selbst Strapazen und Anstrengungen kaum spürt«. Explizit schreibt er: »Dieses Wohlgefühl ist Gesundheit.« Gadamer erwähnt dabei, was zum Allgemeinwissen gehört, dass nämlich Gesundheit kein Objekt ist, das eine Wissenschaft sich vornehmen kann. Die Krankheit hingegen ist »das sich selbst Objektivierende«, das sich dem forschenden Subjekt Entgegenstellende, der Gegenstand, das Aufdringliche.

Ein Geheimnis der Gesundheit steckt also nach Gadamer darin, dass das Angestrebte kein Gegenstand, kein Objekt ist und daher auch kein Thema einer naturwissenschaftlichen Untersuchung sein kann. Medizin ist die Wissenschaft von den Krankheiten, die – ganz in dem Sinne, den ich in meinem Buch *Die Verzauberung der Welt* beschrieben habe – dabei immer nur geheimnisvoller werden. Oder meint jemand, dass man Krebs inzwischen versteht? Versteht man überhaupt, was gemeint ist, wenn Krebs als »genetische Krankheit« bezeichnet wird? Genetisch meint auch *evolutionär bedingt* und damit eine Eigenschaft von Zellen, die unglaublich teilungsbereit und teilungsfähig sein müssen. Jeden Tag bekommt der menschliche Körper 10^{11} neue Zellen (Knochenmark und Epithelzellen), jeden Tag müssen also 10^8 Kilometer DNA hergestellt werden, das ist die

Entfernung von der Erde zur Sonne. Das Teilen von Zellen und ihr Potenzial dazu werden immer rätselhafter.

Gesundheit war einmal eine Aufgabe von jedem einzelnen Menschen. Das änderte sich im 19. Jahrhundert, als, historisch betrachtet, *Die Verwandlung der Welt* gelang, wie Jürgen Osterhammel in seinem gleichnamigen Buch beschrieben hat. Damals dachten die Naturwissenschaften, alles verstehen zu können und verstanden zu haben (einschließlich der Mechanik und Elektrodynamik), und Gesundheit wurde als eine technische und beherrschbare Größe behandelt. Das freundliche Kräuterweiblein wurde durch den korrekten Arzt aus der Stadt abgelöst, der Tropfen zählte, wie etwa in Theodor Fontanes *Stechlin* nachzulesen ist.

Bereits im 18. Jahrhundert gab es ein Umdenken der Medizin zum sogenannten *Solidarparadigma*. Störungen der Gesundheit wurden nun auf feststellbare Objekte – die Organe – zurückgeführt. In diesem Zusammenhang wurde auch die Vorstellung in Zweifel gezogen, dass sich ansteckende Krankheiten durch »schlechte Dünste« in Stadt und Land verbreiten. An ihre Stelle trat die Idee eines organischen »Contagions«, das bald als »Keim« oder »Erreger« bezeichnet wurde. Die neu entstandene Bakteriologie dampfte das Solidarparadigma also auf die Einzeller ein (unsere Zeit vollzieht nun den nächsten Schritt der Verkleinerung und macht Gene als Krankheitsursachen ausfindig, nur dass es heute – im Unterschied zur damaligen Bakteriologie – noch immer keine Genomologie gibt).

1890 wird in *Meyers Lexikon* Gesundheit als »Zustand normaler Leistungsfähigkeit« bezeichnet, und »die Lehre von der Erhaltung der Gesundheit«, so der Eintrag, »heißt Hygiene«. Heute noch definiert die World Health Organization (WHO) Gesundheit als »Zustand optimaler Leistungsfähigkeit«, wobei die Moderne die Besonderheit hinzufügt, dass Gesundheit etwas ist, das ein Einzelner von der Gemeinschaft erwarten kann. Gesundheit ist demnach *ein Zustand, der mir zusteht*, und das wäre zum Lachen, wenn es nicht so traurig wäre. »Denn eine Gesundheit an sich gibt es nicht«, lässt sich Friedrich Nietzsche zitieren, »und alle Versuche, ein Ding derart zu definieren, sind kläglich missraten. Es kommt auf dein Ziel, deinen

Horizont, deine Kräfte, deine Antriebe, deine Irrtümer und namentlich auf die Ideale und Phantasmen deiner Seele an, um zu bestimmen, was selbst für deinen Leib Gesundheit zu bedeuten hat.«

Gesundheit ist also weder ein Ding noch ein Zustand, sondern ein Ziel, das aber nicht unbedingt Qualität haben muss. Ich erinnere an den »gesunden Menschenverstand«, der stets irrt, wenn die Wissenschaft genauer wird (man denke an das Fallen von unterschiedlich schweren Körpern und die Grenze der Lichtgeschwindigkeit), und an das »gesunde Volksempfinden«, das kranken Gehirnen entsprungen ist und sich willkürlich angemaßt hat, Handlungen als Verbrechen einzustufen und zu bestrafen. Vielleicht lässt sich Gesundheit als ein Wohlgefühl betrachten, das durch die menschlichen Kulturen eine ähnlich klingende Beschreibung erfahren hat. Im alten Ägypten war gesund, »wer mit Appetit essen, mit Vergnügen trinken kann und zum Beischlaf fähig ist«. Karl Jaspers, der Arzt und Philosoph, meinte, Gesundheit zeichne sich durch ein »langes Leben, Fortpflanzungsfähigkeit, Kraft, keine Schmerzen« aus, und Sigmund Freud vertrat die Ansicht, Gesundheit bedeute »arbeiten und lieben können«.

Zusammengenommen klingt das sehr nach den Bedingungen der Evolution, und so sollte man auf jeden Fall unterscheiden zwischen der Gesundheit der Jugend (bis in die Jahre der Reproduktion) und des Alters (nach den Jahren der Fortpflanzung). Die Evolution kann nur für Gesundheit davor, nicht aber danach sorgen. Im Alter werde ich selbst immer mehr für meine Gesundheit verantwortlich, und da darf oder müsste man sorgfältiger formulieren.

In der Renaissance ist die Idee aufgekommen, das tätige Leben (*vis activa*) vom sinnierenden (meditativen) Leben (*vis contemplativa*) zu unterscheiden und ein »glückseliges Leben« für wichtiger als ein gesundes Leben zu halten. Gesundes Leben kann ziemlich platt und stumpfsinnig sein und sich allein irdischen Freuden zuwenden. Worauf es ankommt, könnte man das Finden eines Lebenssinns nennen, und das kann auch gelingen, wenn man krank ist und Schmerzen hat. Möglicherweise steigern Schmerzen die Intensität des kontemplativen, philosophierenden Lebens, wobei natürlich chronische und quälende Schmerzen ausgenommen bleiben. Unabhängig davon stellt eigentlich nicht das gesunde, sondern das glückliche oder glückselige Leben das eigentliche Ziel dar. Und um in seine Nähe zu kommen, benötigen Menschen Bildung. Tatsächlich ist die Gesundheit selbst eine Bildung, eine Menschenbildung (wobei ich gern darauf hinweise, dass Bildung das Arzneimittel der Zukunft ist). Und das Alter könnte auch die Zeit der Bildung sein, durch die Menschen lernen, sich mit dem Tod zu versöhnen, der zum Leben gehört. Durch die Befristung der Zeit – der Lebenszeit – wird auch die Kreativität befördert, die das eigentliche Ziel der Evolution darstellt. So schließt sich mit dem Leben auch dieser Kreis der Argumentation.

So merkwürdig es klingt, aber es muss schrecklich sein, wenn alle gesund sind und wir in einem Schlaraffenland leben, keine Verpflichtungen mehr haben und alles erreicht ist. In solch einer Lage breitet sich rasant kulturelle Langeweile aus. Das verdeutlicht zum einen, welcher Unsinn in dem Gedanken einer Gesundheitspolizei steckt, die es im 18. Jahrhundert gab. Und es erlaubt zum anderen, ein anfangs erwähntes Geheimnis der Gesundheit erneut zu benennen: Es ist ihre Unerreichbarkeit – vor allem für die Gemeinschaft. Möglicherweise können es Einzelne schaffen, mehr oder weniger gesund zu sein, aber die Gemeinschaft bringt stets auch Menschen hervor, die an diesem Ziel arbeiten und letztlich scheitern.

Dieser Befund erlaubt einen besonderen Hinweis. Er hat damit zu tun, dass Menschen, biologisch betrachtet, bekanntlich gar keine Individuen sind. Vielmehr stecken sie voller Mikroorganismen und sind von Helminthen, Bakterien, Pilzen, Viren und anderen Kleinstlebewesen bevölkert. Deshalb sind Menschen eher Holobionten, eine Gemeinschaft verschiedener Lebewesen, die sich zu einem ganzen Organismus zusammengetan haben. Selbst im menschlichen Genom stecken mehr virale als humane Gene, was der bekannten Frage: »Wer bin ich? Und wenn ja, wie viele?« eine höchst konkrete und quantifizierbare materielle Basis gibt. Längst hat man dabei auch verstanden, dass die Zellen eines Körpers eine Art »Krankheitslandschaft« bilden, in der sich viele »alte Freunde« tummeln – nicht nur, aber vor allem im Darm. Und so ist merkwürdigerweise die Hygiene in den Verdacht geraten, nicht mehr die Gesundheit zu fördern, sondern zu gefährden, nämlich dann, wenn sie unseren alten Freunden auf und unter der Haut den Kampf ansagt. »Dreck reinigt den Magen«, pflegte meine Mutter zu sagen. Nur wer zeitig mit allen möglichen Mikroben vertraut wird und sich anstecken lässt, hat eine Chance, das lange Leben voller Kraft und ohne Schmerz zu führen, was Karl Jaspers als grundlegend für die Gesundheit angesehen hat.

»Gesundheit« stammt im Deutschen von Wörtern ab, die »stark« meinten (im Englischen *sound*); das englische *health* hingegen leitet sich von Wörtern her, die »ganz« meinten (*whole*). Statt »ganz« könnte man auch »unversehrt« oder »intakt« sagen. Somit wäre ein gesundes Leben eines, das im Takt verläuft, das eine innere Angemessenheit erkennen lässt und bei seinen Bewegungen einer Harmonie folgt. Gesundheit könnte man insofern als die Lebendigkeit (Dynamik) verstehen, die keine andere – also auch kein Krebswachstum – zulässt und sich im Takt mit der Welt, der Natur, der Umwelt bewegt. Gesundheit wäre demnach eine Art Tanz, der seinen Antrieb von innen bekommt und eine Lebensführung ermöglicht, durch die der oder die Gesunde, der oder die Tanzende in Übereinstimmung mit sich selbst kommt, zur Harmonie mit sich findet.

Die Harmonie oder »Ganzheit« war im 16. Jahrhundert noch ein großes Thema, unter anderem bei dem Essayisten Michel der Montaigne, der eines Tages einen Zahn verlor und daraufhin notierte: »So löse ich mich auf und komme mir abhanden.« Gesundheit heißt in diesem Denken also nicht nur »ganz« sein, sondern auch »bei sich« sein. Wer mit diesem Gedanken weiter fragt, sucht keine äußerliche Lösung, sondern etwas tief im Inneren. Wenn ich forsche, bin ich auf dem Weg zu mir selbst, und das gilt vor allem, wenn es um das Geheimnis der Gesundheit geht. Ich bin, was ich aus mir mache, wie seit der Epoche der Romantik bekannt ist. So gesehen ist die Gesundheit auch mein bewusster Wille, und das ist ihr Geheimnis. Kein Geheimnis ist, dass ich allein nicht zurechtkomme und Hilfe brauche, und zwar eine Menge und ein ganzes Leben lang.

Die Gene der Neandertaler

Wenn über die Verbesserung des Menschen und seiner Gesundheit gesprochen wird, haben die Akteure natürlich die Zukunft im Sinn. Der Philosoph Karl Popper hat darauf hingewiesen, dass derjenige, der ein aktuelles Problem angehen möchte, gut daran tut, vorher nachzusehen, ob jemand sich schon in der Vergangenheit damit beschäftigt hat. Wer diesem Ratschlag folgt, kann zum Beispiel fragen, welche Visionen von Gesundheit in zunehmend medizinisch versorgten Gesellschaften etwa im 19. Jahrhundert populär waren. Er oder sie wird dann viel von optimistischen Mikrobenjägern lesen, die erst Bakterien als pathologische Ursachen ausmachten und dann nach Zauberkugeln Ausschau hielten, um auf die erkannten Krankheitserreger schießen und sie dabei treffen und erlegen zu können. Er oder sie kann aber auch ganz weit zurückgehen und wissen wollen, wie es im Rahmen der großen grundlegenden Bewegung namens Evolution gelungen ist, bessere Menschen in dem Sinne zu machen, dass eine ungewöhnlich anpassungsfähige Art in der Gattung Homo aufgetreten ist. Bekanntlich hat sie sich als besonders überlebensfähig erwiesen und inzwischen über die ganze weite Welt ausbreiten können. Die Rede ist von den heutigen Menschen, von der Art *Homo sapiens*, die sich selbst diesen stolzen Namen – der weise Mensch – gegeben hat. Ihre biologischen Wurzeln und ihr kulturelles Werden zählen zu den unvergänglichen Themen des Forschens und Fragens.

Dank der seit der Wende zum 21. Jahrhundert immer präziser und kostengünstiger durchführbaren Verfahren zur Sequenzierung von genetischem Material sind viele überraschende Einblicke in die Geschichte des Menschen möglich geworden. Die bekanntesten und populärsten Fortschritte können unter dem Stichwort Neandertaler verzeichnet werden. Vor wenigen Jahren ist es einem Team unter Leitung von Svante Pääbo am Max-Planck-Institut für evolutionäre Anthropologie in Leipzig dank enormer technischer Fortschritte und mit eindrucksvollen Einrichtungen zur Vermeidung von Kontaminationen gelungen, das komplette Genom eines Neandertalers offenzulegen. Dieses in seinen Einzelheiten und Voraussetzungen wahrlich erstaunliche Ergebnis bringt auf jeden Fall die Möglichkeit mit sich, das Erbmaterial des ausgestorbenen Neandertalers mit dem überlebenden Erbgut moderner Menschen zu vergleichen.*

Den umtriebigen George Church hat es aber auch schon über die Möglichkeit nachdenken lassen, einem Neandertaler eine neue Lebenschance zu geben, indem man sein archaisches Genom in eine frische Eizelle einbringt und eine (gut bezahlte) Frau findet, die bereit ist, das Zwitterwesen nach einer In-Vitro-Fertilisation auszutragen. Einige Briten haben sich bei diesem Vorschlag schon gefragt, ob dessen Landsleute im Fall der Realisierung des Vorhabens es überhaupt bemerken würden, befände es sich unter den nächtlichen Fahrgästen der Londoner U-Bahnen. Eine interessante Frage, auf die es aber frühestens in knapp zwanzig Jahren eine Antwort geben könnte, wenn der vermutlich struppige Knabe oder das eher breitgesichtige Mädchen – beide auf jeden Fall mit einem eher massigen Körper ausgestattet – alt genug wären, sich in die stickige Kampfzone des Transportsystems der britischen Hauptstadt zu begeben.

Lassen wir diesen eher unwirklichen und unappetitlichen Gedanken lieber beiseite und fragen genauer, in welchen Sequenzen sich das Genom eines heute lebenden Menschen von dem eines Neandertalers unterscheidet. 2014 hat Pääbo darüber in seinem Buch *Die Neandertaler und wir* berichtet. Überraschend ist sein Befund, dass der Neandertaler nicht völlig verschwunden ist, sondern Anteile seiner Gene in der Gegenwart weiter ihren Dienst verrichten, und zwar in der Art *Homo sapiens*. Jedenfalls bestehen die Genome der

---

* Um von den genetischen Grundlagen her die Urgeschichte der Menschen rekonstruieren und erzählen zu können, müssten der Wissenschaft noch andere Genome bekannt sein, die von *Homo floriensis*, *Homo heidelbergiensis* und *Homo erectus* zum Beispiel, woran zurzeit aber nicht zu denken ist. Die Genomforschung arbeitet sich aber voran. Im Juni 2016 traute sie sich in einem großen Aufsatz in der *Nature* zu, »the genetic history of Ice Age Europe« zu erzählen. Dabei konnte verfolgt werden, wie die Menge an Neandertaler-DNA in der untersuchten Population nach und nach abnahm, und zwar so, wie es nach der natürlichen Selektion zu erwarten ist. Noch mehr Genomanalysen können noch bessere Einsichten in die Wanderbewegungen geben, die der europäischen Geschichte vorausgegangen sind.

meisten europäischen und asiatischen Menschen zu zwei bis vier Prozent aus DNA-Abschnitten, die schon im Neandertaler zu finden waren und ihn am Leben hielten.

Früher schien die Herkunft des Menschen ein einfach und gradlinig zu lösendes Problem zu sein. Die Neandertaler galten als eine eigenständige Art, deren Mitglieder vor etwa zweihunderttausend Jahren auf der Erde auftauchten (woher auch immer) und sich dann vor einigen zehntausend Jahren von den Vertretern der modernen Form des *Homo sapiens*, also den Vorfahren der heute Lebenden, verdrängen ließen (wie auch immer). Mit anderen Worten: Die damals auftretenden Mitglieder der zeitgenössischen Menschenart haben sich den Neandertalern gegenüber erst im evolutionären Wettbewerb als überlegen erwiesen und nach ihrem Triumph im Überlebenskampf allein über den ganzen Globus verbreitet.

Die neue Wissenschaft von der Paläoanthropologie entwirft in diesen Tagen jedoch ein viel aufregenderes Bild von der jüngeren Herkunft des Menschen. Seine Konturen bekommt der neue Entwurf vor allem durch die ungeheuer rasch fortschreitende Möglichkeit, das genetische Material selbst von Zellen zu erfassen, die aus uralten Knochen oder anderen Funden von Paläoanthropologen stammen, so winzig sie auch sein mögen. Dabei hat sich, zum Erstaunen erst der Fachwelt und dann der Öffentlichkeit, Folgendes herausgestellt: Bevor sich die präsente Art *Homo sapiens*, aus Afrika kommend, über Europa und Asien verbreitete und dabei in unterschiedliche Gruppen aufspaltete, haben sich einige Mitglieder aus der umtriebigen Gruppe von Vorfahren – wahrscheinlich vor etwas mehr als fünfzigtausend Jahren – mit den Neandertalern gepaart und dabei ihre Gene vermischt. Auf diese Weise sind Neandertaler-Gene (dank der modernen Methoden der Wissenschaft) selbst dort zu finden, wo die dazugehörigen Menschen niemals gelebt haben. So stammen zwei Prozent des genetischen Materials von Chinesen vom Erbgut der Neandertaler ab. Das liegt unter dem Ergebnis der Europäer, die etwas mehr von dem alten Neandertaler-Genom bewahrt haben.

Was haben wir davon?

Nun stellt sich natürlich die Frage, was der frühe und moderne Nutzen von genetischen Informationen des Neandertalers ist, warum sie im Verlauf der menschlichen Evolution beibehalten worden sind. Wer so fragt, trifft auf ein Problem, das Pääbo als das verflixte »Geheimnis der Genomik« bezeichnet, nämlich das Rätsel, wie aus den genetischen Sequenzen, die Wissenschaftler gut analysieren können, die Besonderheiten des Menschen hervorgehen, der ihnen sein Leben verdankt. Welchen Vorteil haben die Gene des Neandertalers den Menschen gebracht, mit denen sie sich gekreuzt haben?

Nach dem derzeitigen Stand der anthropologischen Ermittlungen scheinen die Neandertal-Anteile für eine Menge von Problemen verantwortlich zu sein – zum Beispiel für eine Neigung zum Übergewicht, für eine verstärkte Blutgerinnung, für die Nikotin-Abhängigkeit und für eine Neigung zur Depression. All das verwundert und macht die Frage unvermeidlich: »Und wo bleibt das Positive?« Eine mögliche Antwort darauf hat mit Genen zu tun, die es dem Immunsystem erlauben, zwischen infizierten und gesunden Zellen eines Körpers zu unterscheiden. Offenbar trägt eines der Neandertaler-Gene in den Zellen heute lebender Menschen dazu bei, Krankheiten zu bekämpfen, die durch hauptsächlich in Europa auftretende Infektionen ausgelöst werden. Genau dort lebten die Neandertaler schon, als die Vorfahren der modernen (zeitgenössischen) Menschen aus Afrika kamen, die beiden Gruppen aufeinander trafen und sich freundschaftliche Bande zwischen einigen ihrer Mitglieder entwickelten. Wer dabei die richtige Genkombination zustande brachte, konnte offenbar im Überlebenskampf siegen. Als dumm sollte man sich die Neandertaler nicht vorstellen, auch wenn sich viele Zeitgenossen ihnen überlegen fühlen, weil sich ihre Vorfahren gegen die Neandertaler durchgesetzt haben.

Übrigens konnte mithilfe der genetischen Analysen festgestellt werden, dass es eine weitere frühe Menschengruppe gab, deren Mitglieder im Altai-Gebirge im südlichen Sibirien lebten. Nach einer dort befindlichen Höhle werden sie als Denisova-Menschen bezeichnet. In dieser Höhle fand man einige wenige brauchbare Überreste (beispielsweise einen Zahn) von einstigen Ureinwohnern, die vor vierzigtausend Jahren zusammen mit den Neandertalern und den »weisen Menschen« die Erde bevölkerten und ihren geeigneten Lebensraum suchten. Die Forscher freuen sich schon auf neue Entdeckungen, wenn sie irgendwann das chinesische Riesenreich und dessen Täler und Höhlen genau durchsuchen können. Pääbo hat in Peking bereits ein Laboratorium eingerichtet.

Man muss kein Prophet sein, um vorherzusagen, dass sich im Rahmen der Paläoanthropologie in Zukunft wiederholt, was in der bisherigen Entwicklung dieser dynamischen Wissenschaft oft passiert ist: Die Geschichte des Menschen stellt sich als verblüffend vertrackt heraus.

Auf die Frage, welchen Vorteil die Gene von Neandertalern im Genom von *Homo sapiens* den gegenwärtig damit lebenden Menschen bringen, gibt es eine seriöse Antwort, die um eine spekulative Nuance erweitert werden soll. Die seriöse Antwort weist zum einen darauf hin, dass heutige Menschen DNA-Abschnitte mit Neandertaler-Ursprung mit sich führen, die zur Entwicklung von Haut und Haaren beitragen. Es gibt zum Beispiel Gene, die für Keratinfilamente sorgen. Keratine sind Proteine, die Hornsubstanz aufbauen können. Sie sind in Haaren und Federn zu finden und helfen offenbar dabei, unter kühleren Lebensbedingungen zu existieren. Deshalb konnten die Träger dieser Gene nach Norden ziehen.

Die seriöse Antwort weist zum anderen darauf hin, dass das aktuelle Genom von den Neandertalern einen DNA-Abschnitt übernommen hat, der, wie schon angedeutet, zu der angeborenen Immunabwehr gegen Viren beiträgt. Außerdem fällt in den Populationen Eurasiens auf, dass ihre Mitglieder von den Neandertalern einen genetischen Abschnitt namens *Leukozytenantigen* übernommen haben, der zur Immunreaktion gehört und zur Erkennung von Krankheitserregern beiträgt. Offenbar konnte der Einbau dieser archaischen Variante ihren Empfängern einen Überlebensvorteil verschaffen. Die Wissenschaft drückt das durch den schönen Satz aus, dass die »adaptive Introgression archaischer Gene die modernen Immunsysteme wesentlich geprägt« hat. Das humane Leukozytenantigen (kurz HLA) heißt auch Transplantationsantigen, weil es zu einem Genkomplex gehört, der sich unangenehm bemerkbar macht, wenn er den Erfolg von Organtransplantationen verhindert. Er erkennt das eingepflanzte Gewebe nämlich als fremd und stößt es ab. Das HLA-System nennt man auch MHC, eine Abkürzung für den englischen Begriff »Major Histocompatibilty Complex«. Dieser Begriff bringt zum Ausdruck, dass sich die Produkte dieser Gene um die Verträglichkeit von Gewebe kümmern.

An dieser Stelle vollziehen wir einen Perspektivwechsel, der sozusagen von der »Innenwirkung« des MHC zu dessen »Außenwirkung« führt. Es geht dabei um Experimente von Verhaltensforschern, die wissen wollten, wie Menschen auf den Geruch ihrer Artgenossen reagieren. Um das zu erfahren, ließ man weibliche Versuchspersonen an von männlichen Probanden getragenen T-Shirts schnuppern, wobei es galt, die Duftnote anzugeben, die am attraktivsten wirkte. Die Hypothese der Wissenschaftler lautete: Die Vorliebe für einen bestimmten Körpergeruch hängt von der Existenz dazu passender Gene ab. Diese Hypothese wurde glänzend bestätigt, wenn man sich über die beteiligten Gene auch wundern kann. Denn wie sich herausstellte, sind es die Gene des MHC, die zu der Duftauswahl beitragen. Mit dieser Einsicht kann man den Gedanken fortspinnen und festhalten, dass die MHC-Gene nicht nur die Organverträglichkeit *im* Körper bestimmen, sondern auch die Partnerwahl *für* den Körper beeinflussen. Im Hinblick auf die Evolution stellt dies ein extrem sinnvolles Vorgehen dar, wenn man davon ausgeht, dass ein Ziel der sexuellen Fortpflanzung darin bestehen muss, dem Nachwuchs möglichst gute Gene für die Immunabwehr mit auf den Lebensweg zu geben. Offenbar wählt die Nase aus, mit welchem Partner das am besten gelingen kann. Wenn das Immunsystem dabei selbst das Sagen hat, kann das für die Überlebensfähigkeit der Nachfahren nur von Vorteil sein. Deshalb ist der Gedanke nicht von der Hand zu weisen, dass es einen »betörenden Duft« des Immunsystems gibt (auch wenn das beim ersten Hören komisch klingt). Ausgehend von dieser Annahme kann man nun riskieren, die versprochene spekulative Antwort auf die Frage zu geben, welchen Vorteil Neandertaler-Gene im Genom des *Homo sapiens* boten und bieten.

Dazu müssen wir ein wenig ausholen. Wie kann man sich überhaupt erklären, dass irgendein hübsches Mädchen einen nach heutigen Maßstäben grimmig dreinblickenden und mit einem schwulstigen Gesicht ausgestatteten Neandertaler (jedenfalls sind die Neandertaler auf zahlreichen Nachbildungen so dargestellt) seinerzeit als ihren Partner auserkoren hat? Die vorgeschlagene Antwort lautet: Die vom Immunsystem gesteuerten Duftnoten machten einen so attraktiven Körpergeruch aus, dass sie den optischen Eindruck zweitrangig erscheinen ließen. Als Folge davon kamen Kinder auf die Welt, deren Immungene bestens geeignet waren, ihre Träger gegen Parasiten und andere Angreifer zu verteidigen. Zuletzt kam es dann zu der bereits zitierten »adaptiven Introgression archaischer Gene« (was so wunderbar gelehrt klingt), und deren Spuren hat die moderne Genomanalyse in den freigelegten DNA-Sequenzen dann auch tatsächlich gefunden.

Wenn man annimmt, dass in der Folge davon die modernen Menschen entstanden sind, die vor etwa fünfundvierzigtausend Jahren in die Region zogen, die heute Europa heißt, dann kann man die Experten fragen, ob sie auf so etwas wie »europäische Genvarianten« gestoßen sind, die sich im Lauf der Wanderjahre gebildet haben.

Es gibt Hinweise auf spezielle Veränderungen hin zu hellerer Hautfarbe und in Bezug auf die Verträglichkeit von Milchzuckern wie der Laktose. Und es scheint auch so, dass die Anzahl der Neandertal-Gene im menschlichen Genom im Lauf der Zeit leicht zurückgegangen ist. Denn in dem vor rund fünftausenddreihundert Jahren gestorbenen oder umgebrachten Tiroler Gletschermann, der als Ötzi bekannt geworden ist, wurde noch mehr von der archaischen DNA gefunden, als sie in einem heute lebenden Durchschnittseuropäer nachzuweisen ist.

Bleiben wir in der Gegenwart: Im Sommer 2015 hat man hundertsiebzig Skelette, die in Ländern von Spanien bis Russland gefunden wurden, auf ihre DNA hin untersucht. Das Ergebnis lässt darauf schließen, dass vor etwa viertausendfünfhundert Jahren nomadische Hirten aus dem westlichen Russland in Mitteleuropa eingetroffen sind, die im Deutschen als Angehörige der Jamnaja-Kultur bezeichnet werden. Die Jamnaja-Menschen verfügten über Pferde, mit denen sie Riesenherden von Schafen beaufsichtigen konnten. Und sie expandierten nicht nur in westliche, sondern auch in östliche Richtung. Ihre Sprache hat die Grundlage für das Indogermanische geliefert, das heute von drei Milliarden Menschen gesprochen wird.

Man kann inzwischen also nicht nur die Geschichte der Gene erzählen. Man kann auch die Gene der Geschichte zählen und den Weg der DNA durch die Geschichte verfolgen. In großem Stil unternimmt dies seit Kurzem ein Max-Planck-Institut für Geschichte und Naturwissenschaften in Jena. Unterstützt von Historikern, soll es die Ausbreitungsgeschichte des Menschen anhand seiner genetischen Spuren erkunden. Einer der Direktoren, Johannes Krause, hat angekündigt, die »vergangenen zwanzigtausend Jahre eurasischer Geschichte« in den naturwissenschaftlichen Blick zu nehmen, und er hat dabei ausdrücklich »die großen Migrationsbewegungen im ersten Jahrtausend nach Christus« erwähnt. Klassisch arbeitende Historiker begrüßen den genetischen Ansatz, der »überholt geglaubte Fragen« aufgreift und mit »erstaunlichen Resultaten« aufwartet, wie der Mittelalterhistoriker Jörg Feuchter im November 2014 in der *Frankfurter Allgemeinen Zeitung* geschrieben hat. Als Beispiel führt er eine Studie an, die »zu dem Schluss kam, dass die angelsächsische Immigration nach England im 5. bis 7. Jahrhundert mit einem fast kompletten Austausch der männlichen Bevölkerung auf der Insel einherging«. Das widerspricht dem gegenwärtigen Stand der Mittelalterhistorie, die von einer nur geringen Wanderungsbewegung vom Kontinent her ausging. Ein *Genetic atlas of human admixture history* hat inzwischen schon die »Mischungsgeschichte« von knapp hundert Populationen weltweit untersucht, in der Hoffnung, zahlreiche »Vermischungsereignisse« allein aus genetischen Analysen erschließen zu können. Biologische Modelle in der Geschichtswissenschaft – eine wunderbare Herausforderung für eine interdisziplinäre Zusammenarbeit.

282

Auf dem Weg zum perfekten Menschen?

Über »Die Entwicklung der Menschheit« haben sich schon viele Leute den Kopf zerbrochen, unter anderem der Autor von *Das fliegende Klassenzimmer* und *Das doppelte Lottchen*, Erich Kästner. Sein Gedicht mit dem zitierten Titel beginnt so: »Einst haben die Kerls auf den Bäumen gehockt,/ behaart und mit böser Visage./ Dann hat man sie aus dem Urwald gelockt/ und die Welt asphaltiert und aufgestockt,/ bis zur dreißigsten Etage./ Da saßen sie nun, den Flöhen entflohn,/ in zentralgeheizten Räumen …« In der sechsten Strophe enden die Verse dann eher lakonisch: »So haben sie mit dem Kopf und dem Mund/ den Fortschritt der Menschheit geschaffen./ Doch davon mal abgesehen und/ bei Licht betrachtet sind sie im Grund/ noch immer die alten Affen.«

Es wird viele Zeitgenossen geben, die dem zustimmen, ohne dass sie bereit wären, auf die mit dem technischen Fortschritt verbundenen Annehmlichkeiten zu verzichten. Kästner nennt neben der Zentralheizung noch die Wasserspülung, das Telefon und neben der Atomspaltung das Züchten von Mikroben. Menschen wollen es halt immer besser haben, für sich und für ihre Kinder. Die Frage ist nur: Ist bei all diesen zivilisatorischen und technischen Bemühungen am Ende auch so etwas wie der perfekte, vor Glück strahlende Mensch in Sicht, wie man ihn in der Werbung vorgeführt bekommt?

Kurioserweise hat Lior Pachter, Professor für Biologie an der University of California in Berkeley, im Jahre 2014 gemeldet, es gebe den perfekten Menschen, er habe ihn gefunden, das heißt, er habe *sie* gefunden, denn Pachter meint eine Frau. Die Dame lebt in Puerto Rico, und ihre Perfektion kann man – dem Genetiker zufolge – an ihren Genen ablesen, genauer an einer Eigenschaft von Erbanlagen, die fachlich sauber, wenn auch etwas umständlich als *Einzelnukleotid-Polymorphismus* bezeichnet wird (auf Englisch *Single Nucleotide Polymorphism*, abgekürzt SNP). SNP kann als Snip gesprochen werden, wobei es meist eine Menge Snips sind, die untersucht werden. Dadurch lassen sich vererbbare genetische Variationen feststellen, die durch einen einzigen Baustein in der DNA zustande kommen. DNA-

Moleküle, die sich in einem Basenpaar unterscheiden, unterscheiden sich durch ein SNP. Der Vergleich von gesunden und kranken Menschen hat es den Genforschern erlaubt, zwischen guten und schlechten Snips zu differenzieren, die sich zudem verschieden stark auswirken, was der Professor aus Berkeley auf einer Skala von 0 bis 10 bewertet. Mit dieser quantitativen Vorgabe konnte Pachter in seinem Computer – also weder *in vitro* noch *in vivo*, sondern *in silico* – ein Genom *re*konstruieren, das optimal mit Snips ausgestattet und in dem Sinne perfekt ist. Und solch ein Genom fand sich bei der erwähnten Lady aus Puerto Rico. Der Genetiker Pachter meint, dass sich die Perfektion vor allem den Mischungen verdankt, wie sie bei Menschen in dieser Region auftreten. Ihr Genom setzt sich aus fünfzig Prozent europäischen, dreißig Prozent westafrikanischen und zwanzig Prozent amerikanischen Genbeiträgen zusammen.

Wer will, kann darin eine Anleitung sehen, den perfekten Menschen herzustellen. Erich Kästner hat dies grundsätzlich auch schon in den 1930er-Jahren beschrieben, und zwar in seinem Gedicht »Der synthetische Mensch« (»Professor Bumke hat neulich Menschen erfunden,/ die kosten zwar, laut Katalog, ziemlich viel Geld,/ doch ihre Herstellung dauert nur sieben Stunden,/ und außerdem kommen sie fix und fertig zur Welt!«, lautet die erste Strophe.) Diesen Professor Bumke kümmert es nicht besonders, was mit den Genen los ist und unter ihrer Anleitung passiert. Er ist mehr mit dem beschäftigt, was nach den Genen kommt, und davon weiß die Neuzeit inzwischen immer mehr. So liegt es zum Beispiel durch die vererbten Chromosomen fest, welches biologische Geschlecht ein heranwachsendes Wesen bekommt, das nach den natürlichen Möglichkeiten männlich oder weiblich werden kann. Um den Jungen aber zum Mann werden zu lassen, muss noch eine Menge des Hormons Testosteron durch die Organe fließen, und die physiologische Wissenschaft kennt da inzwischen viele Abstufungen – mit einem besonderen Twist. Er besteht darin, dass die geschlechtliche Prägung von Hirn (Kopf) und Herz (Körper) während der Schwangerschaft in getrennten Prozessen ablaufen kann, was die Möglichkeit eröffnet, dass sich zum Beispiel in einem maskulinen Körper ein feminines

Gehirn befindet. Nach dem, was die Neurophysiologie dazu sagen kann, versucht der Geist dem Leib seine Präferenz aufzuzwingen, was in vielen Fällen unangenehme Erfahrungen für die Betroffenen mit sich bringen kann.

In der Psychologie sind Menschen mit der erwähnten Zweiteilung ihrer Geschlechtlichkeit als Transsexuelle bekannt, die aufgrund sozial bedingter psychologischer Torturen vielfach den Wunsch nach einer Geschlechtsumwandlung äußern. Transsexuelle treffen oft auf Misstrauen, weil ein Großteil der Gesellschaft hierin keine biologische Variante, sondern eine seelische Pathologie vermutet. Das soll hier nicht vertieft werden. Stattdessen wenden wir uns nun – grundsätzlicher – der Entwicklung des Gehirns zu, dessen Funktionieren ja letztlich den Menschen zum Menschen macht. Und dabei geht es uns nicht nur um die Gene und das Nervengewebe im Wechselspiel mit Hormonen, sondern um den ganzen Menschen und mehr.

Natürlich kann man erkunden, ob es eine Gensequenz gibt, die den Unterschied in der Größe des Großhirns ausmacht, der zwischen den Denkorganen von Menschen und Schimpansen besteht. Übrigens fand man in Genomen von Primaten tatsächlich zahlreiche regulatorische Abschnitte, die daran beteiligt sind, die Architektur des Gehirns zu errichten. Und wenn man Mäusen die Menschen-Version eines genetischen Verstärkerelements übertrug, bekamen sie mehr Hirnmasse als Schimpansen, immerhin! Aber die moderne Verhaltensforschung hat längst die Blickrichtung von den genetischen zu den gesellschaftlichen Einflüssen gelenkt und ein Konzept vorgestellt, das als »Hypothese des sozialen Gehirns« (»Social Brain Hypothesis«) bekannt geworden ist. Diese Hypothese basiert auf der Überzeugung, dass Menschen über viel besser ausgefeilte soziale Systeme als andere Spezies verfügen und dieser komplexe Umgang hohe kognitive Anforderungen stellt. Ein zentraler Hinweis zur Unterstützung der Annahme eines sozialen Gehirns findet sich in dem Tatbestand, dass die Größe von sozialen Gemeinschaften mit dem Volumen der Großhirnrinde (des Neocortex) korreliert, und zwar über alle Primaten hinweg. Darüber hinaus haben weitere Analysen ergeben, dass Verhaltensmuster, die mit der sozialen Komplexität von Gruppen zusammenhängen, mit der Größe des Neocortex raffinierter werden. Dabei zählt unter anderem auch die Anzahl von Mitgliedern einer Grooming-Clique, wobei Grooming die gegenseitig betriebene Körper- oder Fellpflege meint, das Schmieden von Koalitionen, gemeinschaftliches Spielen und was man sonst noch alles im Leben von Gruppen finden kann.

Menschen sind große Affen – so heißt nun einmal die Familie, zu der nicht zuletzt die Spezies *Homo sapiens* gehört. Doch zugleich ist nicht zu übersehen, dass Fähigkeiten ihrer Mitglieder weit über das hinausgehen, was Tiere können. Diese Unterschiede scheinen von einem Selektionsdruck herzurühren, der ständig größere Gemeinschaften hervorbringt. Es ist eine Tatsache, dass die menschliche Gruppengröße im Lauf der evolutionären wie der kulturellen Entwicklung nach oben getrieben wurde. Das bedeutet auch, dass die Frage nach der Möglichkeit, einen verbesserten oder gar perfekten Menschen zu schaffen, die Gesellschaft einbeziehen muss. Kann es perfekte Menschen in einer perfekten Gesellschaft geben?

Perfekte Menschen in einer perfekten Gesellschaft?

Es sagt zwar niemand laut, aber es gibt keine Theorie von Genen und Genomen, und so wirkmächtig der evolutionäre Gedanke einer selektiven Kraft für die Entstehung der Lebensvielfalt daherkommt, eine Theorie des Lebens müsste zu sehr viel mehr in der Lage sein, um sagen zu können, was Menschen wissen wollen, nämlich wie die Lebenswissenschaften ihre Reise in eine bessere Zukunft der Art *Homo sapiens* planen und nach welchem konkreten Ziel sie dabei suchen.*

Wer nach aktuellen Bemühungen um eine Verbesserung des Menschen fragt, sollte einmal im Wirtschaftsteil einer Zeitung blät-

---

* Im Herbst 2015 veranstaltete das Konstanzer Wissenschaftsforum ein Symposium, das sich mit der Frage befasste: »Wo endet der Mensch?« Dieses Kapitel »Perfekte Menschen in einer perfekten Gesellschaft?« gibt meinen (überarbeiteten und ergänzten) Beitrag zu diesem Symposium wieder.

tern. Im März 2015 konnte man zum Beispiel in der *Frankfurter Allgemeinen Zeitung* die Vision einer Unternehmerin namens Martine Rothblatt lesen. Unter dem Titel »Auf der Suche nach der Unsterblichkeit« berichtete die Zeitung, was die Chefin des Pharmakonzerns United Therapeutics sich für die Zukunft ausgedacht hat. In den kommenden Jahren sollen demnach mithilfe von künstlicher Intelligenz digitale Repliken von Menschen geschaffen werden, die über ein Bewusstsein verfügen und praktisch unbegrenzt lange leben können. Das Unternehmen will seine Kunden zudem mit einem endlosen Nachschub an Organen versorgen, was ihm unter anderem mithilfe von Schweinefarmen gelingen soll. Dort werden dann Tiere gehalten, die dank genetischer Veränderungen zu Ersatzteillagern für menschliche Organe wie Lungen geworden sind. Die Lungen scheinen ein gutes Geschäft zu versprechen, weil derzeit viele Menschen an Erkrankungen der Atemwege sterben und nur wenige mit einer Lungentransplantation gerettet werden können. Der Unternehmerin schweben in einem nächsten Schritt noch ganz andere Dinge vor Augen, nämlich 3-D-Drucker, die mithilfe von Stammzellen immer neue Organe produzieren und auf diese technisch-trickreiche Weise den Menschen den Weg bereiten, unbegrenzt lange zu leben.

Übrigens hat die Idee der Unsterblichkeit oder das Leugnen der Vergänglichkeit in den USA längst »Merchants of Immortality« (»Verkäufer des ewigen Lebens«) hervorgebracht, und ein weltberühmter Pharmaforscher hat diesen Gedanken einmal sehr weit durchdacht. Gemeint ist Jürgen Drews, der den Roman *El Mundo oder die Leugnung der Vergänglichkeit* geschrieben hat, in dem ein Biochemiker das Unsterblichkeitsenzym als Medikament herstellen kann und im Selbstversuch testet, und zwar mit Erfolg. Das heißt, das Medikament lässt ihn offenkundig nicht mehr altern, aber es macht trotzdem Mühe, sein immer länger werdendes Leben als Erfolg zu werten, denn nur er allein bleibt jung, während seine Freunde erst älter werden und dann sterben. Der Held des Romans hat demnach gar kein langes Leben, er durchlebt vielmehr mehrere kurze Leben hintereinander, und zuletzt meint er, dass »ein Leben zu Ende ist, wenn die Idee, dem es folgte, erfüllt ist«. Der unsterblich Gewordene erlebt den Tod plötzlich als »Eintritt der absoluten Gleichgültigkeit«, als »das schlagartige Verschwinden aller Absichten und Wünsche«. Und damit setzt er das Medikament ab.

Es ist eine Sache, sich den perfekten Menschen vorzustellen, wenn ihn – wie etwa zu Goethes Zeiten – nicht wirklich jemand schaffen kann. Es ist eine ganz andere Sache, sich diesen perfekten Menschen vorzustellen, wenn die Lebenswissenschaften und die dazugehörige Industrie die nötigen Werkzeuge liefern und bereitstellen und sich alle Wünsche auf unkomplizierte Weise erfüllen lassen. Die Lebenswissenschaften können an dieser Stelle tatsächlich viel und immer mehr, vor allem seit es die beschriebenen Tricks mit CRISPR-Cas9 gibt. Das hat sogar, wie wir zu Beginn dieses Buches erfahren haben, den *Economist* dazu gebracht, eine Titelgeschichte über »Editing Humanity« zu publizieren, die den Lesern »The prospect of genetic enhancement« vorstellt, also die Aussicht auf genetische Verbesserungen des Menschen, wovon seit alchemistischen Zeiten geträumt wird. Und was ist dazu von James D. Watson zu hören, dem einflussreichsten Biologen der letzten Jahrzehnte? Er hat in einem Interview die rhetorische Frage gestellt: »If we could make better humans by knowing how to add genes, why shouldn't we?« (»Wenn wir durch unser Wissen, wie man Gene hinzufügt, bessere Menschen machen könnten, wieso sollten wir das dann nicht tun?«)

Ein Unternehmen namens Editas Medicine, das mit CRISPR-Cas9 Therapien entwickeln und Menschen gesund machen möchte, hat schon viele Hundert Millionen Dollar einwerben können – Geld, das von Bill Gates und Google kommt. Der eine agiert als Philanthrop, und die anderen wollen »nichts Böses«, was einen Außenstehenden eigentlich beruhigen könnte oder sollte. Aber wer weiß denn wirklich, was kommt und was gewollt wird? Einzelne mögen wissen, was sie an sich selbst und ihrem Umfeld verbessern wollen; aber die Frage nach einer Änderung der Gattung Mensch oder der gesamten Natur ist eine ganz andere. Von dem bereits zitierten Philosophen Isaiah Berlin stammt die Warnung: »Ich glaube, es gibt nichts, was für das menschliche Leben destruktiver ist als ein fanatischer Glaube an das vollkommene Leben.«

Was Berlin hier ausdrückt, kann man die Lektion der menschlichen Geschichte nennen, die spätestens bei den Philosophen der Renaissance nachzulesen ist. Die Idee eines perfekten Menschen, den wir uns mit genetischen Eingriffen herstellen wollen, scheitert nämlich nicht erst aus technischen, sondern schon aus sehr elementaren Gründen. Sie lassen sich in dem schlichten Satz zusammenfassen, der besagt, dass Menschen nicht für sich allein leben und nur in Gemeinschaft mit anderen Menschen existieren können. Und dabei treten zwei unvereinbare Ziele auf, um deren Realisierung gestritten wird, seit es humane Gemeinschaften gibt. Der Freiheit oder der Gerechtigkeit, die der Einzelne für sich einfordert, stehen stets die Auffassungen über Freizügigkeit und Gerechtigkeit gegenüber, die die Gesamtheit für ihr Wohlergehen geltend macht. Wer hat nicht in seinem Leben erfahren, wie sehr das Interesse eines Individuums vom Interesse einer Gemeinschaft abweichen kann? Und: Wie gehen Menschen vor, wenn der Zusammenhalt einer Gemeinschaft durch einen Einzelnen gefährdet wird? Im Westen schützt man das Leben eines Poeten, der den Propheten beleidigt hat – ohne zu übersehen oder gar zu billigen, dass andere Wertvorstellungen es zulassen, ihn zum Tode zu verurteilen, weil er mit seinen Texten die Glaubensgemeinschaft verunsichert.

Der Gedanke, dass Menschen Ziele verfolgen, die nicht übereinstimmen und sich nicht miteinander vertragen, hat auch Auswirkungen bei der Betrachtung von Utopien, die versuchen, bessere Welten mit besseren Menschen zu entwerfen. Es gab und gibt sie zu allen Zeiten – von Platon über Thomas Morus und Karl Marx bis hin zu den Achtundsechzigern, die ebenfalls den neuen Menschen verkündeten. Wer sich die genannten Entwürfe genauer ansieht, wird bald bemerken, dass sich weder die revolutionären Schwärmer noch die professionellen Futurologen wirkliche Menschen aus Fleisch und Blut als Bewohner ihrer künftigen Gesellschaften vorstellten. In ihren Visionen kamen und kommen nur vollkommene Wesen vor, die alle guten Merkmale des Menschen in sich vereinen und keine schlechten besitzen. Solche Wesen haben allerdings den Nachteil, dass sie ununterscheidbar sind. In Utopien ist nur von einer perfekten Gesellschaft die Rede, und jeder als Individualist erkennbare Mensch wird als Störfaktor betrachtet (und entsprechend rasch eliminiert).

Mit diesem Hinweis kann verstanden werden, warum die Träume der Achtundsechziger und anderer Weltverbesserer nicht mit den Träumen der Genetiker zusammenpassen. In der Wissenschaft kann man nur individuelle Menschen ins Visier nehmen. Eine Molekularbiologie der Gesellschaft gibt es nicht. Die Gentechniker können also nichts von Marxisten oder anderen Utopisten lernen, wenn sie wissen wollen, wie das humane Erbgut zu verbessern ist.

Und noch hat kein Utopist die *Vielfalt* der Menschen – also das, was die natürliche Evolution hervorbringt – als erstrebenswertes Ziel angesehen. Im Gegenteil! Die Vorstellung von der erträumten Zukunft war umso perfekter, je ähnlicher sich die in ihr lebenden Wesen waren. Mitgeschöpfe sehen den Menschen jedoch nur als Menschen an, wenn er etwas Individuelles darstellt. Und nur wenn diese Individualität wahrnehmbar ist, regt sie die Mitmenschen zu moralischen Handlungen an, wie auch viele Untersuchungen in der psychologischen Aggressionsforschung bestätigt haben. Und im Krieg ist es, psychisch gesehen, leichter, auf Menschen zu schießen, die durch Uniformen kaum noch unterscheidbar sind.

Menschen müssen einzigartig erscheinen, um von Mitmenschen eine Seele zugewiesen zu bekommen – was bei Zwillingen noch gelingt, aber scheitert, wenn Klone massenhaft produziert werden und als uniformierte Horden durch die Straßen laufen. Genau diese urmenschliche Einzigartigkeit und Unwiederholbarkeit wird ja durch die Unberechenbarkeit und Unvorhersagbarkeit der menschlichen Fortpflanzung garantiert. Was lieben wir denn mehr? Einen aalglatten Menschen mit perfekten Manieren und permanentem Lächeln? Oder die unverwechselbaren Exemplare unserer Gattung mit all ihren Ecken und Kanten und Launen? Wer möchte denn wirklich in einer homogenen Population von Engeln leben, auch wenn die sich genetisch herstellen lassen und vielleicht sogar anfangen, eine perfekte Gesellschaft aufzubauen, in der alles wie geschmiert läuft und niemand mehr etwas will – außer Halleluja zu singen?

Heute träumt keine denkende Elite mehr von einer idealen Gesellschaft, wie dies noch in den 1960er-Jahren Mode war. Dafür verfügen die Mittelklassenpaare dank der Gendiagnostik über Wahlmöglichkeiten, maßgeschneiderte Kinder in die Welt zu setzen. Ich befürchte allerdings, dass dem Nachwuchs dabei letztlich jede Unverwechselbarkeit und damit die Seele verloren geht. Die Freiheit, die Gene auszuwählen und einzufügen, die man seinen Kindern vermachen möchte, entkommt nicht dem Widerspruch zwischen der naturalistischen Sichtweise des Menschen mit dem dazugehörigen Wohlergehen (wie sie Aristoteles in der Antike vertreten hat) und der idealistischen Betrachtung einzelner Menschen und der dazugehörigen Sittlichkeit (wie Platon sie favorisiert hat).

Menschen können nur in Gemeinschaft mit anderen Menschen leben, und weder er noch sie können vollkommen – und somit am Ende angelangt – sein. Den perfekten Menschen in einer perfekten Gesellschaft kann es nicht geben. Erst wenn aufgehört wird, danach zu suchen und davon zu reden, sind Paare so frei, wie sie sich wähnen, wenn sie über Genvarianten ihres Nachwuchses zu entscheiden versuchen. Noch steht die Tür für diesen Weg offen. Es gilt, nein zu dem Streben nach Vollkommenheit zu sagen. Das sollte leicht fallen, wenn man sich klarmacht, dass nur Menschen in der Lage sind, nein zu sagen. Es gibt ganz sicher das große Ja zum eigenen Leben, wie es James Joyce am Ende seines *Ulysses* eine Frau aussprechen lässt. Dazu gehört das große Nein zum Eingreifen in das Leben der Anderen, die eine Gemeinschaft ausmachen.

Solche existenziellen Fragen machen offenbar auch denjenigen Menschen seelisch zu schaffen, die wesentliche Eingriffsmöglichkeiten ins menschliche Genom – und damit ins Leben – mit auf den Weg gebracht haben. Jennifer Doudna, eine der Biochemikerinnen, die die CRISPR-Cas9-Methode entwickelt haben, sieht sich seitdem einem völlig unerwarteten Ansturm der Kollegen und der Medien ausgesetzt. Einem Reporter des *New Yorker* hat sie von einem bizarren Traum erzählt, den sie in einer der schlaflosen Ruhmesnächte hatte. Darin forderte ein wissenschaftlicher Kollege sie auf, mit zu einem Mächtigen der Welt zu kommen, um dieser

Person zu erklären, wie die Technik funktioniert und das Edieren
von Humangenomen klappen kann. Jennifer Doudna zeigte sich im
Traum dazu bereit, wollte vorher nur wissen, um wen es sich handele. »Um Adolf Hitler«, bekam sie als Antwort, was sie zwar erschrecken ließ, aber nicht daran hinderte, sich mit dem Mann zu
treffen. Er hatte »a pig face«, berichtete Doudna, ein Schweine-
gesicht, das sie allerdings nur von hinten beobachten konnte. Das
Schwein machte sich mit dem Rücken zu ihr Notizen und sagte, es
wolle die Implikationen der erstaunlichen Technik erfassen – worauf die Biochemikerin schweißgebadet erwachte. Offensichtlich
treiben die brutalen biopolitischen Programme der Nazis und ihre
Träume vom perfekten arischen Menschen und seiner Weltherr-
schaft selbst in klugen Köpfen und bis in die kalifornische Gegenwart hinein ihr Unwesen.

Durch die Möglichkeit des Edierens von Genen scheint tatsächlich bald die Zeit anzubrechen, in der Menschen nicht mehr »nach
dem Bilde Gottes« geschaffen werden, sondern sich nach dem eigenen Bilde schaffen können. Und für diesen Fall stellt sich verschärft
die Frage, was er denn will und darf, der Mensch mit seinem gentechnischen Vermögen.

In den USA hat es Ende 2015 zu diesen Fragen einen »DNA
Summit« gegeben, bei dem sich das akademische Volk dem »Human
Gene Editing« widmete und zum Beispiel wissen wollte, ob es wün-
schenswert sei, den Intelligenzquotienten von Menschen zu erhöhen
oder ihr Schlafbedürfnis zu reduzieren. Es wurde bei dieser Ver-
sammlung erfreulicherweise vielfach darauf hingewiesen, dass bei
aller Euphorie vor allem Bescheidenheit angemessen sei, wenn man
über das nachdenkt, was die Forschung »enhancement« nennt und
womit technisch eine Verstärkung gemeint ist.

»Neuroenhancement« steht bei vielen Hirnforschern längst auf
der Agenda, weil die Menschen so etwas betreiben, wenn sie versuchen, ihr Gedächtnistraining durch Tabletten zu erweitern, oder sich
auf ähnliche Weise darum kümmern, ihre Aufmerksamkeitsspanne
zu verlängern. Genverstärkung klingt zwar bequemer als Neuroenhancement – man bekommt die neuen Fähigkeiten schließlich bei

der Geburt mit auf den Lebensweg und muss dafür nicht selbst etwas tun –, aber die Kenner der Materie warnen, dass beim gegenwärtigen Stand der Forschung viel zu wenig über die Rolle bekannt ist, die das Genom bei der Entwicklung des Gehirns und seiner kognitiven Fähigkeiten spielt.

Im Frühjahr 2016 trafen sich einige Genforscher, um zu überlegen, ob man sich nach der *Analyse* des menschlichen Genoms nicht an das Gegenstück wagen und die *Synthese* einer humanen Genbibliothek wagen solle. Und einige Genetiker unter Führung des bereits erwähnten George Church aus Boston haben schon einmal angekündigt, für ihr Menschenbildungsvorhaben ein paar Hundert Millionen Dollar einwerben zu wollen. Diese Form einer synthetischen Biologie hat ihren Vorläufer in dem hier ebenfalls schon bekannten Craig Venter, der 2010 zunächst das Chromosom eines Bakteriums hergestellt und es danach immer weiter reduziert und zurechtgeschnitten hat, um zu Beginn des Jahres 2016 mitteilen zu können, dass 901 Gene für das Leben dieser Zelle ausreichen. Venter übergeht oder übersieht bei seinen Erfolgsmeldungen jedoch, dass er und sein Team bei aller technischen Raffinesse nicht wirklich wissen, was die Minimalgene da alles tun und warum gerade ihre Kombination und Zusammenstellung das lebensnotwendige Minimum darstellen.

Aber wichtiger als die Bakterien sind die Menschen, und wenn jetzt über die Synthese eines Humangenoms nachgedacht wird, darf daran erinnert werden, dass der Vorschlag bereits 2012 gemacht worden ist, und zwar von den Mitarbeitern einer Software-Firma namens Autodesk. Dort träumte und träumt man davon, die Gene als Software zu verstehen und den Menschen mit ihrer Hilfe neu zu programmieren.

Bevor man hier einfach weiter voranschreitet, könnte man ja auf die Idee kommen, dass man so den Menschen zu der Maschine machen will, die niemand sein möchte. Natürlich lassen sich Maschinen besser reparieren als Menschen, und natürlich ist das Menschsein insgesamt mühseliger, da es sich nur auf sich selbst und nicht auf einen großen Ingenieur und dessen Programmierer verlassen kann.

Vor allem kann Leben ermüden. Doch während nach der Material-
ermüdung eine Maschine einfach zerbricht oder ihren Dienst aufgibt, wie man seit dem 19. Jahrhundert weiß, legt sich der Mensch
zum Schlafen hin, um am nächsten Morgen festzustellen: »des Lebens Pulse schlagen frisch lebendig«. So legt es Goethe seinem Faust
in den Mund, wenn er zu Beginn des zweiten Teils erwacht und
spürt, wie die Erde beginnt, ihn »mit Lust … zu umgeben«. Auf sie
kommt es an. Sie steckt im Menschen, aber nicht in seinen Genen.

Einen einfachen Weg zur Verbesserung des Menschen kann nur
versprechen, wer wenig von seinen Mitmenschen versteht und sie wie
Apparate behandelt, die man mehr oder weniger gut ausstatten
kann. Menschen sind aber keine Objekte, denen man Glück verord-
nen und zuteilen kann. Menschen bleiben Subjekte, die sich gern den
Bedingungen der Natur und der Umwelt unterwerfen – das bedeutet das lateinische Wort *subiacere*, von dem sich das Subjekt ableitet –, um dabei zu sich selbst zu finden. Menschen möchten nichts
vorgeschrieben bekommen, sondern frei sein, um in dem Rahmen
der Möglichkeiten, die ihnen zur Verfügung stehen, das Bild zu
schaffen, das zuletzt ihr Leben zeigt und ist. Menschen brauchen
Geheimnisse, wie bereits gesagt worden ist, und das größte Geheimnis steckt in der uralten Frage: »Wer bin ich?« Man kann sich immer
nur suchen und sich wundern, wen man auf dem Weg zu sich trifft.
Menschen sind wie die Gene, aus denen ihr Leben aufblüht. Immer
in Bewegung und immer bereit, etwas werden zu lassen, um zuletzt
etwas zu sein – nämlich der, der man werden will. Eine unendliche
Geschichte, in der die Frage: »Wo endet der Mensch?« eine in der
Epoche der Romantik gefundene Antwort bekommt: bei sich selbst.

Freiheit und Verantwortung in der Wissenschaft

»Es gibt eine moralische Einsicht, der ich mich nicht habe entziehen
können«, sagte Carl Friedrich von Weizsäcker 1980 in einem Vortrag,
mit dem er »Rechenschaft über die eigene Rolle« abgeben wollte,
die er bei der Entwicklung sowohl der Kernphysik als auch der

Atombombe gespielt hatte. Er betonte, nur um dieser Einsicht wegen halte er die Rede, die den Titel trug: »Die Wissenschaft ist für ihre Folgen verantwortlich« und dann in seinem Buch *Wahrnehmung der Neuzeit* veröffentlicht wurde.

Ich vermute, dass dieser Satz bereitwillig und ohne Zögern akzeptiert wird. Mir erscheint er trotzdem fragwürdig. Auf der einen Seite ist der Satz trivial. Denn wenn die Folgen der Wissenschaft Luxus und Wohlergehen sind, wird niemand nach der Verantwortung fragen. Und wenn die Folgen der Forschung Probleme mit sich bringen, kann unsere Gesellschaft nur mit wissenschaftlichen Mitteln reagieren. Zur Wissenschaft gibt es – in unserem Kulturkreis – keine Alternative, und wenn überhaupt, dann können wir nur bei ihr mit einer Antwort rechnen und damit von Verantwortung reden.

Auf der anderen Seite ist von Weizsäckers Formulierung jedoch unzutreffend. Denn »die Wissenschaft«, das ist keine Person, und nur Menschen können moralische Verantwortung übernehmen. Sie tun dies, allgemein ausgedrückt, wenn sie erstens so gut wie möglich beurteilen, was die Konsequenzen ihrer Handlungen sind, und wenn sie zweitens nach den dabei gewonnenen Einsichten handeln. Da aber alle Wissenschaftler, die diesen Namen verdienen und keine Verbrechen im Sinn haben, wenigstens im Prinzip so vorgehen, wird von Weizsäckers Satz wieder völlig selbstverständlich, und das eigentliche Problem – die Bewertung der konkreten wissenschaftlichen Befunde und der sich daraus ergebende Entschluss zum Handeln – kommt gar nicht erst in den Sinn.

Es bleibt zudem unklar, was »die Folgen« sein sollen, für die »die Wissenschaft« zuständig sei. Die Folgen dessen, was unsere christlich-abendländische Wissenschaft treibt oder fördert, sind die Möglichkeiten, die auf diese Weise in die Welt gesetzt werden. Bäcker liefern Brötchen, und Wissenschaftler liefern Möglichkeiten, deren Nutzung Veränderungen nach sich zieht, und zwar Veränderungen der Bedingungen, unter denen eine Gesellschaft wie die unsere lebt. Mit anderen Worten: Die Folgen der Wissenschaft nennen wir unsere Geschichte, und für die sind alle Menschen gemeinsam verantwortlich.

Diese Einsicht ist nicht neu und spätestens seit dem Beginn des 19. Jahrhunderts bekannt. Sie gehört aber nicht zur Bildung, und man hört sie in der Regel nur dann von Intellektuellen, wenn die Naturwissenschaften nicht erwähnt werden. Dass deren Disziplinen etwas mit unserer Geschichte zu tun haben, wirkt bis heute für viele Historiker fremd. Sie kümmern sich lieber um politische und militärische Strategien und lassen den wissenschaftlichen Hintergrund unbeachtet. Tatsächlich wird in vielen Geschichtsbüchern so getan, als ob die Welt ohne Physik, Chemie und Biologie auskommt. Das tut sie aber nicht. Im Gegenteil! Unsere Geschichte kann man nicht ohne die Beiträge der Wissenschaft verstehen, und ein Forscher kann die Welt mehr verändern als ein militärisches Aufmarschieren, auch wenn er dabei still in einer Ecke sitzt und nur nachdenkt. Das berühmteste Beispiel ist Einsteins Formel »$E=mc^2$« aus dem Jahr 1905.

Wissenschaft formt seit Jahrhunderten die Geschichte. Geschichte stößt uns nicht zu, Geschichte wird von uns gemacht, und in Europa mit den Mitteln der Wissenschaft, für die dann alle Menschen zusammen verantwortlich sind und nicht nur ein Teil von ihnen. Indem von Weizsäcker die Gruppe der Forscher unter allen heraushebt, begeht er meines Erachtens einen großen Fehler: Er entbindet die Nicht-Wissenschaftler – die Öffentlichkeit – von jeder Verantwortung. Er erteilt dem Publikum die Absolution. Das Ozonloch, das Wald- und Artensterben, der saure Regen, der Unfall im Atomkraftwerk, übereilte Versuche bei der Gentherapie – dafür ist nun allein »die Wissenschaft« verantwortlich. Die Öffentlichkeit kann sich beruhigt zurücklehnen und meckern.

Carl Friedrich von Weizsäcker hätte seinen Satz anders fassen und sagen können: »Die Wissenschaftler sind für die Folgen ihres Tuns verantwortlich.« Dann hätte sich am Einverständnis seiner Zuhörer nichts geändert. Aber hätte die Behauptung damit mehr Bedeutung bekommen? Was ist im Einzelfall gemeint, wenn gesagt wird, Forscher sind für die Folgen ihrer Entdeckung verantwortlich? Wofür soll zum Beispiel ein Astronom, der Sterne beobachtet und Himmelskarten anfertigt, verantwortlich sein, außer für die Zuverlässigkeit und Vollständigkeit seiner Protokolle? Und wie viel mehr

Verantwortung übernimmt demgegenüber eine Genetikerin, die nach einer Genvariante sucht, die für ihre Trägerin mit großer Wahrscheinlichkeit Brustkrebs zur Folge hat? Ist sie zugleich auch für die Hilflosigkeit verantwortlich, mit der die Öffentlichkeit auf das dann mögliche Angebot reagiert, einen prädiktiven Gentest für Brustkrebs durchzuführen? Bleibt ihr überhaupt eine Wahl? Wann lädt sie mehr Verantwortung auf sich: Wenn sie das Brustkrebsgen findet? Oder wenn sie sich entschließt, die Suche nach ihm einzustellen, weil sie meint, dass wir mit diesem Wissen noch nicht umgehen können?

War Albert Einstein für seine weltberühmte Formel verantwortlich, die preisgab, wie viel Energie in der Materie steckt? Ihre Gültigkeit wurde unübersehbar, als die erste Atombombe zündete. War Einstein dafür verantwortlich? Immerhin hat er dem amerikanischen Präsidenten Roosevelt geraten, sie zu bauen, bevor es die Deutschen für Hitler tun. Oder war die westliche Gesellschaft für die Bombe verantwortlich? Schließlich waren es demokratisch gewählte Regierungen, die sie in Auftrag gegeben haben.

Die von Einstein abgeleitete Beziehung zwischen Massen und Energie war die Folge seines Handelns. Und dieses Handeln war ein Nachdenken über die Frage, wie der Energiegehalt eines Körpers von seiner Trägheit abhängt. Es waren weltferne Fragen, mit deren Hilfe Einstein seine berühmte Formel nicht gesucht, wohl aber gefunden hat, und zwar zu einer Zeit, als er sechsundzwanzig Jahre alt und Angestellter eines Patentamts war. Niemand wird einen heutigen oder künftigen Einstein daran hindern können, über esoterisch anmutende und meilenweit von jeder Anwendung entfernt scheinende Fragestellungen nachzudenken. Und niemand kann garantieren, dass dabei nicht ähnlich tiefgreifende Zusammenhänge erkennbar werden, die neben ihren großen Einsichten auch große Risiken mit sich bringen. Es liegt in der menschlichen Natur, wissen zu wollen. »Der wissenschaftliche Mensch ist … eine ganz unvermeidliche Tatsache«, wie es in Robert Musils Roman *Der Mann ohne Eigenschaften* heißt. »Man kann nicht nicht wissen wollen.« Wissenschaft hat mit einem inneren Zwang zu tun, der dafür sorgt, dass nicht wir die Wahrheit verfolgen, sondern dass umgekehrt die Wahrheit uns vorantreibt.

Als die moderne Wissenschaft geboren wurde, kam niemand auf die Idee, über Verantwortung nachzudenken. Wissenschaftliches Handeln war identisch mit verantwortlichem Handeln. Der moralische Auftrag lautete, Wissen zu erwerben, um Fortschritte für die Menschen zu erreichen. Wissenschaftlicher Fortschritt und humaner Fortschritt waren ein und dasselbe.

Diese ethische Grundlage hat lange gehalten, und sie ist erst in unseren Tagen brüchig geworden. Noch zu Beginn des 20. Jahrhunderts hält es kein philosophisches Wörterbuch für notwendig, den Begriff Verantwortung aufzunehmen. Dies lässt sich damit erklären, dass zum einen die Ethik mehr über die »Pflicht« nachdachte, die heute vergessen zu sein scheint, und dass zum anderen die »Verantwortung« traditionell dem Bereich der Rechtsprechung zugewiesen wurde. Verantwortlich war man ursprünglich vor Gericht, und es scheint, dass sich die Last der Anklage bis heute gehalten hat, selbst wenn vordergründig von moralischer – und nicht von legaler – Verantwortung der Wissenschaftler die Rede ist.

Eine Virusforscherin wird zum Beispiel nicht für ihre Entdeckungen auf dem Gebiet der Genomforschung verantwortlich gemacht – diese nimmt nahezu niemand zur Kenntnis –, sondern eher dafür, dass sie nicht herausgefunden hat, was man gegen HIV und die Aids-Epidemie tun kann. Die Wissenschaftler ganz allgemein werden weder für den Wohlstand verantwortlich gemacht, in dem wir leben, noch für die Schnelligkeit und Bequemlichkeit, mit der wir uns fortbewegen können. Das Wort »Verantwortung« taucht in öffentlicher Rede über Wissenschaft meistens nur auf, wenn Waffen gemeint sind, wenn das Ozonloch registriert, das Waldsterben beschrieben und vor Genmanipulationen gezittert wird. Wenn es wirksame neue Medikamente gibt, scheint niemand verantwortlich zu sein, wenn sie fehlen, wird die Wissenschaft dafür verantwortlich gemacht.

Wer die Forschung öffentlich in Frage stellt, gerade der gilt als (moralisch) verantwortungsbewusster Mensch. Warum ist das so? Möglicherweise können zwei historische Hinweise eine Antwort geben. Die Debatte um die Verantwortung der Wissenschaft begann mit einem Krieg. Tatsächlich wurde die Frage der Verantwortung ein

Thema der Philosophie, als in Europa der Erste Weltkrieg ausgetragen wurde, und hier waren es vor allem deutsche Wissenschaftler, die gezielt eingriffen und sowohl die technischen Voraussetzungen für die Giftgase geschaffen als auch deren erste militärische Verwendung an der Westfront überwacht haben. Der hauptsächlich dafür zuständige physikalische Chemiker Fritz Haber hatte dabei kein schlechtes Gewissen. Im Gegenteil! Er übernahm die Verantwortung, die Kaiser und Volk von ihm erwarteten. Habers berühmte Maxime lautete, dass er zwar im Frieden der Menschheit, aber im Krieg dem Vaterland dienen müsse. In seiner Zeit wurde Haber nicht nur in Deutschland, sondern auch bei seinen Gegnern verstanden. Schließlich wurde ihm noch 1918 der Nobelpreis für Chemie verliehen, und zwar mit internationaler Zustimmung. Die Welt erkannte seine große Leistung an, die zu der Synthese von Ammoniak geführt hatte. Mit ihrer Hilfe konnten die Chemiker den Stickstoff der Luft binden und letzten Endes besseres Pflanzenwachstum erreichen. Haber hatte das Brot aus der Luft geholt, wie man damals sagte, und die Verantwortung dafür bewerteten die Menschen zu Beginn des 20. Jahrhunderts höher als alles andere.

In unseren Tagen führt die Auseinandersetzung sogar zu einem Anrufen antik-christlicher Kategorien, nachzulesen in dem einflussreichen Buch *Das Prinzip Verantwortung* von Hans Jonas, erschienen 1979. Der Philosoph ermahnt darin seine Zeitgenossen: »Ehrfurcht und Schaudern sind wieder zu lernen«, damit sie uns etwas »Heiliges« enthüllen, also etwas, das »unter keinen Umständen« zu verletzen ist.

Natürlich stimmt jeder, der seine Sinne beisammenhat, dem letzten Ziel der Verantwortung zu, an dem sich Jonas orientiert. Er spricht im Angesicht der möglichen globalen Auswirkungen naturwissenschaftlich vorbereiteter Techniken von unserer Pflicht zur Bewahrung des Seins und lenkt so den Blick auf die Verantwortung, die wir auch für die Generationen haben, die nach uns kommen. Doch darf nicht übersehen werden, dass Jonas mit seinem Vorschlag der Wissenschaft erneut zumutet, sich rechtfertigen zu müssen. Er bürdet ihr die ursprünglich legale Verantwortung auf, die schon in den christlichen Morallehren zu finden ist. Früher mussten sich die Menschen von Gott zur Rechenschaft ziehen lassen, und heute müssen die Wissenschaftler vor dem Tribunal der öffentlichen Empörung antreten, auf dem man Umweltschäden bilanziert und einen Schuldigen sucht, ohne den Blick auf sich selbst zu lenken.

Die Öffentlichkeit spielt offenbar gern – mithilfe mancher Medien und populistischer Philosophen – so etwas wie den lieben Gott. Sie ist nicht zu fassen und stets unfehlbar. Sie entlastet sich durch Anklage, und die Wissenschaftler tun ihr den Gefallen, sich in die Defensive drängen zu lassen. Man will auf keinen Fall auf Kühlschränke verzichten und verlangt daher Modelle, deren chemische Wirkstoffe das Ozonloch nicht vergrößern. Man will auch nicht auf das Autofahren verzichten und erwartet Fahrzeuge, die weniger Abgase produzieren und keinen Beitrag zum Treibhauseffekt liefern. Und man will natürlich nicht auf Medikamente verzichten, man will nur keine Tierversuche mehr dafür zulassen.

Als die Wissenschaftler vor rund vier Jahrhunderten anfingen, ihre Tätigkeit zu organisieren und für die menschliche Gesellschaft nutzbar zu machen, da taten sie dies allein aus dem bereits erwähnten Grund heraus, »die Mühseligkeit der menschlichen Existenz zu erleichtern«. Und dieser Gedanke trägt bis heute. Natürlich lassen sich im Lauf der Geschichte unterschiedliche und verschieden anspruchsvolle Ansichten zu der Frage finden, was als letzte Wertmaxime der Verantwortung anzusehen ist, wie es unter Philosophen heißt. Für Immanuel Kant etwa ist es der Mensch als Zweck an sich; für Albert Schweitzer ist es die Ehrfurcht vor dem Leben; für Hans Jonas ist es die Bewahrung des Seins; und für den Naturphilosophen Klaus Michael Meyer-Abich ist es der Frieden mit der Natur, wie er in seinem Buch *Wissenschaft für die Zukunft* schreibt. Aber vermutlich wird niemand widersprechen, wenn gedanklich der Anschluss an Brechts *Galilei* gesucht und die Ansicht vertreten wird, auch heute noch sei der Blick auf Nützlichkeit geboten und es komme auf »das gute Leben aller« an.

Vor diesem Hintergrund müssen die vielen Vorschläge gesehen werden, die seit 1945 gemacht worden sind, um einen hippokratischen Eid für Naturwissenschaftler zu formulieren. Als Ziel solcher Initiativen, die zum ersten Mal im Angesicht von explodierenden Atombomben gestartet worden sind und bis heute fortgeführt werden, schwebte den Autoren die Stärkung der Verantwortung vor Augen, die Forscher nach außen haben. Die Naturwissenschaftler sollten verpflichtet werden, ihr Wissen und Können einzusetzen »zum Besten der Menschheit« (1946), »für die Wohlfahrt der Menschheit« (1956), »zum Wohl der gesamten Menschheit« (1976), »für das Wohlergehen der Menschheit« (1988), und immer so weiter mit neuen und alten Variationen.

Abgesehen davon, dass Vorschläge dieser Art erstens eher nett und betulich klingen und zweitens zumeist unverbindlich – und damit unwirksam – bleiben, scheitert die Idee, eine hippokratische Eidesformel für Wissenschaftler nach dem medizinischen Vorbild zu entwickeln, vor allem an einem Punkt: Während Hippokrates eine wohldefinierte und unumstrittene Größe in den Mittelpunkt seiner Festlegung der Verantwortlichkeit stellen konnte – nämlich das Leben des Patienten, das es unter allen Umständen zu erhalten galt und gilt –, gibt es nichts Vergleichbares für Physiker, Chemiker, Biologen und andere Naturforscher. Denn was ist damit gemeint, sich für das Wohl der Menschheit einzusetzen? Wie kann man sicher sein, so zu handeln, wenn man einem Einzelnen hilft? Hat Einstein der Menschheit gedient, als er den Bau der Atombombe empfahl? Haben die Physiker zum Wohl der Menschheit beigetragen, die nach dem Zweiten Weltkrieg die Atomforschung verlassen und die Molekularbiologie entwickelt haben, die uns dann die Gentechnik beschert hat? Und warum muss es immer die »gesamte Menschheit« sein? Ist ein Wissenschaftler nicht vor allem einzelnen Personen gegenüber verpflichtet, deren Leiden oder Leben er vor Augen hat? Überhaupt: Lässt sich eindeutig definieren, was das Wohl oder was das Gute ist? Wie kann ich sicher sein, dass meine Handlungen zum Guten führen? Kann ich dies überhaupt wissen?

Die Antwort lautet nein. Im Grunde weiß jeder, was mittlerweile durch die Chaosforschung theoretisch sanktioniert, wissenschaftlich aufgewertet und abgesegnet ist und was jede vorgelegte Eidesformel schlicht bedeutungslos macht: Die Welt, in der wir leben, ist nicht linear und gradlinig, sondern komplex und vernetzt, und zwar so, dass die einzige gültige Logik in ihr die des Misslingens ist. Es gibt keine Handlung – und erst recht keine Entdeckung –, deren Folgen umfassend vorhersagbar sind und nur Gutes bewirken. Selbst das beste Gute hat seine Schattenseiten, und selbst das schlimmste Böse hat sein Gutes.

Betrachten wir dazu einige Beispiele. Als unbedingt gut würde man die Verbesserung der hygienischen Verhältnisse betrachten, wie sie nach dem Zweiten Weltkrieg etwa in deutschen Haushalten möglich geworden ist. Welche Nachteile können sich dabei bemerkbar machen? Die Antwort auf diese Frage liefern die Polio-Viren, die zwar offensichtlich immer vorhanden und in unserer inneren und äußeren Umwelt präsent waren, die aber so lange harmlos blieben, wie Kinder früh genug mit ihnen in Berührung kamen und infiziert wurden. »Früh genug« heißt in einem Alter, in dem das Nervensystem noch nicht differenziert genug war, um vom Virus befallen, beschädigt und teilweise lahmgelegt zu werden. Diese Möglichkeit bestand für den Eindringling erst, als dank der verbesserten Hygiene die Kinder das Virus aufnahmen, als sie älter waren und ihr Nervensystem Platz dafür bot.

Als unbedingt schlecht kann man (im Rückblick) die Absicht von Francis Galton (1822-1911) bezeichnen, der als Begründer der Eugenik – Erbverbesserung – gilt und sie politisch verstand. Er entwickelte sehr früh Pläne, die englische Rasse mit wissenschaftlichen Mitteln auf einer hohen Stufe von Reinheit zu halten und vor fremden Einflüssen zu bewahren. Zu diesem fragwürdigen, wenn nicht gar verwerflichen Zweck ersann Galton – ein Cousin des großen Charles Darwin – eine statistische Technik, um Beziehungen zwischen einer abhängigen und einer (oder auch mehreren) unabhängigen Variablen herzustellen. Heute ist dieses Verfahren als Regressionsanalyse bekannt und fester Bestandteil der Naturwissenschaften.

Als unbedingt schlecht und böse kann man zudem viele der Aufgaben betrachten, die im militärischen Sektor an Wissenschaftler vergeben und von ihnen bearbeitet werden – die Entwicklung von Waffen oder Kampfstoffen etwa, die von den atomaren über die chemischen bis hin zu den biologischen reichen, oder die Konstruktion von Geräten, mit denen feindliche Maschinen (und ihre Piloten) zuverlässig abgeschossen werden können. Diese Sicht trifft aber zum einen nur in Friedenszeiten zu, und zum anderen ist allgemein bekannt, wie viele technische Entwicklungen, vom Radar bis zur Urform des Internets, im Auftrag militärischer Dienststellen entstanden sind.

Mit anderen Worten: Der Einsatz von Wissenschaft und die Entscheidung für ein Leben auf wissenschaftlicher Grundlage bergen Risiken, die außerhalb der individuell tragbaren Verantwortung liegen. Die Verantwortung fängt an, wenn Gefahren erkennbar auftreten und es möglich ist, sie klein zu halten. Und sie setzt sich in der Aufgabe fort, die Öffentlichkeit über die unvermeidlichen Risiken zu informieren, die eine wissenschaftliche Entwicklung mit sich bringt.

Nun haben die Biologen genau dies in den Siebzigerjahren getan, und zwar an zwei Fronten. Zum einen haben sie die Politiker dazu gebracht, auf die Entwicklung biologischer Waffen zu verzichten. (Vorreiter waren dabei die USA, und hier ist vor allem der Biochemiker Matthew Meselson zu nennen, der einen viel höheren Bekanntheitsgrad verdient hätte.) Im Dezember 1971 wurde von der Vollversammlung der Vereinten Nationen die »Biowaffenkonvention« – Konvention über das Verbot der Entwicklung, Herstellung und Lagerung bakteriologischer (biologischer) Waffen und Toxinwaffen sowie über die Vernichtung solcher Waffen – als völkerrechtlicher Vertrag verabschiedet. Sie zielt darauf ab, die Herstellung und Verbreitung von biologischen Waffen zu verhindern.

Zum anderen haben die Biologen sofort reagiert, als 1973 die Grundoperation der Gentechnik beschrieben und veröffentlicht worden war. Die dafür verantwortlichen Wissenschaftler haben sich auch ethisch verantwortlich gezeigt und darauf gedrängt, verbindliche Richtlinien zum Umgang mit rekombinierten Genen zu formulieren. Der Biochemiker Paul Berg, der selbst auf diesem Gebiet forschte, zählte zu den größten Warnern, brach seine Versuche in Stanford ab und forderte ein vorläufiges Moratorium, das tatsächlich für einige Monate die entsprechenden Arbeiten in zahlreichen Laboratorien stoppte. Und auf einer Konferenz im kalifornischen Asilomar im Jahr 1975 einigten sich hundertvierzig Wissenschaftler darauf, von Versuchen mit Krebsgenen und einer Freisetzung gentechnisch veränderter Organismen zumindest vorerst abzusehen. Die Beschlüsse der Asilomar-Konferenz flossen später teilweise auch in nationale Gesetze zur Gentechnik ein.

Die Biologen haben damals versucht, aus der Geschichte zu lernen, und zwar aus der Geschichte der Atomphysik. Sie haben versucht, sich nicht von den Auswirkungen ihrer Entdeckung überraschen zu lassen, und sich stattdessen bemüht, deren geeignete Steuerung über die Beteiligung der Öffentlichkeit zu erreichen. Leider ist ihnen dieser historische Versuch nicht überall als verantwortungsvolles Handeln angerechnet, sondern vielfach als billiges Täuschungsmanöver vorgeworfen worden, wobei die Kritik oft aus den eigenen Reihen kam, zum Beispiel durch den Biochemiker Erwin Chargaff. Er meinte, man solle Kerne in Ruhe lassen – Atomkerne ebenso wie Zellkerne –, und bekam dafür mehr mediale Aufmerksamkeit als jeder andere Bioforscher. Der Soziologe Ulrich Beck entwarf in Essays und Büchern das Schreckensbild einer »Risikogesellschaft«, in der er einen »Endsieg der Genetiker« kommen sah, was das Feuilleton damals bejubelte, was aber trotzdem keinesfalls als hilfreiche Vokabel betrachtet werden kann. Unter solch einer sich damals vielfach zeigenden Feindseligkeit leidet der notwendige Dialog zwischen Wissenschaft und Öffentlichkeit bis heute. Dabei ist und bleibt das Gespräch miteinander eine Aufgabe für die Gesellschaft, und sie wird immer dringlicher.

Wer von Verantwortung spricht, sollte präzise sein, denn sprachlich geht es um eine mehrstellige Relation. Wenn es heißt, jemand habe etwas »zu verantworten«, dann ist damit gemeint, dass er oder sie sich vor und für Personen, Sachen oder Instanzen verantworten muss und dies aufgrund von gesetzten Werten und für eine bestimmte Zeit tut, die vorher oder nachher liegen kann.

Von den vielen möglichen Fragen – wer ist wofür und weswegen vor wem und wann verantwortlich? – lautet die vermutlich schwierigste, vor wem sich der einzelne Naturforscher mit seinem Tun rechtfertigen muss. Eine Antwort darauf ist deshalb besonders schwer zu geben, weil sie jeder sich selbst geben muss und dies nur tun kann, wenn sich der oder die Betroffene klarmacht, was die »Würde des Menschen« bedeutet und von welchem Bild des Menschen dabei ausgegangen wird.

Immerhin hat die Frage nach der Verantwortung der Naturwissenschaftler mittlerweile eine neue Dimension angenommen. Zunehmend wird von wissenschaftlichen Einrichtungen und Organisationen erkannt, dass die Last der Verantwortlichkeit nicht mehr bequem auf den einzelnen Wissenschaftler abgewälzt werden kann, sondern diese Verantwortung nur in institutionalisierter Form wahrgenommen werden kann. So heißt es beispielsweise in einer gemeinsamen Stellungnahme der Deutschen Forschungsgemeinschaft und der Deutschen Akademie für Naturforscher (Akademie der Wissenschaften) Leopoldina vom Mai 2014 zur »Wissenschaftsfreiheit und Wissenschaftsverantwortung« (»Scientific Freedom and Scientific Responsibility«):

»Forschung ist eine wesentliche Grundlage für den Fortschritt. Voraussetzung hierfür ist die Freiheit der Forschung, die durch das Grundgesetz besonders geschützt ist. Mit freier Forschung gehen jedoch auch Risiken einher. Diese resultieren vor allem aus der Gefahr, dass nützliche Forschungsergebnisse missbraucht werden können. Diese Risiken sind durch rechtliche Regelungen nur begrenzt erfassbar. Die Deutsche Forschungsgemeinschaft und die Nationale Akademie der Wissenschaften Leopoldina appellieren an die Wissenschaftler, sich nicht mit der Einhaltung der gesetzlichen Regelungen zu begnügen. Denn Forscher haben aufgrund ihres Wissens, ihrer Erfahrung und ihrer Freiheit eine besondere ethische Verantwortung, die über die rechtliche Verpflichtung hinausgeht. Darüber hinaus sollen Forschungsinstitutionen die Rahmenbedingungen für ethisch verantwortbare Forschung schaffen. Große Bedeutung haben dabei die Instrumente der

Selbstregulierung der Wissenschaft. Sie basieren auf besonderer Sachnähe und können flexibel reagieren. Die Empfehlungen der DFG und der Leopoldina wenden sich in ihrem ersten Teil an den einzelnen Wissenschaftler. Ihm muss die Gefahr des Missbrauchs von Forschung bewusst sein. In kritischen Fällen muss er aufgrund seines Wissens und seiner Erfahrung eine persönliche Entscheidung über das bei seiner Forschung Verantwortbare treffen. Dabei sind die Chancen der Forschung und deren Risiken für Menschenwürde, Leben und andere wichtige Güter gegeneinander abzuwägen. Die Empfehlungen konkretisieren diese Abwägung im Hinblick auf die erforderliche Risikoanalyse, die Maßnahmen der Risikominderung, die Prüfung der Veröffentlichung von Forschungsergebnissen sowie den Verzicht auf Forschung als letztes Mittel. Primäres Ziel ist dabei die verantwortliche Durchführung und Kommunikation der Forschung. Im Einzelfall kann eine verantwortungsbewusste Entscheidung des Forschers sogar bedeuten, dass ein hochrisikoreiches Projekt nur nach einem Forschungsmoratorium oder gar nicht durchgeführt wird.

Der zweite Teil der Empfehlungen wendet sich an die Forschungsinstitutionen. Diese sollen ihren Mitarbeitern das Problembewusstsein und die notwendigen Kenntnisse über die rechtlichen Grenzen der Forschung vermitteln und entsprechende Schulungsmaßnahmen der Wissenschaftler unterstützen. Forschungsinstitutionen sollen über die Einhaltung gesetzlicher Regelungen hinaus Ethikregeln für den Umgang mit sicherheitsrelevanter Forschung entwickeln.«

Die gesellschaftliche Verantwortlichkeit schließt aber auch die Öffentlichkeit mit ein. Sie kann sich nicht mehr auf den Standpunkt zurückziehen, es »nicht gewesen zu sein«. Diese »demokratiegeschichtlich neue Anforderung«, wie Klaus Michael Meyer-Abich in seinem Buch *Wissenschaft für die Zukunft* geschrieben hat, kann die Öffentlichkeit nur erfüllen, wenn sie besser über die Rolle informiert ist, die Wissenschaft in unserer Geschichte gespielt hat und spielt – wenn sie also der Wissenschaft einen Platz in ihrem Weltbild zuordnet. Ohne die damit gemeinte naturwissenschaftliche Bildung bleiben Menschen ratlos. Denn, so Meyer-Abich: »Wie können auf die alles entscheidende, jegliche Bewertung naturwissenschaftlich-technischer Entwicklungen leitende Frage: ›Wie möchten wir in Zukunft leben?‹ Antworten gefunden werden, wenn nicht im Bewusstsein der Geschichte, deren Gegenwart die Industriegesellschaft ist?«

Doch dieses Bewusstsein ist und wird kaum entwickelt. Die philosophischen Zentren und historischen Seminare sind zumeist mit anderen Fragen beschäftigt, und die Naturwissenschaftler zitieren nur ungern Arbeiten, die älter als zwei Jahre sind. Wir meinen immer noch, die modernen Lebensverhältnisse allein aus politischen oder ökonomischen Verhältnissen und Gegebenheiten ableiten zu können. Doch es sind vor allem »die Folgen der Wissenschaft«, die unsere Geschichte ausmachen. Verantwortlich handeln kann nur, wer sie kennt oder versucht, sie kennenzulernen. Damit kann man jederzeit beginnen.

NACHWORT
Das bleibende Geheimnis des Lebens

»Pantha rhei« – »Alles fließt«. So wird oft der griechische Philosoph Heraklit zitiert, der wahrscheinlich am eigenen Leben bemerkt hat, dass man nicht mehr derselbe ist, wenn man ein zweites Mal in einen Fluss steigt. Alles fließt, das stimmt sicher, weshalb es riskiert werden soll, die Reihenfolge der Worte zu ändern und »Fließen ist alles« zu sagen. Alles ist im Fluss, der Fluss ist alles. Wenn man diese kurz zu fassende Sicht der Dinge auf die Geschichte der Wissenschaft anwendet, zeigt sich, dass darin eine Tendenz zum Übergang von statischen Modellen zu dynamischen Vorstellungen zu finden ist. Die Lebensformen oder Arten schienen ewig und unveränderlich, solange der Gedanke einer Evolution sich versteckt hielt, was sich aber im 19. Jahrhundert änderte – mit einem bis heute spürbaren Nachbeben.

Als auf einem ganz anderen Feld der Wissenschaft die Astronomen ihr Bild vom Kosmos entwarfen, stand erst einmal die Erde still im Zentrum, bis Kopernikus sie auf eine Umlaufbahn um die Sonne schickte und ihr sogar eine zweite Bewegung verpasste, die Drehung um ihre eigene Achse. Und als in der Folge davon Physiker anfingen, Bewegungsgesetze aufzustellen, gingen sie zunächst von dem Gedanken aus, dass es in jedem Bezugssystem einen festen Standpunkt gibt, den sie Nullpunkt des Koordinatensystems nannten und mit dem sie bis heute rechnen. Es war dann Albert Einstein, der Ernst machte mit dem, was alle wussten, dass sich nämlich die Erde zum einen in dem Sonnensystem so bewegt, wie es Kopernikus vorgeschlagen hat, dass sich aber zum anderen das Sonnensystem insgesamt in der Milchstraße und diese Galaxie sich wiederum im Weltall bewegt (von dem nun hoffentlich niemand mehr annimmt, dass es stillhält). Der Kosmos expandiert vielmehr, und inzwischen wissen die Astrophysiker auch, dass diese Ausdehnung zunimmt, sich also in einem beschleunigten Fluss befindet.

Alles ist in Bewegung, und Bewegung ist alles, was vor der Rückkehr zum Biologischen und zu den Genen erlaubt, auf eine Grundgröße der Physik hinzuweisen, die überall und immer gebraucht wird, um etwas in Bewegung zu setzen und zu halten. Gemeint ist die Energie. Man lernt, dass sie eine konstante Größe ist, doch davon darf man sich nicht in die Irre führen lassen. Zwar bleibt die Gesamtenergie eine feste Größe (die niemand zu fassen bekommt), doch damit ist bestenfalls ein Rahmen gemeint, in dem sich ein dynamisches Fließen und eine dauernde Umwandlung und Transformation der Energie zeigen. Energie sollte man sich als etwas vorstellen, das Menschen in die Lage versetzt, aus den Möglichkeiten der Welt die Wirklichkeit zu machen, in der sie leben. Was immer unter Energie zu verstehen ist: Sie ist nichts Festes, sondern in stetem Wandel begriffen, um zu all den Bewegungen beizutragen, die sich in der Welt zeigen und sie ausmachen.

Sie zeigen sich inzwischen auch in und bei den Genen. Zwar hatten die frühen Bioforscher sie zuerst als feste Partikel und unerschütterliche Kausalfaktoren konzipiert, doch im 20. Jahrhundert lösten sich die soliden Erbelemente auf, als die Gentechnik es erlaubte, die entsprechenden Moleküle in die experimentelle Hand und genauer ins Blickfeld zu nehmen. Was anfänglich als ein festes Stück gedacht war, offenbarte sich bald als eine Ansammlung von herstellbaren Stücken, die in einer zugleich vielfältigen und präzisen zellulären Dynamik erst zu der funktionierenden Einheit werden müssen, die Genetiker als Ursache für die Eigenschaften von Organismen beobachten und untersuchen. Gene werden immer, was sie sind, und dies gelingt ihnen durch vielfache Bewegungen sowohl im Zellinneren als auch im Weltäußeren. Damit sind zum einen die Prozesse des Zurechtschneidens einer benötigten genetischen Information im Lauf eines einzelnen Lebens, zum anderen die evolutionären Variationen im Lauf des gesamten organischen Daseins gemeint. Diesen natürlichen Bewegungen haben sich in den vergangenen Jahrzehnten künstliche Formen angeschlossen, mit deren

Hilfe die Gene in dem Fluss gehalten werden sollen, in dem Menschen am besten schwimmen können. So lösen sich die Gene im Lauf der Natur- und der Kulturgeschichte auf und kommen den Menschen abhanden – auch wenn dieser Gedanke befremdlich klingt und das Suchen nach einem neuen Halt einleitet.

Wenn sich alles ändert und dies zudem immer rascher passiert, dann kann man zum Glück damit rechnen, dass sich eine Gegenkraft zeigt und das Ganze bewahrt, auf das es ankommt. »Wo aber Gefahr ist, wächst das Rettende auch«, wie Friedrich Hölderlin 1802 in der Hymne *Patmos* gedichtet hat. Darin geht es darum, dass sich Gottes Schöpfung zwar vor den Augen des Menschen entfaltet, dessen Plan mit der beschränkten Sicht des Menschen jedoch schwer zu fassen ist.

Es gibt keinen Königsweg zum perfekten Leben, vor allem nicht mithilfe von Genen, die ja nicht allein das Sagen haben, sondern vielmehr dauernd etwas gesagt bekommen, wie im Rahmen der modernen Molekularbiologie deutlich zum Vorschein tritt. Gene erfahren epigenetisch Anweisungen. Dabei agieren Proteine, die ihrerseits von Genen herkommen, die wiederum von Proteinen reguliert und gelesen werden, die ihr eigenes Dasein Genen verdanken. Und immer so weiter im dynamischen Kreis herum, in dem sich das Leben in einer Zelle bewegt.

Alles ist im Fluss, und dieser Fluss lebt von den Genen und die Gene von und in ihm. Die Gene wären sogar dieser Fluss, könnten sie im ontologischen Sinn etwas Konkretes sein. Aber sie sind nie fest und werden immer nur, und dadurch sorgen sie für den Fluss, so wie er für sie sorgt. Leben ist im Fluss. Er wird bleiben, mit und nach den Genen.

Viele Zeitgenossen lassen sich und andere gern an die genetische Leine legen, um den eigenen Müßiggang oder das persönliche Versagen auf Biologisches abwälzen und jede Verantwortung von sich weisen zu können, weil es so schön bequem ist. Vielen Menschen sagt es zu, wenn die Wissenschaft ihnen ein deterministisches Bild liefert und Freiheiten weder für sie zulässt noch ihnen zumutet. Sie wollen alles durch Gene bestimmt sehen, Augenfarbe, Frömmigkeit, Intelligenz, Sportlichkeit – das alles und mehr liegt »in den Genen«, wenn man auch nicht genau weiß, wie und wo das genau sein soll. Die Gene bestimmen demnach entweder direkt, was mit einem Menschen los ist, oder lassen zu diesem Zweck ein strammes genetisches Programm ablaufen, was dem geliebten Glauben an eine fundamentale Determination durch die DNA durch eine zeitgenössische computerfreundliche Variante Ausdruck verleiht.

Viele Menschen zeigen eine merkwürdige Angst vor der Freiheit. Das offenbart sich unter anderem auch in dem bereitwilligen Akzeptieren von neurowissenschaftlichen Befunden, die bei ihnen dadurch Zweifel an der Freiheit des Willens wecken, dass sie ein vor der eigentlichen Handlung eintretendes Bereitschaftspotenzial nachweisen. Als ob der Mensch vollkommen frei wäre und etwa auf Essen und Atmen verzichten könnte. Es kommt auf das menschliche Maß an Freiheit an, mit dem im Übrigen auch Einstein Mühe hatte. Zu diesem Thema zitierte er gern Schopenhauer, der in seinen Schriften darauf hingewiesen hat, dass Menschen alles Mögliche wollen können, aber nicht den eigenen Willen.

Wie schwer es die Freiheit hat, zeigt auch der Blick auf ein Buch, das vor vierzig Jahren erschienen ist und von dem britischen Evolutionsbiologen Richard Dawkins stammt. Der Autor erhebt darin die Unfreiheit des Menschen zum evolutionären Prinzip und legt das Heft des Handelns vollständig in die Hände seiner Gene. *The Selfish Gene, Das egoistische Gen*, so lautete der Titel des Weltbestsellers, der den Genen ganz allein Bühne und Regie des Welttheaters überließ und die Menschen als ihre Sklaven vorführte. Es sind die Gene, so Dawkins, die in möglichst großer Zahl in die nächste Generation kommen wollen und deshalb ihre Träger so manipulieren, dass sie entsprechend handeln und zur Tat schreiten. Dawkins' Verurteilung des Menschen zu einer neuen unverschuldeten Unmündigkeit wurde von vielen Zeitgenossen stürmisch begrüßt. Nun fingen sie an, sich Gedanken über die Frage zu machen, welche Völker oder Gruppen bessere Gene haben, um im Wettstreit der Nationen zu bestehen.

Die Vorliebe vieler Menschen für die Unfreiheit und ihre große Angst vor der Freiheit mit der dazugehörigen Verantwortung wird es dem Projekt einer »Befreiungsbiologie«, das Alex Gamma auf den

Weg bringen will, schwer machen. Gamma arbeitet als Neurobiologe an der Universität Zürich. Er möchte seinen Mitmenschen helfen, die mentale Zwangsjacke abzulegen, in der sie sich als Akteure egoistischer Gene wohlfühlen, während sie andere Menschen verurteilen, die ihnen in genetischer Hinsicht angeblich nicht das Wasser reichen können.

Befreiungsbiologie – damit soll der Abschied von dem Determinismus der Gene in den Köpfen gelingen, den die Wissenschaft in der Sache längst vollzogen hat, wie in diesem Buch zur Sprache gekommen ist. »Der Mensch ist frei geboren, und überall liegt er in Ketten«, hat Jean-Jacques Rousseau im 18. Jahrhundert geschrieben. Heute lässt sich diese Aussage durch die Bemerkung ergänzen, dass er sich diese Ketten selbst angelegt hat. Gene machen Menschen, aber Menschen machen inzwischen auch Gene. Menschen kommen nicht durch ein genetisches Programm zu ihrem Dasein, wohl aber durch ihre Geschichte, zu der auch Gene gehören und beitragen. Es wäre schön, könnten Menschen die Fesseln ablegen, die sie sich im Gefolge der molekularbiologischen Triumphe und reduktionistischen Erklärungen allzu gern haben anlegen lassen.

Wen dieser Vorschlag an das Programm der Aufklärung erinnert, der hat erstens recht und wird zweitens vielleicht auch erwarten, dass zuletzt von dem die Rede ist, was nach der Aufklärung kam. Die Kulturhistoriker sprechen von der Epoche der Romantik, in der die Kreativität des Menschen, der seine Werte selbst schafft und darin frei ist, beachtet und ermutigt wurde. Die Vertreter der Aufklärung zeigten sich davon überzeugt, dass sich alle Fragen über die konkrete Wirklichkeit, in der man lebt, durch den korrekten Gebrauch der Vernunft und mithilfe der Wissenschaft ohne Widerspruch beantworten lassen. Das bedeutete natürlich, dass man irgendwann alles zu kennen meinte, also auch die Gesetze des Lebens, an die die Menschen demnach gefesselt waren. Die Romantiker hingegen hielten das Mögliche (Potenzielle) für das eigentlich Wirkende und Wirkliche. Jeden Versuch, diese mit Energie versorgte, durch sie bedingte und demnach wirbelnde Realität mit ihren dauernden Formwandlungen vollständig zu erfassen, betrachteten sie als zum Scheitern verurteilt. Die Realität des Lebens *bleibt* dieser Auffassung nach nicht nur ein Geheimnis, sondern sie *wird* ständig geheimnisvoller, was ihren Reiz nur noch erhöht.

Und als mitverantwortlich für die durchgehende Dynamik dieser Realität erwiesen und erweisen sich die Menschen, die mit einem unerhörten Willen ausgestattet sind und sich unentwegt schöpferisch betätigen. Sie bringen sich selbst, sie bringen das eigene Ich unentwegt hervor, ohne zu einem Ende zu kommen. Es gibt mich nicht so wie ein Ding, das man vorweisen kann. Es gibt mich nur im Verlauf meiner Bildung. Und es gibt nur diese dauerhafte Bewegung, in der alles fließt. Alles ist Bewegung. Um diesen Gedanken kreist die romantische Bewegung – bis heute und auch in Zukunft.

Zeittafel zur Geschichte des Gens

1865 Gregor Mendel stellt seine Versuche mit Pflanzenhybriden vor

1900 Wiederentdeckung der Erbgesetze und die Mutationstheorie

1906 Einführung des Begriffs »Genetics« durch William Bateson

1908 Archibald Garrod entdeckt angeborene Stoffwechselstörungen

1909 Wilhelm Johannsen führt die Begriffe »Gen« und »Genotyp« ein

1910 Erste Experimente mit *Drosophila* (T. H. Morgan)

1915 Erste Versuche, Genkarten anzulegen; Gene als Orte auf Chromosomen

1927 Gene als Zielscheiben (»targets«) von Röntgenstrahlen

1935 Die Erforschung des Gens als Atomverband unterhalb der Zellebene (Max Delbrück)

1938 Einführung des Begriffs »Molekularbiologie«

1941 Formulierung der »Ein-Gen-ein-Protein-Hypothese« (George Beadle, Edward Tatum)

1943 Nachweis, dass Gene aus DNA bestehen (Oswald Avery u. a.)

1944 Entdeckung, dass Bakterien und Viren auch Gene haben

1946 Entdeckung der Rekombination in Bakterien und Phagen

1947 Erste genetische Karte von *E. coli* (Joshua Lederberg)

1952 Nachweis, dass DNA allein als Erbmaterial dienen kann

1953 Doppelhelix als Struktur der DNA (James Watson und Francis Crick)

1956 Feinstruktur des Phagengenoms (S. Benzer) und Konzept des Cistrons

1958 Nachweis der semikonservativen Replikation von DNA

1960 Konzept eines Operons mit strukturellen und regulatorischen Genen

1961 Experimenteller Nachweis der Boten-RNA (S. Brenner und F. Jacob); erste Erfolge bei der Entschlüsselung des genetischen Codes

1966 Abschluss der Bestimmung des genetischen Codes

1968 Nachweis von repetitiver DNA in Zellen mit Zellkern

1973 Grundoperation der Gentechnik (*in vivo* rekombinierte DNA)

1977 Methoden zur Sequenzierung von DNA werden beschrieben

1978 Entdeckung der Mosaikstruktur von Genen (Exon, Intron)

1979 Erste Totalsynthese eines Gens (Gobind Khorana)

1980 Die neue Genetik (Genkarten beim Menschen mithilfe der Gentechnik); Entdeckung von Segmentierungsgenen (Christiane Nüsslein-Volhard)

1983 Polymerase-Kettenreaktion und Umgruppierung von Genen

1984 Beschreibung zahlreicher Onkogene (Gene, die Krebs auslösen); Entdeckung der Homöobox (Walter Gehring)

1985 Erste Vorschläge für ein Humanes Genomprojekt

2000 Erste offizielle Bekanntgabe des Humanen Genoms

2002 Das Genom der Maus wird vorgelegt

2003 Ein Referenzgenom des Humangenoms wird ins Netz gestellt; das ENCODE-Projekt startet

2004 Das Interesse an der Epigenetik wächst, das finanzielle Engagement dafür nimmt zu

2006 Erste Sequenzen des Neandertaler-Genoms

2007 Das Genom von James D. Watson wird veröffentlicht

2008 Das 1000-Genomes-Project wird ins Leben gerufen

2010 Die Kosten für eine Humane Genomsequenz sinken unter zwanzigtausend Dollar (im Lauf der Jahre werden sie weiter fallen)

2010 Das Neandertaler-Genom und Entdeckung des Denisova-Menschen

2012 Die Methode CRISPR-Cas9 wird vorgestellt; die Kreuzung von *Homo sapiens* und *Homo neandertalensis* wird nachgewiesen; Vorschlag, das menschliche Genom zu synthetisieren; der ENCODE Explorer liegt vor

2015 Paläolithische Genome weisen auf tiefe Wurzeln der modernen Eurasier hin

2016 Die genetische Geschichte Europas zur Eiszeit

Glossar

Aminosäure

Der Baustein für ein Protein; von der Natur werden zwanzig Aminosäuren eingesetzt, um Proteine zu bilden

Antikörper

Ein Protein, das vom Immunsystem angefertigt wird und in der Lage ist, Fremdstoffe zu binden (zu erkennen) und aus dem Verkehr zu ziehen

Bakteriophagen

Viren, die in Bakterien eindringen, sich dort vermehren können und beim Austritt ihren Wirt zerstören (auflösen); molekular gesehen sind Bakteriophagen Gebilde aus DNA und Protein

Basenpaar

Die Kombination der Basen Adenin (A) und Thymin (T) beziehungsweise Guanin (G) und Cytosin (C), die das Zentrum der Erbsubstanz DNA bilden

cDNA

Die DNA, die mithilfe eines Enzyms namens Reverse Transkriptase aus einer RNA-Vorlage gefertigt wird

Chromosom

Der allgemeine Name für die Struktur, in der sich das Erbmaterial einer Zelle befindet; die Chromosomen eukaryontischer Zellen können im Lichtmikroskop sichtbar werden, was den Namen – »farbige Körper« – erklärt

Code (Genetischer Code)

Der genetische Code legt fest, wie in der Natur eine DNA-Sequenz in die Reihenfolge der Bausteine übersetzt wird, aus denen ein Protein besteht. Dabei kodiert eine Folge von drei Basen (Triplett) eine Aminosäure

CRISPR-Cas

CRISPR steht für »Clustered regularly interspaced short palindromic sequences«, Cas für »CRISPR associated«: eine Methode, um DNA gezielt zu schneiden und zu verändern

Denisova-Mensch

Menschen, deren Spuren in der Denisova-Höhle im sibirischen Altai-Gebirge gefunden wurden; eng verwandt mit den Neandertalern

Diploid

Deutet das Vorhandensein von zwei Sätzen von Chromosomen beziehungsweise Genen an; in diploiden Zellen sind die Chromosomen paarweise vorhanden (*siehe* haploid)

DNA

Die Trägerin der genetischen Information

Domäne

Teil einer Proteinstruktur, die eine eigenständige Funktion erkennen lässt; eine Domäne wird von einem Exon kodiert

ENCODE

ENCyclopedia Of DNA Elements, das Projekt zur Identifizierung sämtlicher funktioneller Elemente der menschlichen DNA

Enzym

Der Name für die Proteine, die eine chemische Reaktion ermöglichen (katalyiseren), die ohne ihre Mithilfe nicht stattfinden könnte

Epigenom

Das Muster der Markierungen des Erbmaterials, das ein Genom ausmacht; die DNA wird zum Beispiel methylisiert und übernimmt dadurch andere Aufgaben als ohne den Zusatz

EST

»expressed sequence tag«: eine kurze DNA-Sequenz von einer informativen (kodierenden) Genregion, die zur Identifizierung eines Gens benutzt werden kann

Eukaryont

Ein Organismus, dessen Zellen eine komplexe innere Struktur haben; Tiere, Pflanzen und Pilze zählen dazu (*siehe* Prokaryont)

Evo-Devo

Die modische Abkürzung für das Forschungsprogramm, das evolutionäre und entwicklungsbiologische Geschehen unter einen theoretischen Hut zu bringen

Exon

Die informative, proteinkodierende Sequenz eines Gens (*siehe* Intron)

Expression (Genexpression)

Die Verwendung eines Gens, dessen Information gelesen und in ein Protein umgesetzt wird; das Verb für den Vorgang lautet »exprimieren«

Genom

Das gesamte genetische Material einer Zelle oder eines Organismus

Genom Editing

Ein Verfahren, um DNA zu verändern und dem Erbmolekül etwas zu nehmen oder einzufügen

Genort (Locus)

Die Position, die man einem Gen auf einem Chromosom zuordnen kann

Genotyp

Das genetische Material, das zum Erscheinungsbild (Phänotyp) seines Trägers beitragen kann

Genpool

Die gesamte Menge an DNA, die einer Population zur Verfügung steht beziehungsweise in ihr vorhanden ist

Gentechnik

Die Möglichkeit, DNA aus Zellen zu isolieren, in Reagenzgläsern zu zerlegen und neu zusammenzusetzen und anschließend die rekombinierte DNA erneut in Zellen einzusetzen, sodass es zur Genexpression kommt

Haploid

Weist auf das Vorhandensein eines einfachen Satzes von Chromosomen hin; Ei- und Samenzelle des Menschen sind haploid (*siehe* diploid)

Histon

Eine Sorte von Proteinen, die dazu dient, das Erbmaterial in Form der Chromosomen zu verpacken

Homöobox

Ein im Verlauf der Evolution stark konserviertes DNA-Stück (Exon) von hundertachtzig Basenpaaren Länge, das sich in allen (homeotischen) Genen findet, die Identität und Reihenfolge von Körpersegmenten spezifizieren

Homöodomäne

Die Domäne eines Proteins, die sechzig Aminosäuren umfasst und mit deren Hilfe die Proteine an ihre Zielgene anbinden

Homöosis

Ursprünglich die Veränderung etwa eines Körperteils, bis es einem anderen sehr ähnlich wird; heute eher die Transformation eines Körpersegments (zum Beispiel einer Antenne bei Fliegen) in die entsprechenden Strukturen eines anderes Segments (etwas eines Beins)

Humangenomprojekt

Das Großforschungsprojekt, mit dem bis zum Beginn des 20. Jahrhunderts die Reihenfolge der drei Milliarden Bausteine des menschlichen Genoms ermittelt werden konnte

Intron

Eine DNA-Sequenz, deren Information nicht in eine Proteinstruktur eingeht und die zwischen den kodieren Sequenzen (Exons) liegt; ein Intron wird transkribiert, dann aber ausgeschnitten

Kinase

Ein Protein, das anderen Proteinen Phosphatgruppen anhängt und dadurch in ihrer Aktivität beeinflusst

Klon

Die Kopie, die von biologischem Material gemacht wird; wird auch für einen formlosen Zellhaufen benutzt, der aus einer Zelle entstanden ist; wenn man Bakterien kloniert, kloniert man ihr Genom mit

Klonieren

Der Vorgang, mit dem vielfache Kopien von biologischen Materialiengemacht werden; die Gentechnik erlaubt das Klonieren von DNA-Fragmenten

Markierung

Eine identifizierbare physikalische Position auf einem Chromosom (zum Beispiel die Schnittstelle eines Restriktionsenzyms), dessen Weitergabe durch die Generationen verfolgt werden kann

Methylierung

Das Anhängen einer Methylgruppe (CH_3) an einen Baustein der DNA, was die Funktion des Erbmaterials reguliert

Mosaikgen

Ein schönes Wort für die Exon-Intron-Strukturierung eukaryontischer Gene

mRNA

Das Molekül, dessen Sequenz nur noch die Information für die Reihenfolge der Aminosäuren in einem Protein enthält; dient als Schablone für dessen Synthese

Mutation

Eine Veränderung im Genom, bezogen auf einen Normalzustand (Wildtyp)

Nukleinsäure

Eine organische Säure, die aus Zellkernen isoliert werden kann

Nukleotid

Der Baustein, der sich in DNA und RNA findet; in ihnen verbinden sich Nukleotide zu langen Molekülen

Onkogen

Ein Abschnitt der DNA, der zur Entstehung von Tumoren führt; Zellen tragen Vorläufer in Form von Proto-Onkogenen in ihren Chromosomen, die durch physikalische oder chemische Einflüsse zu Onkogenen konvertiert werden

Operator

Die DNA-Sequenz, von der aus ein Operon reguliert wird

Operon

Eine Gruppe von aneinandergrenzenden Genen in Bakterien, die gemeinsam reguliert werden

Phänotyp

Die beobachtbaren Eigenschaften und physischen Charakteristiken eines Organismus, sein Erscheinungsbild (*siehe* Genotyp)

Polymerasen

Name für Enzyme, die als DNA-Polymerasen DNA-Stränge und als RNA-Polymerasen RNA herstellen können

Polypeptidkette

Proteine heißen auch Polypeptide, weil ihre Bausteine, die Aminosäuren, immer auf dieselbe Weise verbunden sind, die Chemiker als Peptidbindung bezeichnen

Postgenomik

Das Nachdenken über die Rolle der Gene, nachdem ausreichend Genome sequenziert sind

Prokaryont
Zellen ohne eigenständigen und abgetrennten Kern, zum Beispiel Bakterien (*siehe* Eukaryont)

Promotor
Die DNA-Region, an der die Überschreibung von DNA in RNA beginnt

Protein
Große Moleküle, die aus vielen kettenartig verbundenen Aminosäuren bestehen; die Reihenfolge der Aminosäuren wird von einer DNA-Sequenz im Genom festgelegt, wobei die Übertragung mithilfe des genetischen Codes stattfindet

Rekombination
Der Vorgang, durch den DNA zwischen zwei Chromosomenpaaren während der Entstehung von Ei- und Samenzellen ausgetauscht wird

Rekombinierte DNA
DNA, die mithilfe der Gentechnik im Reagenzglas neu zusammengesetzt worden ist

Repressor
Ein Protein, das sich auf ein DNA-Segment setzt und die Expression eines Gens unterbindet

Restriktionsenzym
Proteine, die DNA zerschneiden können; Werkzeuge der Gentechnik

Reverse Transkriptase
Ein Enzym, das aus RNA DNA machen kann und damit die traditionelle Transkription umkehrt, die von der DNA zur RNA geht

RNA
Vielseitiges Molekül, das bei vielen Aktivitäten der Zelle eine Rolle spielt, unter anderem bei der Herstellung von Proteinen

Segmentierungsgen
Ein Abschnitt des Erbmaterials, der dazu beiträgt, die Einteilung eines Körpers – seine Segmentierung – zu garantieren

Signalkette
Das Zusammenwirken von zellulären Faktoren, das als Kette dargestellt werden kann und mit einem Signal wie einem Hormon beginnt und mit einer physiologischen Reaktion (wie einem verstärkten Zellwachstum) endet

SNP

Abkürzung für »single nucleotide polymorphism«, also für Einzelnukleotid-Polymorphismus; ein Polymorphismus, der durch die Veränderung eines Nukleotids (einer Base) definiert ist

Strukturgen

Ein Gen, das zu einem Protein (beziehungsweise zu einer Polypeptidkette) führt

Transgen

Ein Organismus, dem ein fremdes Gen eingesetzt worden ist, heißt transgen

Transkription

Die Herstellung von RNA aus DNA (die Übertragung einer DNA-Sequenz in eine RNA-Sequenz)

Translation

Die Verwendung von mRNA zur Herstellung eines Proteins

Triplett

Eine Folge von drei Basen in einer DNA-Sequenz, die eine Aminosäure kodiert und ihren Einbau in ein Protein veranlasst

Triplett-Repeat

Das Auftreten von zahlreichen Wiederholungen eines Tripletts – zum Beispiel CAG – im Genom, das häufig in Verbindung mit neurogenerativen Krankheiten beobachtet wird

Tumorsuppressor-Gen

Ein Abschnitt des Erbmaterials, mit dem das Zellwachstum unter Kontrolle gehalten und das Entstehen von Tumoren behindert wird

Virus

Lebensformen, die zu ihrer Vermehrung Wirtszellen benötigen, da sie nicht selbstständig in der Lage sind, Stoffwechsel zu betreiben

Ausgewählte Literatur

Vorwort
Die Biografie von Max Delbrück ist zunächst unter dem Titel *Licht und Leben* im Konstanzer Universitätsverlag (1985) und dann als Taschenbuch unter dem Titel *Das Atom der Biologen* im Piper Verlag (1988) erschienen. Weitere Titel zum Gen und zur Genetik sind unter anderem *Die Geschichte des Gens* (Frankfurt a. M. 2003) und *Das Genom* (Frankfurt a. M. 2003, akt. Neuausgabe 2011).

Abschied vom Determinismus der Gene
Ernst Peter Fischer, *Die Verzauberung der Welt*, München 2014.
–, *Die Hintertreppe zum Quantensprung*, München 2010.
Phillip Kitcher, *In Mendel's Mirror*, London 2003.
Jürgen Osterhammel, *Die Verwandlung der Welt*, München 2009.
Mihaela Pertea u. Steven L. Salzberg, »Between a chicken and a grape: estimating the number of human genes«, in: *Genome Biology* 11 (2010), S. 206.
Kirsten Schmidt, *Was sind Gene nicht?*, Bielefeld 2014.
Salvador Dalí wird zitiert nach Gunther S. Stent, *Paradoxes of Progress*, San Francisco 1969.
James D. Watson et al., *Molecular Biology of The Gene*, 4. Aufl., Menlo Park 1987.
Carl Friedrich von Weizsäcker, *Zum Weltbild der Physik*, Stuttgart 1976.

Der lange Weg zu langen Molekülen
Mehr über Mendel findet sich zum Beispiel in meinem Buch *Aristoteles, Einstein & Co.*, München 1995. Mendels Erbregeln stehen eigenwillig, aber gut in dem oben zitierten Lehrbuch von James D. Watson, *Molecular Biology of The Gene*. Mendels Originalarbeit mit dem Titel *Versuche über Pflanzen-Hybriden* aus dem Jahr 1866 (*Verhandlungen des naturforschenden Vereins Brünn 4*, S. 3–47) kann man heute im Internet finden; eine ausführliche Diskussion liefert Robert Olby in seinem Buch *Origins of Mendelism*, London 1966.

Zur Geschichte der frühen Genetik lohnt Ekkehard Höxtermann u. Hartmut Hilger (Hg.), *Lebenswissen. Eine Einführung in die Geschichte der Biologie*, Rangsdorf 2007.

William Bateson, *Mendel's principles of heredity*, Cambridge 1902 (*Mendels Vererbungstheorien*, Leipzig 1914).

Martin Brooks, *Drosophila. Die Erfolgsgeschichte der Fruchtfliege*, Reinbek 2002.

Archibald Garrod, »Inborn Errors of Metabolism«, in: *Lancet* 2 (1908), S. 73–79.

Wilhelm Johannsen, *Elemente der exakten Erblichkeitslehre*, Jena 1909.

Evelyn Fox Keller, *Das Jahrhundert der Gene*, Frankfurt a. M. 2001.

T. H. Morgan et al., *The Mechanism of Mendelian Heredity*, New York 1915.

H. J. Muller, »Artificial Mutations (x-Rays)«, in: *Science* 32 (1927), S. 120–122.

F. Sanger u. E. O. P. Thompson, »The amino acid sequence in the glycil chain of insulin«, in: *Biochemical Journal* 53 (1953), S. 353–375.

Erwin Schrödinger, *What is Life?*, Cambridge 1944 (viele deutsche Ausgaben unter dem Titel *Was ist Leben?*, zum Beispiel München 1987 mit einem Vorwort von Ernst Peter Fischer).

N. Timofejew-Ressowski, K. G. Zimmer u. M. Delbrück, »Über die Natur der Genmutation und der Genstruktur«, in: *Nachrichten der Gesellschaft der Wissenschaften zu Göttingen*, Mathematisch-Physikalische Klasse, Fachgruppe 6, Neue Folge 13 (1935), S. 190–245.

J. D. Watson, *Die Doppelhelix. Ein persönlicher Bericht über die Entdeckung der DNS-Struktur*, Reinbek 1973.

J. D. Watson u. F. H. C. Crick, »Molecular structure of nucleic acid: a structure for desoxyribonucleic acid«, in: *Nature* 171 (1953), S. 737–738.

Das dynamische Stückwerk im Wandel der Zeiten

Über die Idee eines archetypischen Gens informieren meine Biografie von Wolfgang Pauli – *Brücken zum Kosmos. Wolfgang Pauli zwischen Kernphysik und Weltharmonie*, 3. Aufl., Lengwil 2014 – und der von mir verfasste Aufsatz »The archetypical gene. The open history of a successful concept«, in: Johannes Wirtz u. Edith Lammerts van Bueren (Hg.), *The Future of DNA*, Dordrecht 1997, S. 35–42.

Seymour Benzer, »The elementary units of heredity«, in: W. D. McElroy u. B. Glass (Hg.), *The chemical basis of heredity*, Baltimore 1957, S. 70–93.

Die Originalarbeit zur Gentechnik: S. N. Cohen et al., »Construction of biologically functional bacterial plasmids in vitro«, in: *Proceedings of the National Academy of Science USA* 70 (1973), S. 3240–3244.

Francis Collins, *Meine Gene – mein Leben*, Heidelberg 2011.

François Jacob, *Die innere Statue*, Zürich 1988.

Gunther S. Stent, *Paradoxes of Progress*, San Francisco 1969.

–, *The Coming of the Golden Age*, Garden City 1969.

–, »That was the molecular biology that was«, in: *Science* 160 (1968), S. 390–395.

Der König der Krankheiten und das große genetische Programm

Sue Armstrong, *p53: The Gene that cracked the cancer code*, London 2015.

L. G. Biesecker u. N. B. Spinner, »A genomic view of mosaicism and human disease«, in: *Nature Review Genetics* 14 (2013), S. 307–320.

Richard Goldschmidt, *The Material Basis of Evolution*, New Haven 1940.

Sheldon Krimsky u. Jeremy Gruber (Hg.), *Genetic Explanations: Sense and Nonsense*, Cambridge 2013.

Siddhartha Mukherjee, *Der König aller Krankheiten. Krebs, eine Biographie*, 4. Aufl., Köln 2012.

Sarah S. Richardson u. Hallam Stevens (Hg.), *Postgenomics: Perspectives on Biology after the Genome*, Durham 2015.

Kirsten Schmidt, *Was sind Gene nicht?*, Bielefeld 2014.

Jeremy Taylor, *Der Fluch unserer Gene. Warum Volkskrankheiten entstehen und wie die Evolutionsmedizin hilft*, München 2015.

The ENCODE Project Casortium, »An integrated encyclopedia of DNA elements in the human genome«, in: *Nature* 489 (2012), 57–74.

Craig Venter, *Entschlüsselt. Mein Genom, mein Leben*, Frankfurt a. M. 2009.

Grundfragen des Lebens

Bruce Alberts et al., *Molecular Biology of the Gene*, 6. Aufl., New York 2015.

William Bateson, *Materials for the study of variation treated with especial regard to discontinuity in the origin of species*, London/New York 1894.

Enrico Coen, *The Art of Genes*, Oxford 1999.

Walter Gehring, *Wie Gene die Entwicklung steuern*, Basel 2001.

François Jacob, *Die Logik des Lebendigen*, Frankfurt a. M. 1970.

Ernst Mayr, *Die Entwicklung der biologischen Gedankenwelt*, Berlin 1972.

D'Arcy Wentworth Thompson, *Über Wachstum und Form*, Frankfurt a. M. 2006.

Das Erbe der Umwelt

Sue Armstrong, *p53: The Gene that cracked the cancer code*, London 2015.

Nessa Carey, *The Epigenetics Revolution*, London 2012.

David S. Moore, *The Developing Genome. An Introduction to Behavioral Genetics*, Oxford 2015.

Siddhartha Mukherjee, *Der König aller Krankheiten. Krebs, eine Biographie*, 4. Aufl., Köln 2012.

Peter Spork, *Der zweite Code. Epigenetik oder wie wir unser Erbgut steuern können*, Reinbek 2009.

Urs Willmann, *Stress. Ein Lebensmittel*, München 2016.

Arbeit am Erbgut

J. Doudna et al., »A programmable dual-RNA-guided DNA endonuclease in adaptive bacterial immunity«, in: *Science* 337 (2012), S. 316–321.

Ernst Peter Fischer, *Das Genom*, Frankfurt a. M. 2003 (akt. Neuausgabe 2011).

Mehr zu den Biowaffen bei ders., *Ein Jahrhundert wird besichtigt*, Hamburg 1994.

David Grimm, »The genes that turned wildcats into kitty cats«, in: *Science* 346 (2014), S. 799.

Klaus Hahlbrock, *Kann unsere Erde die Menschen noch ernähren?*, Frankfurt a. M. 2007.

Ekkehard Höxtermann u. Hartmut Hilger (Hg.), *Lebenswissen. Eine Einführung in die Geschichte der Biologie*, Rangsdorf 2007.

Dominique Lecourt, *Proletarische Wissenschaft? Der Fall Lyssenko und der Lyssenkoismus*, Berlin 1976.

Die Verbesserung des Menschen

David Baltimore et al., »A prudent path forward for genomic engineering and germline gene modification«, in: *Science* 348 (2015), S. 36–38.

Isaiah Berlin, *Die Wurzeln der Romantik*, Berlin 2004.

Jürgen Drews, *El Mundo oder die Leugnung der Vergänglichkeit*, o. O. 2003.

Ernst Peter Fischer, *Die Verzauberung der Welt*, München 2014.

Hans Georg Gadamer, *Die Verborgenheit der Gesundheit*, Frankfurt a. M. 1994.

Stephen S. Hall, *Merchants of Immortality: Chasing the Dream of Human Life Extension*, Boston 2003.

Yuval Harari, *Eine kurze Geschichte der Menschheit*, München 2013.

Hans Jonas, *Das Prinzip Verantwortung. Versuch einer Ethik für die technische Zivilisation*, Frankfurt a. M. 1979.

Melvin Konner, *Women after all: Sex, Evolution, and the End of male Supremacy*, New York 2015.

Klaus Michael Meyer-Abich, *Wissenschaft für die Zukunft. Holistisches Denken in ökologischer und gesellschaftlicher Verantwortung*, München 1988.

Svante Pääbo, *Neanderthal Man: In Search of Lost Genomes*, New York 2014 (dt. *Der Neandertaler und wir*, Frankfurt a. M. 2014).

Michael Specter, »The Gene Hackers«, in: *The New Yorker*, 6. November 2015, S. 52–62.

John Travis, »Germline editing dominates DNA summit«, in: *Science* 350 (2015), S. 299–300.

Carl Friedrich von Weizsäcker, *Wahrnehmung der Neuzeit*, München 1987.

Das bleibende Geheimnis des Lebens

Richard Dawkins, *The Selfish Gene*, Oxford 1976 (dt. *Das egoistische Gen*, Heidelberg u. a. 1994).

Ich danke Ursula Kiausch herzlich für ihre große Mühe mit dem Text, für ihre kluge Geduld und ihre wertvollen und eleganten Vorschläge zur Ergänzung des Manuskripts. Mein Dank gebührt auch Stefan Mayr vom Siedler Verlag, der mich durch sein unerschütterliches Vertrauen immer wieder ermutigt hat, am genetischen Ball zu bleiben. Wir drei wussten, dass im Hintergrund Thomas Rathnow die Daumen drückt, dass es ein gutes Buch wird, das er verlegt.

Register